ANÁLISE MATEMÁTICA PARA LICENCIATURA

Blucher

GERALDO ÁVILA

ANÁLISE MATEMÁTICA PARA LICENCIATURA

3ª edição revista e ampliada

Análise matemática para licenciatura

3ª edição - 2006
8ª reimpressão - 2019
Editora Edgard Blücher Ltda.

Blucher

Rua Pedroso Alvarenga, 1245, 4º andar
04531-934 - São Paulo - SP - Brasil
Tel.: 55 11 3078-5366
contato@blucher.com.br
www.blucher.com.br

Dados Internacionais de Catalogação na Publicação (CIP)
(Câmara Brasileira do Livro, SP, Brasil)

Ávila, Geraldo Severo de Souza,
Análise matemática para licenciatura / Geraldo Severo de Souza Ávila - 3ª ed. rev. e ampl. - São Paulo : Blucher, 2006.

Bibliografia.
ISBN 978-85-212-0395-7

1. Análise matemática I. Título.

06-6821 CDD-515

Índice para catálogo sistemático:
1. Análise matemática : Alunos de licenciatura 515

Em memória de meu saudoso amigo
Jorge Leal Ferreira

Sumário

Prefácio

O presente livro, agora em sua terceira edição, foi escrito especialmente para ser utilizado nos cursos de licenciatura em Matemática. Assim, ele não inclui as partes mais sofisticadas da continuidade uniforme, das teorias da derivada e da integral, e a eqüicontinuidade, que são de interesse maior no bacharelado e não na licenciatura.[1] Mas difere também por incluir, no Capítulo 1, uma discussão de tópicos elementares de Lógica; e, nos Capítulo 2 e 3, certos tópicos sobre os números reais, que são de muita importância e particular interesse nos cursos de licenciatura. Outra diferença é a especial atenção dada ao desenvolvimento das idéias através dos aspectos históricos da disciplina.

Por sugestão de vários colegas, o texto inclui, desde a segunda edição, um capítulo sobre derivadas e outro sobre a Integral de Riemann; porém, somente a parte mais teórica desses tópicos, de forma que esses capítulos não são um substituto do que se aprende sobre derivadas e integrais nas disciplinas de Cálculo. É preciso que o leitor tenha conhecimento prévio desses tópicos; por isso mesmo, nos momentos oportunos do desenrolar do curso, o professor deve levar seus alunos a uma revisão sistemática do Cálculo; ou mesmo dedicar um bom tempo a essa revisão.

Numa primeira disciplina de Cálculo, as apresentações costumam ser feitas de maneira intuitiva e informal, com pouca ou nenhuma demonstração rigorosa. Esse procedimento é seguido, em parte por razões didáticas; mas também por razões ligadas à própria natureza dos temas tratados, cujo desenvolvimento histórico ocorreu primeiro de maneira intuitiva e informal, desde o século XVII até aproximadamente 1820. A partir de então, os avanços da teoria exigiam conceituações precisas das idéias de função, continuidade, derivada, convergência, integral, etc. É precisamente uma apresentação logicamente bem organizada de todos esses tópicos do Cálculo que constitui uma primeira disciplina de Análise.

Por essas razões, um dos objetivos principais da Análise para licenciatura é a prática em demonstrações. Enunciar e demonstrar teoremas é uma das

[1] O leitor interessado numa tal apresentação da Análise, mais direcionada para o bacharelado, pode consultar nosso livro *Introdução à Análise Matemática, publicado pela Editora Edgard Blücher.*

ocupações centrais de todo professor ou estudioso da Matemática; e não é admissível que tal pessoa sinta-se deficiente em demonstrações.

Mas, aliada a essa tarefa de praticar a arte de enunciar e demonstrar teoremas, o aluno de licenciatura tem, na disciplina de Análise, a oportunidade de se familiarizar com uma das partes mais importantes da Matemática que se vem desenvolvendo desde o início do século XIX. E para facilitar a compreensão desse desenvolvimento, e dar ao leitor uma visão mais abrangente e enriquecedora de toda a Matemática, o presente texto incorpora várias notas históricas ao final de cada capítulo, como já fizemos em outros livros de nossa autoria.

Conversa com o aluno

Ninguém aprende Matemática ouvindo o professor em sala de aula, por mais organizadas e claras que sejam suas preleções, por mais que se entenda tudo o que ele explica. Isso ajuda muito, mas é preciso estudar por conta própria logo após as aulas, antes que o benefício delas desapareça com o tempo. Portanto, você, leitor, não vai aprender Matemática porque assiste aulas, mas porque estuda. E esse estudo exige muita disciplina e concentração: estuda-se sentado à mesa, com lápis e papel à mão, prontos para serem usados a todo momento. Você tem de interromper a leitura com freqüência, para ensaiar a sua parte: fazer um gráfico ou diagrama, escrever alguma coisa ou simplesmente rabiscar uma figura que ajude a seguir o raciocínio do livro, sugerir ou testar uma idéia. Às vezes você tem de escrever uma fórmula, resolver uma equação ou fazer um cálculo que verifique se alguma afirmação do livro está mesmo correta. Por isso mesmo, não espere que o livro seja completo, sem lacunas a serem preenchidas pelo leitor; do contrário, esse leitor será induzido a uma situação passiva, quando o mais importante é desenvolver as habilidades para o trabalho independente, despertando a capacidade de iniciativa individual e a criatividade. Você estará fazendo progresso realmente significativo quando sentir que está conseguindo aprender sozinho, sem ajuda do professor; quando sentir que está realmente "aprendendo a aprender".

Os exercícios são uma das partes mais importantes do livro. De nada adianta estudar a teoria sem se dedicar também na resolução dos exercícios propostos. Muitos desses exercícios são complementos da teoria e não podem ser negligenciados, sob pena de pouco proveito no estudo. E ao fazer os exercícios propostos, dê-se ao trabalho de redigir a demonstração, a resolução, enfim, o que for necessário redigir. Isso lhe ajudará muito a adquirir competência em expressar suas idéias por escrito e oralmente. E não é admissível que um professor (ou futuro professor) tenha dificuldades em redigir uma definição, um teorema ou uma demonstração, ou expressar-se oralmente. Mas, mais do que isso, redigir o que se aprende, ler e reler, são auxiliares valiosos no aprendizado. Redija, leia e releia o que escreveu, procurando sempre melhorar o seu trabalho.

Como em outros livros de nossa autoria, as listas de exercícios são sempre seguidas de respostas, sugestões e soluções. Mas o leitor precisa saber usar esses recursos com proveito, só consultando-os após razoável esforço próprio. E não espere que uma sugestão ou solução seja completa; às vezes é apenas uma ajuda para que o leitor prossiga em seu trabalho independente.

As datas referentes aos nomes citados não aparecem ao longo do texto, mas sim no índice remissivo no final do livro.

Queremos registrar aqui nossos agradecimentos a vários colaboradores: a Roberto dos Santos Melo Oliveira, que elaborou as figuras e muito nos auxiliou com seu conhecimento do sistema LaTeX. Agradecemos aos leitores que nos têm passado críticas e sugestões, seja por escrito, seja oralmente. Um agradecimento muito especial ao colega Claus I. Doering, da UFRGS, que leu minuciosamente várias partes do livro e nos apontou muitos erros que nos escaparam na segunda edição. Este tipo de ajuda é muito importante para a melhoria de edições futuras e será sempre benvinda. Correções, críticas e sugestõess podem ser encaminhadas a nós, seja através do endereço da própria Editora, seja em nosso endereço eletrônico: gssavila@terra.com.br.

Queremos também estender nosso reconhecido agradecimento ao Dr. Edgard Blücher pelo continuado interesse e apôio ao nosso trabalho.

Geraldo Ávila
Brasília, setembro de 2006

Capítulo 1

Preliminares de Lógica

As disciplinas introdutórias de Análise, que costumam integrar os currículos de bacharelado e licenciatura em Matemática, em geral são totalmente dedicadas a uma apresentação rigorosa do Cálculo. Assim, uma tal disciplina apresenta excelente oportunidade para desenvolver no estudante de licenciatura e futuro professor do ensino básico aquela habilidade tão necessária no trato com definições, teoremas, demonstrações, que são o embasamento lógico de toda a Matemática. Por isso mesmo, o primeiro capítulo do presente livro é dedicado aos elementos de Lógica que são os recursos de todo esse embasamento.[1]

Entretanto, o leitor não deve pensar que seja preciso fazer um curso de Lógica para estudar Matemática. Isso não é, em absoluto, necessário, nem mesmo para quem faz mestrado ou doutorado. Em verdade, as noções de Lógica dadas aqui costumam ser aprendidas naturalmente, durante o próprio estudo da Matemática.

Lógica e Fundamentos da Matemática são disciplinas muito especializadas, que formam um campo de estudos de grande importância em Matemática e Epistemologia[2]. Mas, no estudo de outras disciplinas matemáticas — Análise, em particular — bastam os poucos rudimentos que daremos neste capítulo.

1.1 Primeiras noções

Proposições e teoremas

Proposição é qualquer afirmação, verdadeira ou falsa, mas que faça sentido. Por exemplo, são proposições as três afirmações seguintes:

[1] Veja também o artigo de Gilda Palis e Iaci Malta na RPM 37. Para aqueles que ainda não sabem, RPM significa Revista do Professor de Matemática, uma publicação da SBM (Sociedade Brasileira de Matemática).

[2] Veja, no final do Capítulo 3, a nota histórica dedicada a Fundamentos.

A: Todo número primo maior que 2 é ímpar.
B: A soma dos ângulos internos de qualquer triângulo é 180°.
C: Todo número ímpar é primo.

Observe que dessas três proposições, as duas primeiras são verdadeiras, mas a terceira é falsa, pois 9, 15, 21, etc., são números ímpares que não são primos.

Teorema é uma proposição verdadeira do tipo "P implica Q", onde P e Q também são proposições. Escreve-se, simbolicamente, "$P \Rightarrow Q$", que tanto se lê "P implica Q", como "P acarreta Q" ou "Q é conseqüência de P". P é a *hipótese* e Q é a *tese* do teorema. Por exemplo, a proposição A acima é um teorema, que pode ser escrito na forma $D \Rightarrow E$, onde D e E são as proposições seguintes:

D: n é um número primo maior do que 2.
E: n é um número ímpar.

Outro exemplo de teorema:

Se duas frações a/b e c/d são iguais, então $\dfrac{a}{b} = \dfrac{c}{d} = \dfrac{a+c}{b+d}$.

Esse mesmo teorema pode também ser escrito assim:

$$\frac{a}{b} = \frac{c}{d} \Rightarrow \frac{a}{b} = \frac{c}{d} = \frac{a+c}{b+d}.$$

Observe que quando se enuncia um teorema $A \Rightarrow B$, não se está afirmando que a hipótese A é verdadeira; apenas que, se for verdadeira, então B também será.

Chama-se *Lema* a um teorema preparatório para a demonstração de outro teorema. *Corolário* é um teorema que segue como conseqüência natural de outro.

Muitos autores utilizam a palavra "proposição"para designar os teoremas de uma certa teoria, reservando a palavra "teorema" para aqueles resultados que devem ser ressaltados como os mais importantes.

Ao longo de todo o livro, os verbos "demonstrar", "provar" e "mostrar" serão usados com o mesmo significado. Antigamente, falava-se somente "demonstrar", mas com a influência do inglês, os verbos "provar" e "mostrar" foram tomando o lugar do "demonstrar".

Condição necessária e suficiente

Num teorema "$P \Rightarrow Q$", diz-se que a hipótese P é uma *condição suficiente* de Q, isto é, basta a hipótese P ser verdadeira para que a tese Q também seja.

Esta tese Q, por sua vez, é *condição necessária* de P, ou seja, a hipótese P sendo verdadeira, a tese Q também necessariamente será verdadeira. Assim, com referência às proposições atrás, D é condição suficiente para que E seja verdadeira, e E é condição necessária de D; quer dizer, valendo D, tem de valer E, ou seja, é necessário valer E.

A *recíproca* de um teorema $P \Rightarrow Q$ é a proposição $Q \Rightarrow P$, que também se escreve $P \Leftarrow Q$. A recíproca de um teorema pode ou não ser verdadeira. Por exemplo, a recíproca do teorema "todo número primo maior do que 2 é ímpar" é "todo número ímpar é primo maior do que 2". Isto é falso, pois nem todo número ímpar é primo. O Teorema de Pitágoras é um exemplo de teorema cuja recíproca é verdadeira. O teorema assim se enuncia:

- *Se ABC é um triângulo retângulo em B, então $AC^2 = AB^2 + BC^2$;*

e a recíproca tem o seguinte enunciado:

- *Se ABC é um triângulo, com $AC^2 = AB^2 + BC^2$, então ABC é retângulo em B.*

Quando a recíproca de um teorema é verdadeira, escrevemos o teorema, juntamente com sua recíproca, na forma $P \Leftrightarrow Q$. Neste caso, qualquer uma das proposições P e Q é ao mesmo tempo necessária e suficiente para a validade da outra. É por isso que, neste caso, o teorema também se enuncia assim: *a condição necessaria e suficiente para que a proposição Q seja verdadeira é que a proposição P também seja verdadeira*; ou então, *a condição necessaria e suficiente para que a proposição P seja verdadeira é que a proposição Q também seja verdadeira.*

Observe que $P \Rightarrow Q$ é o mesmo que "vale Q se valer P"; ou ainda, "vale P somente se valer Q". Por isso, um outro modo habitual de enunciar um teorema com sua recíproca, $P \Leftrightarrow Q$, consiste em escrever "P se e somente se Q". $P \Rightarrow Q$ é a parte "vale P somente se valer Q", e $Q \Rightarrow P$ é a parte "vale P se valer Q", proposição esta que também costuma ser escrita mais abreviadamente na forma "P se Q". Note ainda que a proposição $P \Leftrightarrow Q$ significa que P e Q são proposições equivalentes.

No caso do teorema de Pitágoras, podemos juntar o teorema e sua recíproca num só enunciado, das diversas maneiras seguintes:

- *A condição necessária e suficiente para que um triângulo ABC seja retângulo em B é que $AC^2 = AB^2 + BC^2$.*

• *Dados três pontos distintos A, B e C, a condição necessária e suficiente para que $AC^2 = AB^2 + BC^2$ é que o triângulo ABC seja retângulo em B.*

• *Seja ABC um triângulo. Então,*

$$ABC \text{ é retângulo em } B \Leftrightarrow AC^2 = AB^2 + BC^2.$$

• *Um triângulo ABC é retângulo em B se e somente se $AC^2 = AB^2 + BC^2$.*

Dois princípios de Lógica

A negação de uma proposição A será denotada por $\tilde{A}$. Por exemplo, a negação da proposição "todo número primo é ímpar" tanto pode ser "nem todo número primo é ímpar", ou "existe um número primo que não é ímpar", ou ainda "existe um número primo par".

Estas duas últimas formas são preferíveis à primeira por serem afirmativas. A negação da proposição "todo homem é mortal" é "nem todo homem é mortal"; mas, em forma afirmativa, deve ser "existe um homem imortal". Como veremos, oportunamente, em nosso estudo de Análise, nem sempre é fácil construir a negação de uma proposição. (Veja, por exemplo, o Exercício 18 da p. 83.)

O *princípio da não contradição* afirma que uma proposição não pode ser verdadeira e falsa ao mesmo tempo; ou seja, não pode ser verdadeira juntamente com sua negação. Em outras palavras, denotando a negativa de uma proposição por $\tilde{A}$, se A for verdadeira, então $\tilde{A}$ é falsa.

O chamado *princípio do terceiro excluído* afirma que qualquer proposição A ou é verdadeira ou é falsa. Em outras palavras, ou A é verdadeira, ou $\tilde{A}$ é verdadeira, não sendo possível uma terceira alternativa.

Contraposição

Observe que um teorema "$A \Rightarrow B$"não é equivalente nem implica "$\tilde{A} \Rightarrow \tilde{B}$". Por exemplo, o teorema "Se x é um número real, então $x < 0 \Rightarrow x^2 > 0$"é verdadeiro, mas não implica nem é equivalente a "$x \geq 0 \Rightarrow x^2 \leq 0$".

Todavia, é verdade (como provaremos logo a seguir) que "$A \Rightarrow B$" é equivalente a "$\tilde{B} \Rightarrow \tilde{A}$". Esta última proposição é chamada a *contraposição* ou *proposição contraposta* à proposição "$A \Rightarrow B$".

1.1. Teorema. *Sejam A e B duas proposições. Então, vale a seguinte equivalência: $(A \Rightarrow B) \Leftrightarrow (\tilde{B} \Rightarrow \tilde{A})$.*

Demonstração. Faremos primeiro a demonstração no sentido $\Rightarrow$. Para isso, nossa hipótese é que $A \Rightarrow B$, isto é, que "se A for verdadeira, B também é";

queremos provar que "se $\tilde{B}$ for verdadeira, $\tilde{A}$ também é". Então, começamos supondo $\tilde{B}$ verdadeira. Ora, se $\tilde{A}$ não fosse verdadeira, pelo princípio do terceiro excluído, A seria verdadeira; e pela hipótese do teorema ($A \Rightarrow B$), B seria verdadeira. Mas, pelo princípio da não contradição, não podemos aceitar isto (visto que estamos supondo $\tilde{B}$ verdadeira). Então, não podemos também aceitar que $\tilde{A}$ não seja verdadeira, donde, $\tilde{A}$ é verdadeira, o que conclui a demonstração desejada de que $\tilde{B} \Rightarrow \tilde{A}$.

Finalmente, temos de provar a recíproca, isto é, a implicação $\Leftarrow$, vale dizer, $(\tilde{B} \Rightarrow \tilde{A}) \Rightarrow (A \Rightarrow B)$. Mas isto decorre do que acabamos de provar. De fato, trocando A por $\tilde{B}$ e B por $\tilde{A}$ em $(A \Rightarrow B) \Rightarrow (\tilde{B} \Rightarrow \tilde{A})$ obtemos exatamente $(\tilde{B} \Rightarrow \tilde{A}) \Rightarrow (A \Rightarrow B)$.

A contraposição é freqüentemente usada em demonstrações. Vamos dar um exemplo disso, primeiro provando, por demonstração direta, que *o quadrado de um número par também é par.* De fato, número par é todo número n da forma $n = 2k$, onde k é um inteiro. Então, $n^2 = 4k^2 = 2(2k^2)$, que é da forma $2k'$, onde k' é o inteiro $2k^2$. Isto completa a demonstração do teorema.

Consideremos agora o teorema: *se o quadrado de um inteiro n for ímpar, então n também será ímpar.* Podemos provar este teorema diretamente, mas isto é desnecessário. Basta observar que as proposições "n é par" e "n é ímpar" são a negação uma da outra, de forma que este último teorema é o contraposto do teorema anterior, portanto, equivalente a ele.

Demonstração por absurdo

As chamadas *demonstrações por redução ao absurdo*, ou simplesmente *demonstrações por absurdo* ou ainda *demonstrações por contradição*, seguem um roteiro parecido com o das demonstrações por contraposição. Para provar que $A \Rightarrow B$ começamos supondo A verdadeira e B falsa. Esta última é a chamada "hipótese do raciocínio por absurdo", uma suposição apenas temporária, até chegarmos a uma contradição, um absurdo. Somos então forçados a remover a hipótese do raciocínio por absurdo e concluir que B é verdadeira.

Como aplicação, vamos demonstrar o teorema mencionado atrás, de que *Num plano, por um ponto fora de uma reta não se pode traçar mais que uma perpendicular à reta dada.* Vimos que esse teorema se escreve na forma $A \Rightarrow B$, onde A e B são as proposições:

A: Num plano é dada uma reta r e um ponto $P \notin r$.

B: No plano dado não existe mais que uma reta s perpendicular a r, tal que $P \in s$.

A negação de B é que existe mais que uma perpendicular; ora, para afirmar isto, basta supor que existam duas, assim:

$\tilde{B}$: *No plano dado existem duas retas distintas,* s *e* t*, perpendiculares a* r*, tais que* $P \in s$ *e* $P \in t$.

Vamos provar que essa proposição nos leva a um absurdo. Com efeito, sejam S e T os pontos de interseção de s e t com a reta r (faça a figura), sendo que esses pontos são distintos, ou s e t não seriam distintas. Ora, os ângulos em S e T são todos retos; mas isto é absurdo, senão a soma dos ângulos do triângulo PST seria maior do que $180°$. Concluímos, pois, que a proposição B é verdadeira.

Exercícios

Lembre-se do que dissemos no Prefácio: nos exercícios propostos, dê-se ao trabalho de redigir a demonstração ou resolução. Redija, leia e releia o que escrever. Isso vai lhe ajudar muito no aprendizado, além de ser um modo eficiente de adquirir competência em redação e expressão oral.

1. Prove que todo número primo maior que 2 é ímpar.

2. Enuncie e demonstre a recíproca do teorema provado no texto: *o quadrado de um número par é par.*

3. Prove, sem usar contraposição, que se o quadrado de um inteiro n for ímpar, então n também é ímpar

4. Prove que a soma de dois números pares quaisquer é sempre um número par.

5. Prove que a soma de dois números ímpares é sempre um número par.

6. Sejam a, b e d números inteiros, tais que a e b são ambos divisíveis por d. Prove que $a + b$ e $a - b$ também são divisíveis por d.

7. Sejam a, b e d números inteiros. Prove os seguintes corolários do exercício anterior: (1) se d divide a soma $s = a + b$ e uma das parcelas, então d divide a outra parcela; (2) se d divide a diferença $D = a - b$ e um dos números a e b, então d divide o outro destes números.

8. Considere a seqüência dos números primos,

$$2,\ 3,\ 5,\ 7,\ 11,\ 13,\ 17, \ldots, p_n.$$

Será verdade que $P_n = 2 \times 3 \times 5 \times \ldots \times p_n + 1$ é primo para todo n?

9. Prove, por contradição, que existem infinitos números primos.

10. Dê três demonstrações diferentes do Teorema de Pitágoras.

Sugestões e soluções

1. Propomos aqui uma propriedade muito simples dos números primos. Não obstante isso, ela precisa ser demonstrada; e a demonstração pode ser feita por redução ao absurdo, confrontando a definição de número primo com a suposição de que o número primo em questão seja maior que 2.

2. Seja n o número em questão. Utilize a decomposição de n em fatores primos, da qual segue a decomposição de n^2.

3. Proceda como no exercício anterior.

4. Não basta dar exemplos ilustrativos, como $6+8=14$, $26+32=58$, $12+4=16$, etc. Para fazer a demonstração utilize a forma geral dos números pares, que é $2n$, onde n percorre o conjunto dos números inteiros.

8. Veja: $P_1 = 3$, $P_2 = 7$, $P_3 = 31$, $P_4 = 211$, $P_5 = 2311$ são todos números primos. Mas isto não prova nem desprova nossa proposição. No entanto, quando calculamos

$$P_6 = 2 \times 3 \times 5 \times 7 \times 11 \times 13 + 1 = 30031,$$

verificamos tratar-se de um número composto: $30031 = 59 \times 509$. Este único caso já é suficiente para provar que P_n nem sempre é primo.

9. Este é um teorema cuja demonstração aparece nos *Elementos* de Euclides, escrito por volta do ano 300 a.C. E a demonstração que lá aparece, embora vazada em linguagem geométrica, é a mesma que fazemos hoje em dia, apenas utilizando a notação moderna. O autor da demonstração começa escrevendo a forma genérica dos números P_n do Exercício anterior, isto é,

$$P_n = 2 \times 3 \times 5 \times \ldots \times p_n + 1,$$

talvez com a intenção de produzir um novo número primo além de p_n. E se fosse possível provar que p_n primo $\Rightarrow p_{n+1}$ primo, teríamos aqui uma prova (por indução, como explicaremos na próxima subseção) da infinidade dos números primos. Mas, como P_6 é número composto, esse caminho está barrado. Uma saída consiste em fazer a demonstração do teorema por contradição. Começamos supondo que só exista um número finito de números primos e seja p_n o maior deles; então P_n é um número composto, e, como tal, tem algum fator primo p_r, com $r \leq n$ (pois os únicos números primos são $2, 3, 5, \ldots, p_n$. Mas, como p_r divide ambos P_n e o produto que aparece no segundo membro da formação de P_n, necessariamente tem de dividir 1 (Exercício 6 atrás), o que é um absurdo, pois $p_r > 1$. Concluímos, assim, que existem infinitos números primos.

10. Se necessário, consulte alguma fonte; por exemplo, a RPM 2.

1.2 Indução matemática

O método de demonstração por indução costuma causar dificuldades até mesmo a alunos universitários, por isso mesmo devemos dedicar-lhe alguma atenção. Vamos apresentar esse método através de uma série de teoremas.

1.2. Teorema. *Dados quatro números reais a, b, c, d, podemos afirmar que*

$$\frac{a}{b} = \frac{c}{d} \Rightarrow \frac{a+b}{b} = \frac{c+d}{d}.$$

Demonstração. Basta notar que

$$\frac{a}{b} = \frac{c}{d} \Rightarrow \frac{a}{b} + 1 = \frac{c}{d} + 1 \Rightarrow \frac{a}{b} + \frac{b}{b} = \frac{c}{d} + \frac{d}{d}.$$

Ora, esta última igualdade pode também ser escrita na forma

$$\frac{a+b}{b} = \frac{c+d}{d},$$

o que conclui a demonstração do teorema.

1.3. Teorema. *Dados quatro números reais a, b, c, d, podemos afirmar que*

$$\frac{a}{b} = \frac{c}{d} \Rightarrow \frac{a}{b} = \frac{c}{d} = \frac{a+c}{b+d}.$$

Demonstração. Começamos observando que

$$\frac{a}{b} = \frac{c}{d} \Leftrightarrow ad = bc \Leftrightarrow \frac{a}{c} = \frac{b}{d}.$$

Pelo teorema anterior, desta última igualdade obtemos

$$\frac{a+c}{c} = \frac{b+d}{d},$$

a qual nos permite escrever

$$\frac{a+c}{c} = \frac{b+d}{d} \Leftrightarrow (a+c)d = (b+d)c \Leftrightarrow \frac{c}{d} = \frac{a+c}{b+d}.$$

Daqui e da hipótese inicial, obtemos

$$\frac{a}{b} = \frac{c}{d} = \frac{a+c}{b+d},$$

que é o resultado desejado.

Consideremos, em seguida, duas seqüências de números,

$$a_1, a_2, \ldots, a_n \quad \text{e} \quad b_1, b_2, \ldots, b_n.$$

O leitor deve notar que o mesmo raciocínio utilizado na demonstração do teorema anterior permite demonstrar que

$$\frac{a_1}{b_1} = \frac{a_2}{b_2} = \frac{a_3}{b_3} \quad \Rightarrow \quad \frac{a_1}{b_1} = \frac{a_2}{b_2} = \frac{a_3}{b_3} = \frac{a_1 + a_2 + a_3}{b_1 + b_2 + b_3}. \tag{1.1}$$

De fato, observe que o referido teorema, aplicado a

$$\frac{a_1}{b_1} = \frac{a_2}{b_2},$$

nos dá

$$\frac{a_1}{b_1} = \frac{a_2}{b_2} = \frac{a_1 + a_2}{b_1 + b_2}.$$

de sorte que esse mesmo teorema, aplicado a

$$\frac{a_3}{b_3} = \frac{a_1 + a_2}{b_1 + b_2},$$

resulta em

$$\frac{a_3}{b_3} = \frac{a_1 + a_2}{b_1 + b_2} = \frac{a_1 + a_2 + a_3}{b_1 + b_2 + b_3},$$

donde segue o resultado desejado (1.1).

Continuando com esse mesmo raciocínio, podemos formular e demonstrar uma versão do Teorema 1.3 para a igualdade de quatro razões, cinco razões, etc. De um modo geral, podemos demonstrar o seguinte teorema, que generaliza o Teorema 1.3:

1.4. Teorema. *Dados os números*

$$a_1, a_2, \ldots, a_n \quad e \quad b_1, b_2, \ldots, b_n,$$

vale a implicação

$$\frac{a_1}{b_1} = \frac{a_2}{b_2} = \ldots = \frac{a_n}{b_n} \quad \Rightarrow \quad \frac{a_1}{b_1} = \frac{a_2}{b_2} = \ldots = \frac{a_n}{b_n} = \frac{a_1 + a_2 + \ldots + a_n}{b_1 + b_2 + \ldots + b_n}. \tag{1.2}$$

Veja bem: denotando com $P(n)$ a proposição (1.2), $P(2)$ é o próprio Teorema 1.3. E o raciocínio utilizado para demonstrar $P(2) \Rightarrow P(3)$ é o mesmo utilizado para demonstrar $P(3) \Rightarrow P(4)$, depois $P(4) \Rightarrow P(5)$, e assim por diante, indefinidamente. É claro que cada implicação $P(k) \Rightarrow P(k+1)$ é verdadeira se

$P(k)$ for verdadeira; mas, como já provamos $P(2)$ (que é o Teorema 1.3), concluímos que esta última implicação é verdadeira para todo $k \geq 2$. É nisso que consiste o princípio de indução matemática, que formulamos a seguir.

1.5. Princípio de indução matemática. *Seja r um número natural, e $P(n)$ uma propriedade referente ao número natural $n \geq r$. Suponhamos que:*

a) $P(r)$ é verdadeira;

b) $P(k) \Rightarrow P(k+1)$ para todo número natural $k \geq r$.

Então $P(n)$ é verdadeira, qualquer que seja $n \geq r$.

Esse princípio de indução matemática é a propriedade fundamental dos números naturais. Ele é conseqüência direta do último dos cinco postulados que o matemático italiano Giuseppe Peano utilizou na construção dos números naturais.

É preciso ter cuidado

A aplicação do princípio de indução, como vimos, exige que se provem duas proposições separadamente, $P(r)$ e $P(k) \Rightarrow P(k+1)$, qualquer que seja $k \geq r$. Vamos dar exemplos em que o princípio não se aplica por falhar uma dessas proposições.

1.6. Exemplo. Pierre de Fermat imaginava que os números da forma $F(n) = 2^{2^n} + 1$ fossem todos primos, qualquer que fosse o número inteiro $n \geq 0$. Vejamos:

para $n = 0$, $F(0) = 2 + 1 = 3$ é primo;
para $n = 1$, $F(1) = 2^2 + 1 = 5$ é primo;
para $n = 2$, $F(2) = 2^4 + 1 = 17$ é primo;
para $n = 3$, $F(3) = 2^8 + 1 = 256 + 1 = 257$ é primo;
para $n = 4$, $F(4) = 2^{16} + 1 = 65\,536 + 1 = 65\,537$ é primo.

Será que isso é verdade de uma maneira geral? Isto é, será que $F(n) = 2^{2^n} + 1$ é primo para todo n? Não temos como decidir isso com o princípio de indução, pois ele não é aplicável neste caso; não há como relacionar $F(k)$ com $F(k+1)$. Tendo verificado que os primeiros cinco $F(n)$ são primos, Fermat conjecturou que $F(n)$ é primo para todo n. Mas isto é apenas uma conjectura, que foi desmentida por Leonardo Euler no século seguinte. De fato, Euler calculou $F(5)$ e verificou tratar-se de um número composto:

$$F(5) = 2^{2^5} + 1 = 2^{32} + 1 = 4\,294\,967\,297 = 641 \times 6700417$$

Assim, Euler encontrou em $F(5)$ um *contra-exemplo* à conjectura de Fermat, isto é, um exemplo de que ela não é verdadeira.

Veja bem, mesmo que continuássemos calculando $F(n)$ para $n = 5, 6, 7, 8$, etc., encontrando sempre números primos, mesmo assim não poderíamos concluir que $F(n)$ é sempre primo, pois não haveria como terminar essa tarefa de verificar, um a um, se cada um dos infinitos $F(n)$ é primo, desde que continuássemos sempre encontrando números primos. Euler resolveu o problema porque encontrou um número não primo.

Depois dessa história, os números da forma $F(n) = 2^{2^n} + 1$ que são primos passaram a se chamar *primos de Fermat.*

1.7. Exemplo. Seja $P(n)$ a afirmação (falsa, como é fácil verificar para $n = 1$, $n = 2$, etc.) de que

$$1 + 2 + 3 + \ldots + n = \frac{(2n+1)^2}{8}. \tag{1.3}$$

Embora se trate de uma proposição falsa, vamos provar que $P(k) \Rightarrow P(k+1)$. Começamos supondo $P(k)$ válida, isto é,

$$1 + 2 + \ldots + k = \frac{(2k+1)^2}{8}.$$

Queremos deduzir daqui a proposição $P(k+1)$. Para isso começamos adicionando $k+1$ a ambos os membros:

$$1 + 2 + \ldots + k + (k+1) = \frac{(2k+1)^2}{8} + (k+1) = \frac{(2k+1)^2 + 8(k+1)}{8}; \tag{1.4}$$

e para provar que essa igualdade é exatamente $P(k+1)$, devemos mostrar que o numerador que aparece nestre último membro é igual a $[2(k+1)+1]^2$. Ora,

$$\begin{aligned}(2k+1)^2 + 8(k+1) &= [(2k+1)^2 + 4(2k+1) + 4 \\ &= [(2k+1)+2]^2 = [2(k+1)+1]^2.\end{aligned}$$

Substituindo esta expressão em (1.4) obtemos a proposição $P(k+1)$, provando o resultado desejado, isto é, que $P(k) \Rightarrow P(k+1)$.

Não obstante esta demonstração, a igualdade (1.3) é falsa! Veja bem: só conseguimos provar que $P(k) \Rightarrow P(k+1)$, o que não é suficiente para provar $P(n)$, pois a proposição $P(1)$ é falsa, como observamos há pouco.

1.8. Exemplo — Binômio de Newton. Vamos usar indução para provar a conhecida fórmula do binômio, onde n é um número inteiro positivo:

$$\begin{aligned}(a+b)^n = a^n + na^{n-1}b + \frac{n(n-1)}{2}a^{n-2}b^2 + \frac{n(n-1)(n-2)}{3!}a^{n-3}b^3 \\ + \ldots + \frac{n(n-1)(n-2)\cdot(n-r+1)}{r!}a^{n-r}b^r + \ldots + b^n.\end{aligned} \tag{1.5}$$

Começamos introduzindo os chamados *coeficientes binomiais*

$$\binom{n}{r} = \frac{n(n-1)(n-2)\cdot(n-r+1)}{r!}, \qquad r = 1,\, 2, \ldots, n.$$

Multiplicando numerador e denominador dessa expressão por $(n-r)!$, obtemos

$$\binom{n}{r} = \frac{n!}{r!(n-r)!}.$$

É muito conveniente estender o significado desse coeficiente binomial aos casos em que $r = 0$ e $r = 1$, pondo, simplesmente,

$$\binom{n}{0} = \binom{n}{n} = 1.$$

Em termos dos coeficientes binomiais, (1.5) assume a forma

$$(a+b)^n = \binom{n}{0}a^n + \binom{n}{1}a^{n-1}b + \ldots + \binom{n}{n}b^n = \sum_{j=0}^{n}\binom{n}{j}a^{n-j}b^j. \tag{1.6}$$

Temos aqui uma proposição, que será denotada $P(n)$. Queremos provar que ela implica $P(n+1)$. Para isso, começamos multiplicando (1.6) por $(a+b)$. Obtemos

$$\begin{aligned}(a+b)^{n+1} &= (a+b)\left[\binom{n}{0}a^n + \binom{n}{1}a^{n-1}b + \ldots + \binom{n}{n}b^n\right]\\ &= \binom{n}{0}a^{n+1} + \left[\binom{n}{0} + \binom{n}{1}\right]a^n b + \left[\binom{n}{1} + \binom{n}{2}\right]a^{n-1}b^2\\ &+ \ldots + \left[\binom{n}{n-1} + \binom{n}{n}\right]ab^n + \binom{n}{n}b^{n+1}.\end{aligned} \tag{1.7}$$

Por outro lado,

$$\binom{n}{k} + \binom{n}{k+1} = \frac{n(n-1)\ldots(n-k+1)}{k!} + \frac{n(n-1)\ldots(n-k)}{(k+1)!} \tag{1.8}$$

$$= \frac{n(n-1)\ldots(n-k+1)}{k!}\left(1 + \frac{n-k}{k+1}\right) \tag{1.9}$$

$$= \frac{(n+1)n(n-1)\ldots(n-k+1)}{(k+1)!}, \tag{1.10}$$

isto é,

$$\binom{n}{k} + \binom{n}{k+1} = \binom{n+1}{k+1}.$$

Daqui e do fato de ser

$$\binom{n}{0} = \binom{n+1}{0} = 1 \quad \text{e} \quad \binom{n}{n} = \binom{n+1}{n+1} = 1,$$

vemos que (1.7) se escreve

$$(a+b)^{n+1} = \binom{n+1}{0}a^{n+1} + \binom{n+1}{1}a^n b + \ldots + \binom{n+1}{n+1}b^{n+1},$$

que é precisamente $P(n+1)$, o que completa a demonstração de que $P(n) \Rightarrow P(n+1)$. Como $P(1)$ é verdadeira, por simples inspeção, concluímos que $P(n)$ é verdadeira para todo $n \geq 1$.

Conversando com o professor do ensino médio

O binômio de Newton, quando apresentado em sua forma geral, como acabamos de fazer, costuma ser uma das coisas mais difíceis para o aluno do ensino básico. Portanto, não se deve ensinar o binômio dessa maneira. Mas também não se deve apresentar a fórmula do binômio como receituário, o que é extremamente anti-pedagógico!

A meu ver, o melhor é começar com o mais simples, que é o quadrado da soma, apresentado de maneira bastante honesta e inteligível, assim:

$$(a+b)(a+b) = a(a+b) + b(a+b) = a^2 + ab + ba + b^2 = a^2 + 2ab + b^2.$$

Deve-se chamar a atenção dos alunos para o fato de que se está multiplicando cada parcela do primeiro fator com cada parcela do segundo fator. Isso ajuda a entender o próximo passo, que é o cubo da soma. Este é dado a seguir, onde, na segunda linha, incluímos parênteses apenas para facilitar a compreensão do que está acontecendo.

$$\begin{aligned}(a+b)^3 &= (a+b)(a+b)(a+b)\\ &= (aaa+aab)+(aba+abb)+(baa+bab)+(bba+bbb)\\ &= a^3+3a^2b+3ab^2+b^3.\end{aligned}$$

Neste ponto seria interessante deixar que os alunos façam, por conta própria, $(a+b)^4$. Eles hão de perceber que, em geral, $(a+b)^n$ vai começar com a^n, depois $a^{n-1}b$, depois $a^{n-2}b^2$, etc.; e que todos os termos, a menos dos coeficientes, serão do tipo $a^{n-j}b^j$, com j passando por todos os valores de zero a n.

Feito isso, é conveniente parar e mostrar logo alguma aplicação do binômio, pois sem isso seu estudo é inócuo. Uma aplicação interessante e útil consiste em calcular a derivada da função $f(x) = x^n$. Isto, é claro, só faz sentido depois de já se haver trabalhado com a derivada de $y = x^2$.

Para calcular a derivada de $f(x) = x^n$, temos de considerar a razão incremental

$$\frac{f(x+h)-f(x)}{h} = \frac{(x+h)^n - x^n}{h} = \frac{(x^n + nx^{n-1}h + \ldots + h^n) - x^n}{h}.$$

Veja bem: os três pontos do último parêntese significam que os termos que aí aparecem contêm, todos eles, o fator h duas vezes, três vezes, até n vezes no último termo, que é h^n. Assim,

$$\frac{(x+h)^n - x^n}{h} = nx^{n-1} + \ldots,$$

onde, agora, os três pontos são ocupados por termos que contêm, todos eles, o fator h pelo menos uma vez, de sorte que, fazendo $h \to 0$, obtemos a derivada de x^n procurada:

$$(x^n)' = nx^{n-1}.$$

De posse dessa derivada podemos calcular a derivada de qualquer polinômio, o que é útil para estudar o gráfico de funções polinomiais. Por exemplo, a derivada de um polinômio do terceiro grau será um trinômio do segundo grau, cujas raízes são os pontos onde a reta tangente ao gráfico do polinômio do terceiro grau é horizontal, indicando possíveis pontos de máximo ou de mínimo. O sinal do trinômio permite saber onde o polinômio original é crescente ou decrescente, etc.

Exercícios

1. Prove que $\frac{a}{b} = \frac{c}{d} \Rightarrow \frac{a}{b} = \frac{c}{d} = \frac{a-c}{b-d}$.

2. Use o princípio de indução para provar que

$$1 + 3 + 5 + 7 + \ldots + (2n-1) = n^2, \quad n = 1, 2, 3, \ldots$$

3. Enuncie a proposição do exercício anterior por meio de palavras, sem usar fórmulas.

4. Prove a seguinte desigualdade, devida a Jacques Bernoulli:

$$(1+x)^n \geq 1 + nx, \quad \text{válida para } x \geq -1 \text{ e } n \text{ natural.}$$

5. Sabemos, das progressões aritméticas, que

$$1 + 2 + 3 + \ldots + n = \frac{n(n+1)}{2}.$$

Prove esse resultado por indução.

6. Use indução para provar a desigualdade 8

$$1 + 2 + 3 + \ldots + n < \frac{(2n+1)^2}{8}, \qquad (1.11)$$

válida para todo inteiro positivo n.

Respostas, sugestões e soluções

1. Utilize o Teorema 1.3, pois a propriedade aqui proposta pode ser provada como corolário daquele teorema.

2. Pondo $S(n) = 1 + 3 + 5 + 7 + \ldots + (2n - 1)$, você pode verificar que

$$S(1) = 1 = 1^2, \quad S(2) = 1 + 3 = 2^2, \quad S(3) = 1 + 3 + 5 = 3^2, \text{ etc.}$$

Mas isto não constitui uma demonstração, por mais que se continue verificando a validade da afirmação para valores crescentes de n, pois nunca será possível verificar essa validade para a infinidade de casos existentes. Para fazer a demonstração, prove que se a proposição $S(n) = n^2$ for verdadeira, então $S(n+1) = (n+1)^2$ também será verdadeira.

3. A soma dos primeiros n números ímpares positivos é n^2.

4. Considere a desigualdade como uma proposição $P(n)$. Vamos provar que $P(k)$ implica $P(k+1)$; para isso supomos $P(k)$ verdadeira, isto é,

$$(1+x)^k \geq 1 + kx.$$

Multiplicando essa desigualdade pelo número não negativo $1 + x$, obtemos:

$$(1+x)^{k+1} \geq (1+kx)(1+x) = 1 + (k+1)x + kx^2.$$

Como $kx^2 \geq 0$, podemos desprezar este termo, obtendo $P(k+1)$:

$$(1+x)^{k+1} \geq 1 + (k+1)x.$$

Isto completa a demonstração de que $P(k) \Rightarrow P(k+1)$. Mas $P(1)$ é verdadeira, como se verifica prontamente. Concluímos então, pelo princípio de indução, que $P(n)$ é verdadeira para todo número natural n.

Observe que, para $x \geq 0$, a desigualdade segue facilmente do binômio de Newton

$$(1+x)^n = 1 + nx + n(n-1)x^2/2 + \ldots + x^n,$$

pois todos os termos que aí comparecem são não-negativos.

6. Seja $P(n)$ a desigualdade (1.8). Como no Exemplo 1.7, prove que $P(k) \Rightarrow P(k+1)$. Em seguida, verifique que a desigualdade $P(1)$ é verdadeira.

1.3 Notas históricas e complementares

A Geometria dedutiva

A Matemática dedutiva, tal qual a conhecemos hoje, tem sua origem com Tales de Mileto, no século VI a.C. Até esse tempo a Matemática grega era herdeira direta daquela que se desenvolveu na Babilônia e no Egito. Os conhecimentos matemáticos de então, tanto nessas regiões do Oriente Médio, como na Índia e na China, eram de natureza empírica. Mas a partir de Tales a Matemática grega vai assumindo o aspecto de um corpo de proposições logicamente ordenadas: cada proposição é demonstrada a partir de proposições anteriores, estas a partir de outras precedentes, e assim por diante, um processo que não teria fim. Mas os gregos logo perceberam isso e viram que era necessário parar o processo em certas proposições iniciais, consideradas evidentes por si mesmas; a partir destas, todas as outras são demonstradas. As proposições evidentes por si mesmas são hoje designadas, indiferentemente, "postulados" ou "axiomas". Essa estrutura demonstrativa está muito bem retratada nos *Elementos de Euclides*, uma extraordinária obra escrita por volta do ano 300 a.C., no início da civilização helenística. O aspecto mais importante dessa obra é a organização dos fatos num encadeamento dedutivo, em que um reduzido número de proposições e definições iniciais são utilizadas para demonstrar, uns após outros, todos os teoremas considerados. Historicamente, os Elementos são a primeira corporificação desse "método axiomático", de que voltaremos a falar no final do Capítulo 3, em nota sobre Fundamentos.

Os Elementos de Euclides

De Euclides de Alexandria, o autor dos Elementos, quase nada sabemos. E as informações que sobre ele nos chegaram vêm dos comentários de Proclo, um autor que viveu mais de 700 anos depois de Euclides. Mesmo Proclo tem dificuldade em determinar a época em que viveu Euclides.

Euclides escreveu várias obras científicas, a mais famosa das quais é aquela referida na literatura, ora como *Elementos de Euclides*, ora como *Os Elementos*, e outras vezes ainda simplesmente como *Elementos*. Trata-se de uma coletânea de 13 livros, reunindo quase todo o conhecimento matemático da época em que foi escrita. Em parte por causa disto, e também por tratar-se de uma obra de escol, as obras anteriores aos Elementos desapareceram; a única exceção são alguns fragmentos atribuídos a Hipócrates de Quio, que viveu no século V a.C. Assim, os Elementos de Euclides são praticamente tudo o que temos da Matemática grega que se desenvolveu desde seu início com Tales de Mileto até o tempo de Euclides. Esse é um período de cerca de 250 anos, muito pouco tempo para que a Matemática, logicamente organizada, evoluísse do estágio embrionário em que se encontrava com Tales, até o alto grau de sofisticação que transparece nos Elementos.

Não sabemos se Euclides escreveu os Elementos para uso no ensino, ou apenas para reunir o conhecimento matemático da época. Naquele tempo não havia a preocupação pedagógica que só teve desenvolvimento significativo a partir do século XIX, de forma que Euclides alcançou os dois objetivos, e sua obra foi muito usada no aprendizado da Matemática por mais de dois milênios. No século XIX já havia outros livros de Geometria, didaticamente mais adequados ao ensino. Um deles é o livro de Legendre, que teve muitas edições em várias línguas, inclusive o português, e foi muito usado nas escolas brasileiras por quase todo o século XIX. (Veja nosso artigo "Legendre e o postulado das paralelas" na RPM 22.)

Um equívoco que se comete com freqüência é pensar que os Elementos são uma obra apenas sobre Geometria. Na verdade, há muito de Aritmética e Álgebra em vários dos livros dos Elementos. O que é verdade — e isto explica, pelo menos em parte, a origem do equívoco — é que a Matemática grega na época em que Euclides compôs sua obra, era toda ela geometrizada. De fato, como veremos no Capítulo 3, a crise dos incomensuráveis e a genial solução que lhe deu Eudoxo, aliada a uma excessiva preocupação com o rigor, encaminhou toda a Matemática para o lado da Geometria. Isso se tornou tão arraigado que até o início do século XX os matemáticos costumavam ser chamados de "geômetras". Era comum, por exemplo, referir-se a um matemático como Henri Poincaré como "o grande geômetra francês", embora ele fosse um homem de cultura universal, em Matemática, Astronomia, Física, Filosofia e outros domínios do conhecimento. Ainda hoje certos professores de Matemática de universidades inglesas têm o título de "Professor of Geometry".

Um outro equívoco não menos freqüente é pensar que os fatos geométricos dos Elementos de Euclides sejam expressos numericamente como o são para nós hoje. Para exemplificar, enquanto para nós a área de um triângulo é dada por uma fórmula exprimindo metade do produto da base pela altura, para Euclides a área de um triângulo é metade da área do paralelogramo que se obtém com a junção de dois triângulos iguais ao triângulo dado; a área do paralelogramo é igual à área de um retângulo de mesma base e mesma altura, e assim por diante. Para nós, hoje, a área de um círculo é πr^2, mas para Arquimedes, que viveu algumas décadas depois de Euclides, a área do círculo é igual à área de um triângulo de base igual ao comprimento da circunferência e altura igual ao raio do círculo. Para nós o volume da esfera é $4\pi r^3/3$, enquanto o que Arquimedes nos diz é que o volume da esfera está para o volume do cilindro circular reto a ela circunscrito assim como 2 está para 3; e isto é informação suficiente. Na Matemática grega, antes e durante o período helenístico, não havia fórmulas como é tão comum hoje em dia; tudo era dado em termos de proporções, como no caso do volume da esfera que acabamos de mencionar. E isso perdurou no Ocidente por mais um milênio após o declíneo da civilização helenística.

O conteúdo dos Elementos

Os Elementos são uma obra de grande valor histórico. Sua melhor versão é a tradução inglesa de Thomas L. Heath [6] (publicada pela Editora Dover em três volumes). Isto porque Heath enriqueceu sobremaneira a obra de Euclides com uma excelente introdução, além de inúmeros, valiosos e esclarecedores comentários.

O volume I de Heath reúne os Livros I e II dos Elementos, o primeiro destes contendo uma boa parte da geometria plana, construções geométricas, teoremas de congruência, áreas de polígonos e o Teorema de Pitágoras (que é a Proposição 47). Ainda no volume I de Heath encontra-se o Livro II dos Elementos, sobre o que se costuma chamar de "Álgebra geométrica". Por exemplo, a Proposição 4 desse Livro II é o equivalente, em linguagem geométrica, da propriedade que hoje conhecemos como "quadrado da soma" (igual ao quadrado do primeiro, mais o quadrado do segundo, mais duas vezes o primeiro vezes o segundo). Euclides enuncia isto geometricamente assim: "se um segmento de reta é dividido em dois, o quadrado construído sobre o segmento inteiro é igual aos quadrados sobre os segmentos parciais e duas vezes o retângulo construído com estes segmentos". Euclides não fala, mas ele está se referindo a áreas, quando diz "...é igual..."

O volume II de Heath contém os Livros III a IX dos Elementos, tratando do círculo (Livro III), construção de certos polígonos regulares (Livro IV), teoria das proporções de Eudoxo (Livro V), semelhança de figuras (Livro VI) e teoria dos números (Livros VII-IX). Por exemplo, a Proposição 20 do Livro IX é o famoso teorema: "existem infinitos números primos". Mas Euclides não fala "infinitos", já que os gregos não admitiam o que Aristóteles chama de "infinito atual", apenas o chamado "infinito potencial". Em linguagem de hoje ele diz o seguinte: "Dado qualquer conjunto (finito, entenda-se bem!) de números primos, existe algum número primo fora desse conjunto". E a demonstração, novamente, é geométrica. Segundo o matemático inglês Godfrey Harold Hardy, trata-se de uma das mais belas demonstrações da Matemática.

Finalmente, o volume III de Heath contém os Livros X-XIII, onde são tratados a incomensurabilidade, geometria espacial e os poliedros regulares.

O leitor pode ler mais sobre os Elementos no excelente trabalho do Professor João Bosco Pitombeira sobre essa obra, publicado como volume 5 dos Cadernos da RPM; ou no livro de Asger Aaboe, intitulado "Episódios da História Antiga da Matemática", traduzido e publicado pela SBM.

As geometrias não-euclidianas

Embora muito admirado e aplaudido, o modêlo axiomático dos Elementos, no que se refere ao 5º postulado, ou postulado das paralelas, suscitou questionamentos. Já na antigüidade vários matemáticos acreditavam que ele pudesse ser demonstrado com base nos outros postulados, e tentaram fazer isso. Essas tentativas de demonstração foram retomadas nos tempos modernos pelo matemático italiano Girolamo Saccheri, que publicou, pouco antes de morrer, um opúsculo no qual pretendia ter demonstrado o postulado pelo método de redução ao absurdo. Assim, negando o postulado, ele demonstrou uma série de teoremas, concluindo ter chegado a uma contradição. Mas, no fundo, no fundo, não havia contradição alguma nas conclusões de Saccheri, embora isso só fosse notado muito mais tarde, quando Eugênio Beltrami descobriu o trabalho de Saccheri.

Por volta de 1830 já havia sérias suspeitas de que o postulado das paralelas não pudesse ser demonstrado a partir dos outros. Em outras palavras, pensava-se que se pudesse desenvolver uma geometria a partir de negações do postulado das paralelas, ao lado dos outros postulados de Euclides. Foi nessa época que o matemático húngaro János Bolyai e o russo Nicokolai Ivanovich Lobachevsky publicaram, independentemente um do outro, a descoberta de geometrias não-euclidianas, ou seja, geometrias que negam o postulado das paralelas.[3]

[3]Quando jovem, o pai de Bolyai havia sido colega de Gauss em Göttingen. E quando o filho pôs suas idéias por escrito, ele (o pai) enviou um exemplar do manuscrito a Gauss. Mas este, nada sensível ao entusiasmo do jovem János, escreveu de volta dizendo mais ou menos o seguinte: "sim, mas isso que seu filho fez não é novidade para mim, que percebi essa possibilidade há muitos anos, em minha juventude". Hoje sabemos com segurança que Gauss

Mas as publicações de Bolyai e Lobachevski não foram suficientes para convencer o mundo matemático da possibilidade das geometrias não-euclidianas. Na verdade, esses trabalhos eram parecidos com o de Saccheri: negavam o postulado das paralelas e desenvolviam uma série de teoremas sem chegar a contradição alguma. Mas, e daí? quem garante que a contradição não está para aparecer logo no próximo teorema que ainda não foi demonstrado? Quem garante que todos os teoremas já foram enunciados e demonstrados?

Aliás, foi somente após essas questões serem levantadas em conexão com as tentativas de demonstrar o postulado das paralelas, ou construir geometrias não-euclidianas, que os matemáticos começaram a perceber que a própria Geometria de Euclides também estava sujeita aos mesmos questionamentos. Quem poderia garantir que os cinco postulados de Euclides não poderiam levar a uma contradição? Afinal, Euclides demonstrara apenas um número finito de teoremas. Quem sabe a contradição poderia aparecer no próximo teorema, como alguém que, depois de tanto percorrer as areias de um deserto à procura de um oasis, quando não mais acredita que ele exista, pode — agora por felicidade e não desdita — encontrá-lo do outro lado da próxima duna!...

Foi o matemático italiano Eugenio Beltrami quem primeiro exibiu um modelo de geometria não-euclidiana que permitia interpretar os fatos dessa geometria em termos da própria geometria euclidiana. Outros modelos foram construídos por Felix Klein e Henri Poincaré, estes também, como o de Beltrami, apoiando-se na geometria euclidiana.

Foi a partir de então — após esses vários matemáticos haverem exibido modelos euclidianos das geometrias não-euclidianas —, que estas geometrias ganharam total credibilidade.[4] Provava-se que elas eram consistentes, isto é, livres de contradições internas. Mas tais provas apoiavam-se na geometria euclidiana, de sorte que elas tornavam ao mesmo tempo evidente a necessidade de provar a consistência da própria Geometria de Euclides. Os matemáticos começaram então a estudar a consistência dos postulados de Euclides, e logo perceberam que eles eram insuficientes para provar os teoremas conhecidos, sem falar nos demais que viessem a ser considerados no futuro. Analisando os Elementos desse novo ponto de vista, eles descobriram que a axiomática euclidiana era muito incompleta e continha sérias falhas. Euclides, em suas demonstrações, apelava para muitos fatos alheios aos postulados. Era necessário reorganizar a própria geometria euclidiana, suprindo, inclusive, os postulados que estavam faltando. Isto foi feito por vários matemáticos no final do século XIX, dentre eles David Hilbert que, em 1889 publicou o livro "Fundamentos da Geometria", no qual ele faz uma apresentação rigorosa de uma axiomática adequada ao desenvolvimento dedutivo da geometria euclidiana.

Paralelamente ao que acontecia em Geometria, as preocupações com o rigor se faziam presentes também na Análise Matemática, já a partir do final do século XVIII, e sobre isso falaremos nas notas do final do Capítulo 6.

---

foi mesmo o primeiro matemático a perceber a possibilidade das geometrias não-euclidianas. Mas poderia ter sido mais generoso com Bolyai.

[4]Estamos deixando de lado uma outra vertente importantíssima no desenvolvimento das geometrias não-euclidianas, devida a Riemann, mas que não é necessária no momento.

Capítulo 2

Números reais — Parte I

O presente capítulo e o seguinte são dedicados aos números reais, que são o alicerce primeiro da Análise Matemática. No presente capítulo recordaremos inicialmente certas propriedades elementares dos números reais. Em seguida, após um breve tratamento sobre conjuntos, consideramos certas propriedades dos conjuntos numéricos, demonstrando a enumerabilidade dos números naturais, dos racionais e a surpreendente não-enumerabilidade dos números reais. Outras propriedades mais delicadas dos números reais são tratadas no capítulo seguinte.

2.1 Números racionais e representação decimal

Vamos denotar com **N** o conjunto dos números naturais (inteiros positivos)[1], com **Z** o conjunto dos inteiros (positivos, negativos e o zero), com **Q** o conjunto dos números racionais e com **R** o dos números reais.

Como o leitor bem sabe, os números racionais costumam ser representados por frações ordinárias, representação essa que é única se tomarmos as frações em forma irredutível e com denominadores positivos.

Vamos considerar a conversão de frações ordinárias em decimais, com vistas a entender quando a decimal resulta ser finita ou periódica.

Como sabemos, a conversão de uma fração ordinária em decimal se faz dividindo o numerador pelo denominador. Se o denominador da fração em forma

[1]Esses números chamam-se "naturais" justamente por surgirem "naturalmente" em nossa experiência com o mundo físico, já nos primeiros anos da infância. Deste ponto de vista, "zero" está longe de ser um número natural. Aliás, levou muito tempo para os matemáticos concederem ao zero o "status" de número. No entanto, é freqüênte o aluno perguntar: "Professor, zero é número natural"? Isto ocorre porque certos autores incluem o zero entre os naturais. Nada de errado nisso, é apenas uma convenção, que os algebristas principalmente preferem fazer, por ser conveniente em seu trabalho. Coisa parecida acontece com a exclusão do número 1 como número primo, simplesmente porque isso é conveniente em teoria dos números.

irredutível só contiver os fatores primos de 10 (2 e/ou 5), a decimal resultante será sempre finita; e é assim porque podemos introduzir fatores 2 e 5 no denominador em número suficiente para fazer esse denominador uma potência de 10. Exemplos:

$$\frac{3}{5} = \frac{3 \times 2}{5 \times 2} = \frac{6}{10} = 0,6;$$

$$\frac{41}{20} = \frac{41}{2^2 \times 5} = \frac{41 \times 5}{2^2 \times 5^2} = \frac{205}{100} = 2,05;$$

$$\frac{63}{40} = \frac{63}{2^3 \times 5} = \frac{63 \times 5^2}{2^3 \times 5^3} = 1,575.$$

Vemos, por esses exemplos, que *uma fração ordinária em forma irredutível*[2] *se transforma em decimal finita se seu denominador não contém outros fatores primos além de* 2 *e* 5.

O que acontece se o denominador de uma fração irredutível contiver algum fator primo diferente de 2 e 5? Consideremos o exemplo da conversão de 5/7 em decimal, ilustrada abaixo. Na primeira divisão (de 50 por 7), obtemos o resto 1; depois, nas divisões seguintes, vamos obtendo, sucessivamente, os restos 3, 2, 6, 4 e 5. No momento em que obtemos o resto 5, que já ocorreu antes, sabemos que os algarismos do quociente voltarão a se repetir, resultando no período 714285. Essa repetição acontecerá certamente, pois os possíveis restos de qualquer divisão por 7 são 0, 1, 2, 3, 4, 5 e 6. Vemos também que o período terá no máximo seis algarismos.

```
5,00000000 |7
  10        0, 714285 71...
   30
    20
     60
      40
       50
        10
```

Este último exemplo e os anteriores nos permitem concluir que *toda fração irredutível p/q, quando convertida à forma decimal, resulta numa decimal finita ou periódica, ocorrendo este último caso se o denominador q contiver algum fator primo diferente de 2 e 5.*

[2]Observe que a fração tem de ser considerada na sua forma irredutível. Por exemplo, 63/40 pode ser escrita na forma redutível 189/120, e agora o denominador contém o fator primo 3.

Números irracionais

Podemos conceber números cuja representação decimal não é nem finita nem periódica. Esses são os chamados *números irracionais.* No próximo capítulo trataremos da construção rigorosa desses números. Por enquanto vamos apenas admitir a existência deles e examinar algumas conseqüências interessantes desta suposição.

É fácil produzir números irracionais; basta inventar uma regra de formação que não permita aparecer período. Podemos conseguir isso, por exemplo, utilizando dois algarismos quaisquer, como 2 e zero, colocando o 2 seguido de um zero, depois o 2 seguido de dois zeros, etc. Vamos escrever esse número decimal com espaços separando os vários grupos de algarismos para melhor compreensão. O resultado é

$$0,20\,200\,2000\,20000\ldots$$

Aqui, como se vê, os três pontos significam que o modo de formação do número já está explicitado e continua indefinidamente. Outros exemplos:

$$21,71\,7711\,777\,111\ldots;; \quad 0,35\,355\,3555\,35555\ldots;$$

$$0,17\,1177\,111777\,11117777\ldots$$

Um exemplo importante de número irracional é o conhecido número π, dado aqui com suas primeiras 30 casas decimais:

$$\pi = 3,141592653589793238462643383279\ldots$$

(Agora os três pontos não têm o significado dos exemplos anteriores, mas apenas o de que os algarismos se sucedem indefinidamente, sem nenhuma lei de formação explicitada.)

O fato de não vermos período nas aproximações de π, por mais que aumentemos essas aproximações, não prova que π seja irracional, pois é concebível que o período tenha milhões, bilhões, trilhões de algarismos — ou mais! Sabemos que π é irracional porque isto pode ser *demonstrado* rigorosamente, assim como se demonstra que a soma dos ângulos de qualquer triângulo é 180°. Entretanto, essa demonstração não é tão simples e não será feita aqui.

$\sqrt{2}$ é número irracional

Parece que o primeiro número irracional a ser descoberto foi $\sqrt{2}$. Em geral, é difícil saber se um dado número é irracional ou não, como é o caso do número π. Mas é relativamente fácil demonstrar que o número $\sqrt{2}$ é irracional. Vamos fazer essa demonstração raciocinando por absurdo. Se $\sqrt{2}$ fosse racional, haveria dois inteiros positivos p e q, tais que $\sqrt{2} = p/q$, sendo p/q uma fração irredutível, isto é, p e q primos entre si, ou seja, eles não têm divisor comum maior do que 1. Elevando essa igualdade ao quadrado, obtemos $2 = p^2/q^2$, donde

$$p^2 = 2q^2.$$

Isso mostra que p^2 é par, donde concluímos que p também é par (se p fosse ímpar, p^2 seria ímpar), digamos $p = 2r$, com r inteiro. Substituindo na equação anterior, obtemos:

$$4r^2 = 2q^2, \quad \text{ou} \quad q^2 = 2r^2.$$

Daqui concluímos, como no caso de p, que o número q também deve ser par. Isto é absurdo, pois então p e q são ambos divisíveis por 2 e p/q não é fração irredutível. O absurdo a que chegamos é conseqüência da hipótese que fizemos no início, de que $\sqrt{2}$ fosse racional. Somos, assim, forçados a afastar essa hipótese e concluir que $\sqrt{2}$ é irracional.

Observação. A demonstração que acabamos de fazer é, na verdade, apenas a demonstração de que não existe número racional cujo quadrado seja 2. Afirmar que $\sqrt{2}$ é um número irracional só é possível no pressuposto de que já estejamos de posse dos números irracionais, mas isto requer a construção lógica desses números. Vamos nos ocupar deste problema no próximo capítulo.

Números reais

Número real é todo número que é racional ou irracional. Observe que os números naturais e os números inteiros são casos particulares de números racionais, de forma que quando dizemos que um número é racional, fica aberta a possibilidade de ele ser um número inteiro (positivo ou negativo) ou simplesmente um número natural.

A totalidade dos números racionais, juntamente com os irracionais é o chamado conjunto dos *números reais.*

Exercícios

1. Prove que a dízima periódica $0,232323\ldots$ é igual a $23/99$. (Aqui, e nos exemplos seguintes, os três pontos, como de costume, significam repetição indefinida do período explicitado.)

Reduza à forma de fração ordinária as dízimas periódicas dos Exercícios 2 a 10.

2. $0,777\ldots$ **3.** $1,666\ldots$ **4.** $0,170170\ldots$

5. $1,2727\ldots$ **6.** $0,343343\ldots$ **7.** $0,270270\ldots$

8. $21,45\,45\ldots$ **9.** $3,02\,02\ldots$ **10.** $5,21\,21\ldots$

11. Estabeleça a seguinte regra: *toda dízima periódica simples* ("simples" significa que o período começa logo após a vírgula. Fique entendido também que a dízima não tem parte inteira.) *é igual a uma fração ordinária, cujo numerador é igual a um período e cujo denominador é constituído de tantos 9 quantos são os algarismos do período.*

12. Prove que a dízima periódica $0,21\,507\,507\ldots$ é igual a

$$\frac{21507-21}{99900}=\frac{21486}{99900}=\frac{3581}{16650}.$$

Reduza à forma de fração ordinária os números decimais dos Exercícios 13 a 16.

13. $0,3\,777\ldots$ **14.** $0,2\,05\,05\,05\ldots$ **15.** $3,2\,666\ldots$ **16.** $0,000272727\ldots$

17. Prove que $\sqrt{3}$ é irracional.

18. Prove que $\sqrt{p}$ é irracional, onde $p>1$ é um número primo qualquer.

19. Prove que, se p e q forem números primos distintos, então $\sqrt{pq}$ é irracional.

20. Prove que, se $p_1,\ldots,\ p_r$ forem números primos distintos, então $\sqrt{p_1\ldots p_r}$ é irracional.

21. Se a e b são números irracionais, é verdade que $(a+b)/2$ é irracional? Prove a veracidade dessa afirmação ou dê um contra-exemplo, mostrando que ela é falsa.

22. Prove que a soma ou a diferença entre um número racional e um número irracional é um número irracional. Mostre, com um contra-exemplo, que o produto de dois números irracionais pode ser racional.

23. Prove que o produto de um número irracional por um número racional diferente de zero é um número irracional.

24. Prove que se r for um número irracional então $1/r$ também o será.

25. Prove que se x e y forem números irracionais tais que x^2-y^2 seja racional não-nulo, então $x+y$ e $x-y$ serão ambos irracionais. Exemplo: $\sqrt{3}+\sqrt{2}$ e $\sqrt{3}-\sqrt{2}$.

26. Prove que, se $p_1,\ldots,\ p_r$ forem números primos distintos, então $\sqrt{p_1^{s_1}\ldots p_r^{s_r}}$ é irracional se algum dos expoentes $s_1\ldots,\ s_r$ for ímpar.

27. Prove que um número N é quadrado perfeito se e somente se todos os fatores primos de N comparecem em N com expoentes pares.

28. Prove que um número que não seja quadrado perfeito, tampouco terá raiz quadrada racional.

Respostas, sugestões e soluções

1. Seja $x = 0,232323\ldots$ Então, $100x = 23,2323\ldots$, donde $100x = 23 + x$, donde $99x = 23$, donde $x = 23/99$.

3. $1 + 6/9 = 5/3$. **9.** $3 + 2/99$.

11. Seja $x = 0, a_1a_2 \ldots a_r \; a_1a_2 \ldots a_r \ldots$ uma dízima periódica simples, cujo período possui os r algarismos $a_1, a_2, \ldots, a_r$. Multiplicando ambos os membros da igualdade por 10^r, obtemos:

$$10^r x = a_1a_2 \ldots a_r + x \text{ donde } (10^r - 1)x = a_1a_2 \ldots a_r, \text{ donde } x = \frac{a_1a_2 \ldots a_r}{10^r - 1}.$$

Daqui segue a regra, pois $10^r - 1$ é um número formado de r algarismos 9. Concretamente, se $r = 3$, $10^r - 1 = 999$; se $r = 4$, $10^r - 1 = 9999$, etc.

12. $x = 0,21\,507\,507\ldots$ donde $100x = 21 + 0,507\,507\ldots$, donde

$$100x = 21 + \frac{507}{999} = \frac{21 \times 999 + 507}{999} = \frac{21(1000 - 1) + 507}{999} = \frac{21507 - 21}{999},$$

$$\text{donde } x = \frac{21507 - 21}{99900} = \frac{21486}{99900}.$$

Dividindo numerador e denominador por 6, obtemos, finalmente, $x = \dfrac{3581}{16650}$.

15. Seja $x = 3,266\ldots$ Então, $10x = 32 + 2/3 = 98/3$, donde $x = 98/30 = 49/15$.

18. A resolução deste exercício e do exercício anterior utiliza o mesmo raciocínio do texto no caso de $\sqrt{2}$. Se $\sqrt{p}$ fosse racional, teríamos $\sqrt{p} = m/n$, com m e n primos entre si. Então, $p = m^2/n^2$, donde $m^2 = pn^2$. Isso mostra que m^2 é divisível por p; logo, m também é divisível por p, ou seja, $m = rp$, com r inteiro. Daqui e de $m^2 = pn^2$ segue-se que $r^2p^2 = pn^2$, donde $n^2 = pr^2$, significando que n também é divisível por p. Mas isto é absurdo, senão m e n seriam ambos divisíveis por p e m/n não seria fração irredutível. O absurdo a que chegamos é conseqüência da hipótese inicial de que $\sqrt{p}$ fosse racional. Somos assim forçados a afastar esta hipótese e concluir que $\sqrt{p}$ é irracional.

21. Afirmação falsa. Basta tomar $a = 10 + \sqrt{2}$ e $b = -\sqrt{2}$, que são números irracionais. No entanto, $(a + b)/2 = 5$, que é racional.

22. Sejam a um número racional e α um número irracional. Se $x = a + \alpha$ fosse racional, então $\alpha = x - a$ seria racional (por ser a diferença de dois racionais), o que é absurdo. Assim, concluímos que $a + \alpha$ é irracional. Prove, do mesmo modo, que $a - \alpha$ e $\alpha - a$ são irracionais.

23. Sejam α irracional e $a \neq 0$ racional. Se $x = a\alpha$ fosse racional, o mesmo seria verdade de $\alpha = x/a$, o que é absurdo.

25. Lembramos que $(x+y)(x-y) = x^2 - y^2$. Se um dos fatores, digamos, $x+y$, fosse racional, então $x-y$ também o seria, pois $x-y = (x^2-y^2)/(x+y)$. Então, x e y também seriam racionais, pois

$$x = \frac{(x+y)+(x-y)}{2} \quad \text{e} \quad y = \frac{(x+y)-(x-y)}{2}.$$

O leitor deve repetir o raciocínio supondo $x-y$ racional.

26. Suponha que os expoentes $s_1, \dots s_l$ sejam ímpares e os demais são pares. Pelo Exercício 20, $\sqrt{p_1 \cdots p_l}$ é irracional.

2.2 Noções sobre conjuntos

Coletamos aqui as noções básicas de conjuntos que serão utilizadas em nosso estudo.[3] Várias delas, certamente, já são do conhecimento do leitor. Todos os conjuntos sob consideração serão conjuntos de números reais, isto é, *subconjuntos* de **R**.

A notação "$x \in A$" significa que x é um elemento de A e se lê "x *pertence* a A". A negação disto é "$x \notin A$". Quando todo elemento de A é também elemento de B, dizemos que A é um *subconjunto* de B, ou que "A está incluso em B", e a notação é "$A \subset B$". Observe que podemos ter simultaneamente $A \subset B$ e $B \subset A$, isto significando igualdade de conjuntos, que se escreve "$A = B$". Diz-se que A é um *subconjunto próprio* de B se $A \subset B$, porém $A \neq B$, isto é, existe algum elemento de B que não está em A.

Dados dois conjuntos A e B, define-se a *união* $A \cup B$ como o conjunto de todos os elementos que estão em pelo menos um dos conjuntos A e B, como ilustra o diagrama da Fig. 2.1a; a *interseção* $A \cap B$ é definida como o conjunto de todos os elementos que estão em A e em B simultaneamente (Fig. 2.1b).

Pode acontecer que A e B não tenham elementos comuns, em cujo caso $A \cap B$ não teria significado. Exceções como essa são evitadas com a introdução do *conjunto vazio*, indicado com o símbolo ϕ; ele é o conjunto que não tem elemento algum.

Especificação de conjuntos

Um conjunto pode ser definido pela simples listagem de seus elementos entre chaves ou pela especificação de uma propriedade que caracterize seus elementos.

[3] Ainda é mais ou menos comum em livros do ensino médio um tratamento excessivamente longo de conjuntos. Parece que os autores desses livros não se dão conta de que o tratamento de conjuntos que fazem nada tem de substância matemática. Nada mais são do que linguagem e notação, que são ferramentas auxiliares; portanto, só devem ser introduzidas quando necessárias aos objetivos do estudo que se pretenda fazer. Coisa bem diferente é teoria de conjuntos, de que falaremos em Nota no final do capítulo.

Assim,

$$A = \{1, 3, 5, 7\}$$

é o conjunto dos quatro números ímpares de 1 a 7;

$$\mathbf{Z} = \{0, \pm 1, \pm 2, \pm 3, \ldots\}$$

é o conjunto dos números inteiros;

$$A = \{x \in \mathbf{R}: x^2 - 4x + 3 > 0\}$$

é o conjunto dos números reais onde o trinômio $x^2 - 4x + 3 > 0$ é positivo, que é o mesmo que o conjunto dos números que jazem fora do intervalo das raízes, ou seja,

$$A = \{x \in \mathbf{R}; x < 1\} \cup \{x \in \mathbf{R}; x > 3\}.$$

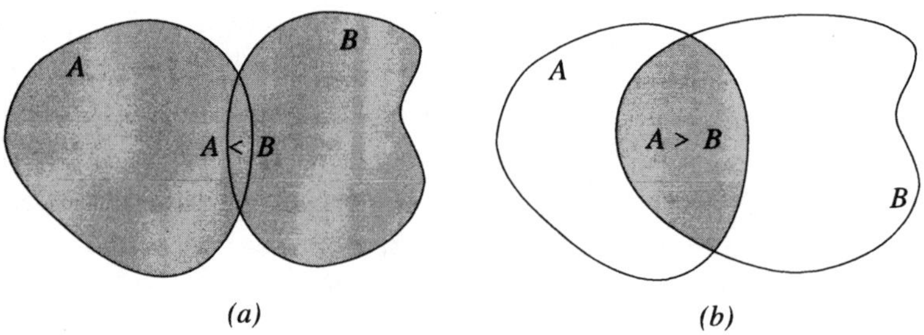

Figura 2.1

Freqüentemente um conjunto pode ser descrito de diferentes maneiras. Por exemplo, o conjunto dos números ímpares positivos pode ser descrito como

$$\{1, 3, 5, 7, \ldots\}, \quad \text{ou } \{2n + 1: n = 0, 1, 2, 3 \ldots\} \text{ ou } \{2n - 1: n \in \mathbf{N}\}$$

Quando lidamos com subconjuntos de um mesmo conjunto X, entende-se por *complementar* de um conjunto A, indicado pelo símbolo A^c ou $X - A$, como sendo o conjunto dos elementos de X que não estão em A, como ilustra o diagrama da Fig. 2.2a, isto é,

$$A^c = X - A = \{x \in X: x \notin A\}.$$

É claro que $X^c = \phi$ e $\phi^c = X$. O *complementar relativo* de um conjunto A em relação a outro conjunto B, ilustrado no diagrama da Fig. 2.2b, é definido por

$$B - A = \{x \in B: x \notin A\}.$$

Deixamos para os exercícios a tarefa de provar que $B - A = B \cap A^c$ e que $B \subset C \Rightarrow A - C \subset A - B$.

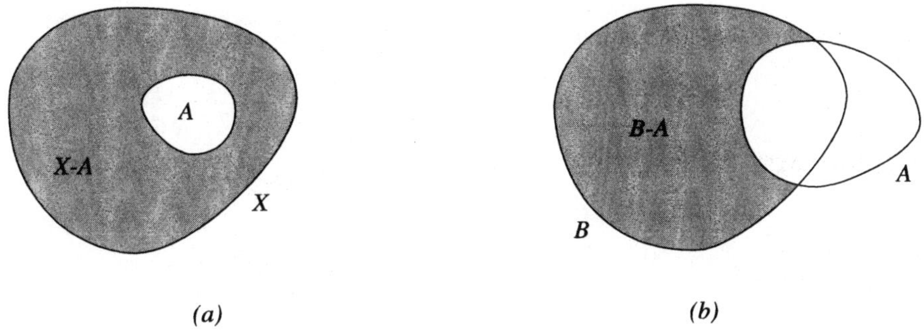

Figura 2.2

Propriedades gerais

Daremos a seguir uma série de igualdades entre conjuntos, as quais são demonstradas provando, em cada caso, que o primeiro membro está contido no segundo e que o segundo está contido no primeiro:

$$A \cup B = B \cup A; \quad A \cap B = B \cap A; \quad A \cup (B \cup C) = (A \cup B) \cup C;$$

$$A \cap (B \cap C) = (A \cap B) \cap C; \quad A \cup (B \cap C) = (A \cup B) \cap (A \cup C);$$

$$A \cap (B \cup C) = (A \cap B) \cup (A \cap C).$$

As chamadas *leis de De Morgan*, no caso de dois conjuntos A e B, afirmam que

$$(A \cup B)^c = A^c \cap B^c \quad \text{e} \quad (A \cap B)^c = A^c \cup B^c,$$

ou seja, *o complementar da união é a interseção dos complementares e o complementar da interseção é a união dos complementares.*

Exercícios

1. Prove que $A \cup B = B \cup A$, $A \cup A = A$ e que $A \cap A = A$.

2. Prove que $A \cap B = B \cap A$.

3. Prove que $A \cup (B \cup C) = (A \cup B) \cup C$.

4. Prove que $A \cap (B \cap C) = (A \cap B) \cap C$.

5. Prove que $A \cup (B \cap C) = (A \cup B) \cap (A \cup C)$.

6. Prove que $A \cap (B \cup C) = (A \cap B) \cup (A \cap C)$.

7. Prove que $A \subset B \Leftrightarrow A \cap B = A$. Faça um diagrama ilustrativo.

8. Prove que $B - A = B \cap A^c$. Faça um diagrama ilustrativo.

9. Prove que $B \subset C \Rightarrow A - C \subset A - B$. Faça um diagrama ilustrativo.

10. Prove as assim chamadas leis de De Morgan:

$$(A \cup B)^c = A^c \cap B^c \quad \text{e} \quad (A \cap B)^c = A^c \cup B^c.$$

11. Prove que $(A - B) \cap (B - A) = \phi$. Faça um diagrama ilustrativo.

12. Dados dois conjuntos A e B, prove que $A = (A - B) \cup (A \cap B)$.

Sugestões e soluções

1. Para mostrar que o primeiro membro está contido no segundo, seja $x \in A \cup B$. Então, ou $x \in A$, ou $x \in B$, ou ambos. Se $x \in A$, então $x \in B \cup A$; e também, se $x \in B$, x tem de estar em $B \cup A$. Fica assim provado que $A \cup B \subset B \cup A$. Do mesmo modo prova-se que $B \cup A \subset A \cup B$. Concluímos então que $A \cup B = B \cup A$.

3. Seja $x \in A \cup (B \cup C)$. Se $x \in A$, então $x \in A \cup B$, logo, $x \in (A \cup B) \cup C$; e se $x \in B \cup C$, há duas possibilidades a considerar: $x \in B$ ou $x \in C$. $x \in B$ implica $x \in A \cup B$, logo, $x \in (A \cup B) \cup C$; e $x \in C$ também implica $x \in (A \cup B) \cup C$. Fica assim provado que $A \cup (B \cup C) \subset (A \cup B) \cup C$. A demonstração de que $(A \cup B) \cup C \subset A \cup (B \cup C)$ é inteiramente análoga.

8. $x \in B - A \Leftrightarrow x \in B$ e $x \notin A \Leftrightarrow x \in B$ e $x \in A^c \Leftrightarrow x \in B \cap A^c$. Isto significa que $x \in B - A \Leftrightarrow x \in B \cap A^c$, ou seja, $B - A = B \cap A^c$.

10. $x \in (A \cup B)^c \Leftrightarrow x \notin A \cup B \Leftrightarrow x \notin A$ e $x \notin B \Leftrightarrow x \in A^c$ e $x \in B^c \Leftrightarrow x \in A^c \cap B^c$.

2.3 Conjuntos finitos e infinitos

O estudo sistemático dos conjuntos, que acabou levando a uma teoria axiomática desse campo de estudos, começou com Georg Cantor, por volta de 1872. Nessa época, Cantor estava iniciando sua carreira profissional e se ocupava do estudo da representação de funções por meio de séries trigonométricas. Nessa ocupação ele foi levado a investigar os conjuntos de pontos de descontinuidade de tais funções, os mais simples dos quais são conjuntos com apenas um número finito de pontos. Mas o aparecimento de conjuntos cada vez mais complicados acabou levando Cantor a investigar conjuntos infinitos em sua generalidade. Nesse estudo ele introduziu um conceito simples, que logo se revelaria da maior importância — o conceito de *equivalência de conjuntos.*

Segundo Cantor, dois conjuntos são *equivalentes*, ou têm a mesma *cardinalidade*, ou a mesma *potência*, quando é possível estabelecer uma correspondência que leve elementos distintos de um conjunto em elementos distintos do outro, todos os elementos de um e do outro conjunto sendo objeto dessa correspondência. Em termos precisos, a correspondência de que estamos falando chama-se *bijeção.* (Veja a definição de bijeção na p. 138.) Escreveremos $A \leftrightarrow B$ para indicar que existe uma bijeção entre A e B.

Observe que é essa noção de equivalência que dá origem ao conceito abstrato de número natural. De fato, o que faz uma criança de quatro ou cinco anos de idade constatar que numa cesta há três laranjas, noutra três maçãs, e ainda noutra três ovos? Ela chega a essas conclusões — mesmo sem perceber — por constatar que é possível "casar"os elementos de qualquer uma dessas cestas com os elementos de qualquer outra de maneira biunívoca. É essa abstração dos elementos concretos dos conjuntos equivalentes de diferentes objetos que nos leva a formar a noção de número natural, um fenômeno que ocorre muito cedo em nossas vidas.

Assim, denotando com F_n o conjunto dos primeiros números naturais, $F_n = \{1, 2, 3, \ldots n\}$, é precisamente o fato de um conjunto A ser equivalente (ou equipotente) a F_n que nos faz dizer que A tem n elementos, ou tem o mesmo número de elementos que F_n. Daí definirmos: um conjunto A se diz *finito* quando existe um número natural n tal que A seja equipotente ao conjunto F_n.

Um conjunto se diz *infinito* quando não for finito.

No caso de conjuntos finitos, serem equipotentes corresponde a terem o mesmo número de elementos, de sorte que o conceito de cardinalidade é o recurso natural para estender, a conjuntos infinitos, o conceito de "número de elementos de um conjunto".

Diz-se que dois conjuntos quaisquer A e B têm a mesma *cardinalidade*, ou o mesmo *número de elementos*, se eles forem equipotentes. Como se vê, essa definição, no caso de conjuntos finitos, não traz nada de novo; mas estende, para conjuntos infinitos, a noção de "número de elementos de um conjunto". Tais números são os chamados *números transfinitos.*

Conjuntos enumeráveis

O primeiro conjunto infinito com que nos familiarizamos é o conjunto $\mathbf{N}$ dos números naturais. Chama-se *conjunto enumerável* a todo conjunto equivalente a $\mathbf{N}$.

Um dos primeiros fatos surpreendentes que surge na consideração de conjuntos infinitos diz respeito à possibilidade de haver equivalência entre um conjunto e um seu subconjunto próprio. Por exemplo, a correspondência $n \mapsto 2n$, que ao 1 faz corresponder 2, ao 2 faz corresponder 4, ao 3 faz corresponder 6, etc., estabelece equivalência entre o conjunto dos números naturais e o conjunto dos números pares positivos. Veja: o conjunto dos números pares positivos é um subconjunto próprio do conjunto **N**; no entanto, tem a mesma cardinalidade que **N**, ou seja, o mesmo número de elementos. Este fenômeno é uma peculiaridade dos conjuntos infinitos e em nada contradiz o que já sabemos sobre conjuntos finitos.

A enumerabilidade do conjunto Q

Se é surpreendente que o conjunto **N** seja equivalente a vários de seus subconjuntos próprios, mais surpreendente é que o conjunto **Q** dos números racionais também seja equivalente a **N**, isto é, seja enumerável.

De acordo com o Exercício 5 adiante, para provar isso é suficiente trabalhar com o conjunto $\mathbf{Q}_+$ dos racionais positivos. Começamos reunindo as frações em grupos, cada grupo contendo aquelas que são irredutíveis e cuja soma do numerador com o denominador seja constante. Por exemplo,

$$\frac{1}{6}, \frac{2}{5}, \frac{3}{4}, \frac{4}{3}, \frac{5}{2}, \frac{6}{1}$$

é o grupo das frações com numerador e denominador somando 7, enquanto

$$\frac{1}{7}, \frac{3}{5}, \frac{5}{3}, \frac{7}{1}$$

é o grupo correspondente à soma 8. Observe que cada grupo desses tem um número finito de elementos. Basta então escrever todos os grupos, um após outro, na ordem crescente das somas correspondentes, e enumerar as frações na ordem em que aparecem. É claro que todos os números racionais positivos aparecerão nessa lista:

$$\frac{1}{1}, \frac{1}{2}, \frac{2}{1}, \frac{1}{3}, \frac{3}{1}, \frac{1}{4}, \frac{2}{3}, \frac{3}{2}, \frac{4}{1}, \frac{1}{5}, \frac{5}{1}, \ldots$$

Um caso mais geral

A demonstração que acabamos de fazer para provar a enumerabilidade dos números racionais generaliza-se para provar a enumerabilidade da união de um conjunto enumerável de conjuntos enumeráveis. Esse resultado é o conteúdo do seguinte

2.1. Teorema. *Dados os conjuntos A_1, A_2, $A_3, \ldots$, todos eles enumeráveis, então, sua união $A = A_1 \cup A_2 \cup A_3 \cup \ldots$ também é enumerável.*

Demonstração. Como os conjuntos A_1, A_2, $A_3, \ldots$ são enumeráveis, vamos escrevê-los na forma

$$\begin{array}{l} A_1 = \{a_{11}, a_{12}, a_{13}, \ldots, a_{1n}, \ldots\} \\ A_2 = \{a_{21}, a_{22}, a_{23}, \ldots, a_{2n}, \ldots\} \\ A_3 = \{a_{31}, a_{32}, a_{33}, \ldots, a_{3n}, \ldots\} \\ \ldots\ldots\ldots\ldots\ldots\ldots\ldots\ldots\ldots\ldots \\ A_n = \{a_{n1}, a_{n2}, a_{n3}, \ldots, a_{nn}, \ldots\} \\ \ldots\ldots\ldots\ldots\ldots\ldots\ldots\ldots\ldots\ldots \end{array} \tag{2.1}$$

Repare agora que podemos escrever os elementos da união A da seguinte maneira: começamos com a_{11}, depois a_{12} e a_{21}, depois a_{13}, a_{22} e a_{31}, etc. Isto equivale a tomar os elementos dos conjuntos A_i segundo as diagonais secundárias do quadro (2.1) desses conjuntos. Dito de outra maneira, A é a união dos conjuntos

$$\{a_{11}\}, \quad \{a_{12}, a_{21}\}, \quad \{a_{13}, a_{22}, a_{31}\}, \quad \{a_{14}, a_{23}, a_{32}, a_{41}\}, \ldots$$

Como todos estes conjuntos são finitos, a enumerabilidade de A segue pelo mesmo raciocínio utilizado atrás para provar a enumerabilidade dos números racionais.

Números irracionais

O primeiro número irracional com que nos familiarizamos, ainda no ensino fundamental, é o número π, razão do comprimento de uma circunferência pelo seu diâmetro. Mas, como a demonstração da irracionalidade desse número está fora do alcance da Matemática do ensino fundamental e médio, o aluno é apenas informado de que a expansão decimal desse número é infinita e não periódica.

Um pouco mais tarde, ainda no ensino fundamental, o aluno trava conhecimento com os radicais; e, novamente, é apenas informado de que números como $\sqrt{2}$, $\sqrt{3}$, etc., são números irracionais (embora esteja perfeitamente ao seu alcance entender a demonstração de irracionalidade de $\sqrt{2}$ que fizemos atrás, bem como outras demonstrações dadas nos exercícios).

Esse "aprendizado" dos números irracionais pode deixar no aluno a impressão de que números irracionais são o π e alguns radicais; e ele talvez até forme a idéia de que o conjunto desses números seja bem reduzido, no máximo enumerável. Mas isto não é verdade; trata-se de um conjunto infinito e não enumerável (Exercício 7 adiante), fato este que segue como conseqüência da não enumerabilidade do conjunto dos números reais, que provaremos a seguir.

A não enumerabilidade do conjunto R

Vimos, um pouco atrás, que o conjunto **Q** é enumerável. Isto poderia até sugerir que todos os conjuntos infinitos fossem enumeráveis, como de fato se acreditava fosse verdade. Em 1874 Cantor surpreendeu o mundo matemático com uma de suas primeiras descobertas importantes sobre conjuntos, a de que o conjunto dos números reais não é enumerável, ou seja, tem cardinalidade diferente da do conjunto **N** dos números naturais.

Para provar isso, trabalharemos com os números do intervalo (0, 1), já que este intervalo tem a mesma cardinalidade da reta toda (Exercício 8 adiante). Observe que alguns desses números têm mais de uma representação decimal, como 0,4 e $0,3999\ldots$ Para que isto não aconteça, adotaremos, para cada número, sua representação decimal infinita. Assim,

$$0,437 = 0,436999\ldots; \quad 0,052 = 0,051999\ldots; \text{ etc.}$$

E com esse procedimento cada número terá uma única representação decimal infinita.

Suponhamos que fosse possível estabelecer uma correspondência biunívoca dos números do intervalo (0, 1) com os números naturais. Isto é o mesmo que supor que os números desse intervalo sejam os elementos de uma seqüência infinita x_1, x_2, $x_3, \ldots$ Escritos em suas representações decimais, esses números seriam, digamos,

$$\begin{aligned} x_1 &= 0, a_{11}a_{12}a_{13}\ldots a_{1n}\ldots \\ x_2 &= 0, a_{21}a_{22}a_{23}\ldots a_{2n}\ldots \\ x_3 &= 0, a_{31}a_{32}a_{33}\ldots a_{3n}\ldots \\ &\ldots\ldots\ldots\ldots\ldots\ldots\ldots\ldots \\ x_n &= 0, a_{n1}a_{n2}a_{n3}\ldots a_{nn}\ldots \\ &\ldots\ldots\ldots\ldots\ldots\ldots\ldots\ldots \end{aligned}$$

onde os a_{ij} são algarismos de zero a 9. O último passo, que nos levará a uma contradição, consiste em produzir um número do intervalo (0, 1) que não esteja nessa lista. Isso é feito pelo chamado *processo diagonal* de Cantor, usado em muitas outras situações. Construímos um número que seja diferente de x_1 na primeira casa decimal, diferente de x_2 na segunda casa, diferente de x_3 na terceira casa, e assim por diante, de sorte que esse número não coincidirá com nenhum dos números da lista acima. Para termos uma regra específica[4], vamos construir o número $x = 0, a_1a_2a_3\ldots$ desejado pondo $a_i = 6$ se $a_{ii} = 5$ e $a_i = 5$

[4] A regra não pode produzir um número que só contenha zeros a partir de uma certa casa decimal, pois, como já dissemos, não estamos permitindo tal representação.

se $a_{ii} \neq 5$. Como esse número não está na lista acima, chegamos a um absurdo, o que nos leva a concluir que o conjunto dos números reais não é enumerável.

Veja outra demonstração da não enumerabilidade dos números reais na p. 101.

Exercícios

1. Construa uma bijeção entre o conjunto $\mathbf{N}$ e o conjunto dos números ímpares positivos.

2. Construa uma bijeção entre o conjunto $\mathbf{N}$ e o conjunto dos números quadrados perfeitos.

3. Construa uma bijeção entre o conjunto $\mathbf{N}$ e seu subconjunto $\{n, n+1, n+2, \ldots\}$.

4. Sejam A um conjunto finito e B um conjunto enumerável. Mostre que o conjunto $A \cup B$ é enumerável. (Daqui segue, como corolário, que o conjunto dos racionais não-negativos $\{0\} \cup \mathbf{Q}_+$ é enumerável. Construa uma bijeção entre $\mathbf{N}$ e esse conjunto.)

5. Supondo que A e B sejam conjuntos infinitos enumeráveis, mostre que $A \cup B$ é enumerável. Prove, em seguida, que a união finita de conjuntos enumeráveis é enumerável. (Daqui segue, como corolário, que o conjunto dos números racionais positivos e negativos é enumerável.) Prove também que o conjunto de todos os números racionais é enumerável.)

6. Prove que se um conjunto infinito não enumerável A é a união de dois outros B e C, então pelo menos um destes não é enumerável.

7. Prove que o conjunto dos números irracionais não é enumerável.

8. Construa uma bijeção do intervalo $(0, 1)$ na reta $(-\infty, +\infty)$.

9. Mostre que todo conjunto infinito possui um subconjunto (infinito) enumerável.

10. David Hilbert (1862–1943) certa vez observou que um hotel com um número infinito de quartos sempre pode acomodar mais hóspedes, até mesmo uma infinidade deles, mesmo que os quartos do hotel já estejam todos ocupados. Mostre como fazer isso.

Respostas, sugestões e soluções

1. $n \mapsto 2n+1, \quad n = 0, 1, 2, 3, \ldots$ **3.** $f(j) = n + j - 1, \quad j = 1, 2, \ldots$

4. Suponhamos que os elementos de A e B já estejam enumerados, de sorte que

$$A = \{a_1, \ldots a_r\} \text{ e } B = \{b_1, b_2, b_3, \ldots\}.$$

Isto sugere a bijeção $f\colon \mathbf{N} \mapsto A \cup B$, assim definida:

$$f(j) = a_j, \quad j = 1, \ldots, r; \qquad f(j) = b_{j-r}, \quad j = r+1, r+2, \ldots$$

5. Suponha primeiro que os conjuntos A e B sejam disjuntos. Em seguida, resolva também o caso em que eles tenham interseção não-vazia. No caso de vários conjuntos $A_1, A_2, \ldots, A_n$, raciocine indutivamente, observando que $A_1 \cup A_2 \cup A_3 = (A_1 \cup A_2) \cup A_3$, etc.

7. Se fosse finito ou enumerável, também seria enumerável o conjunto dos números reais. Por quê?

8. Uma possibilidade é $y = \text{tg}(\pi x - \pi/2)$. Faça o gráfico para se certificar. Ache outra solução. Faça o gráfico de $y = -1/x$ e veja que esta função tem o comportamento desejado na origem, mas não em $x = 1$. Faça o gráfico de $y = 1/(1-x)$ e veja que esta tem o comportamento desejado em $x = 1$, mas não na origem. E a soma das duas, resolve? Seria $y = (2x-1)/x(1-x)$. Estude o gráfico desta função.

9. Escolha um elemento qualquer do conjunto e denote-o x_1. Escolha outro elemento e denote-o x_2. Escolha outro diferente de x_1 e de x_2 e denote-o x_3, e assim por diante. O processo continua indefinidamente porque o conjunto dado é infinito, de forma que, para todo inteiro positivo n, será sempre possível encontrar um elemento do conjunto, diferente de x_1, x_2, x_n, que será denotado x_{n+1}.

10. Se chegar um hóspede novo, coloque-o no quarto número 1, transferindo o hóspede que estava neste quarto para o quarto 2, o do quarto 2 para o quarto 3, e assim por diante. E se chegarem n hóspedes? Se chegarem infinitos hóspedes, também não há problema, mude o hóspede do quarto n para o quarto $2n$; assim ficarão vagos os infinitos quartos de números ímpares, para abrigar os infinitos hóspedes que estão chegando.

2.4 Notas históricas e complementares

A teoria dos conjuntos

Foi por volta de 1960 que a noção de conjunto foi introduzida no ensino básico, na maior parte dos países do mundo, inclusive o Brasil. E trouxe mais malefícios do que vantagens. Tanto assim que em países desenvolvidos, como os Estados Unidos, a abordagem de conjuntos declinou rapidamente já no final da década de 60, e estava praticamente eliminada no início dos anos 70. Já no Brasil o hábito de incluir conjuntos no ensino básico perdurou por muito mais tempo, e até hoje há quem insista na insensatez e artificialidade de utilizar conjuntos — até mesmo a noção de conjunto vazio — para ensinar aritmética às crianças! Mas, felizmente, já se observa um declínio pronunciado desse ensino, a ponto de haver bons livros de autores competentes que reduziram muito o tratamento de conjuntos. Nesta Nota vamos apresentar tópicos pouco sabidos da teoria dos conjuntos, mais para informar o leitor além daquilo que se ensina no ensino básico.

Cantor e os conjuntos infinitos

Bernhard Bolzano foi quem primeiro falou livremente de conjuntos infinitos. Ele escreveu um livro sobre os paradoxos do infinito, publicado postumamente em 1859, no qual aborda várias questões de natureza filosófica e matemática acerca dos conjuntos infinitos. Richard Dedekind foi mais longe que Bolzano, utilizando a noção de conjunto na construção dos números reais. Mas foi Georg Cantor quem mais avançou no estudo dos conjuntos. Logo no início de um de seus trabalhos sobre os números transfinitos ele define conjunto com as seguintes palavras: *por conjunto entenderemos qualquer coleção numa totalidade M de objetos distintos, produtos de nossa intuição ou pensamento.*

A rigor, isto não é bem uma definição, pois exige que já saibamos o que seja "coleção", vocábulo esse que é sempre tomado como sinônimo de conjunto. Na verdade, Cantor está apenas explicando, em linguagem imprecisa que seja, sua percepção do conceito de conjunto, que, diga-se de passagem, era a única que poderia ocorrer a qualquer matemático de seu tempo. Veremos que esse conceito, utilizado livremente, pode levar a sérias contradições.

Teorema de Cantor e infinidade dos números transfinitos

A noção de cardinalidade ou potência de um conjunto permitiu que Cantor introduzisse e estudasse os "números transfinitos", que nada mais são do que as potências dos conjuntos infinitos. Em particular, Cantor mostrou como ordenar os conjuntos segundo suas potências. Assim, denotando as potências com os mesmos símbolos com que estamos denotando os conjuntos, podemos escrever $\mathbf{N} = \mathbf{P} = \mathbf{Q} < \mathbf{R}$, onde $\mathbf{N}$, $\mathbf{P}$, $\mathbf{I}$, $\mathbf{Q}$ e $\mathbf{R}$ denotam os conjuntos dos números naturais, dos pares, dos ímpares, dos racionais e dos reais, respectivamente.

Vamos mostrar agora como Cantor logrou construir toda uma infinidade de números transfinitos, ou seja, uma infinidade de conjuntos infinitos, todos com diferentes potências. Primeiro vamos ilustrar a construção no caso de um conjunto finito bem simples, com apenas três elementos, digamos, o conjunto $M = \{a, b, c\}$. Vamos formar o conjunto de todos os subconjuntos de M. Denotando, como de costume, o conjunto vazio por ϕ, esses subconjuntos são os oito conjuntos seguintes:

$$\phi, \ \{a\}, \ \{b\}, \ \{c\}, \ \{a, b\}, \ \{a, c\}, \ \{b, c\}, \ \{a, b, c\}.$$

O conjunto de todos esses subconjuntos, chamado o *conjunto das partes de M*, costuma ser denotado com o símbolo $\mathcal{P}(M)$. Assim,

$$\mathcal{P}(M) = \{\phi, \ \{a\}, \ \{b\}, \ \{c\}, \ \{a, b\}, \ \{a, c\}, \ \{b, c\}, \ \{a, b, c\}\}.$$

Já observamos que a noção de potência permite ordenar os conjuntos. Assim, no caso do conjunto M que estamos considerando, temos, em termos de suas potências, $M < \mathcal{P}(M)$. Este fato, aqui ilustrado no caso de um conjunto de três elementos, pode ser facilmente demonstrado para qualquer conjunto finito; e pode ser demonstrado, sem muita dificuldade, para conjuntos quaisquer, finitos ou infinitos, como fazemos no Apêndice. Esse resultado de Cantor permite construir, a partir de um conjunto infinito inicial M toda uma infinidade de conjuntos infinitos com cardinalidade crescente:

$$M < \mathcal{P}(M) < \mathcal{P}(\mathcal{P}(M)) < \mathcal{P}(\mathcal{P}(\mathcal{P}(M))) < \dots$$

resultado esse que também é devido a Cantor.

O paradoxo de Cantor

Vamos descrever agora um dos primeiros paradoxos da teoria dos conjuntos, surgido com o próprio Cantor.[5] Aceitando a definição de conjunto dada por Cantor, podemos conceber o conjunto U de todos os conjuntos. Esse conjunto U seria, por assim dizer, o *conjunto universal*, portanto, teria potência máxima, já que reuniria todos os conjuntos passíveis de consideração. Em particular, ele teria de ser um elemento de si mesmo, o que já é, em si, um pouco estranho. Pior que isto é que, ao considerarmos o conjunto das partes de U, isto é, o conjunto $\mathcal{P}(U)$, somos levados, pelo próprio teorema de Cantor, a concluir que $\mathcal{P}(U) > U$. Ora, isto contradiz a suposição inicial, de que existe um conjunto universal U, ou conjunto de todos os conjuntos.

Frege e o paradoxo de Russell

Dentre os muitos outros paradoxos que foram sendo descobertos, merece especial atenção o chamado paradoxo de Russell, que está contido numa carta que Bertrand Russell escreveu a Gottlob Frege em 1902. Frege recebeu a carta de Russell no momento em que estava para publicar o segundo volume de uma obra em que fundamentava toda a aritmética na teoria dos conjuntos. Ele reagiu com as seguintes palavras: "nada mais indesejável para um cientista do que ver ruir os fundamentos do edifício, justamente no momento em que ele está sendo concluído. Foi nessa incômoda situação que me encontrei ao receber uma carta do Sr. Bertrand Russell no momento em que meu trabalho já estava indo para o prelo."

Para explicar o paradoxo de Russell, começamos observando que um conjunto pode ser elemento de outro conjunto, como já vimos atrás, no caso do conjunto das partes de um dado conjunto. Outro exemplo: uma reta é um conjunto de pontos; e podemos formar o conjunto das retas de um dado plano, portanto, um conjunto de conjuntos.

Um conjunto pode ser elemento de si mesmo, como o conjunto de todas as idéias abstratas, pois tal conjunto também é uma idéia abstrata; portanto, ele é um elemento de si mesmo. Outro exemplo: o conjunto dos conjuntos que possuem mais de dois elementos é um elemento de si mesmo, pois ele com certeza possui mais de dois elementos.

Não se perturbe o leitor se achar muito estranha essa idéia de um conjunto pertencer a si mesmo. Falamos dela somente porque desejamos, isto sim, considerar conjuntos que não pertencem a si mesmos, como o conjunto dos números naturais, dos inteiros, dos divisores de 360, o conjunto dos vértices de um poliedro, etc.

Vamos considerar o conjunto de todos os conjuntos que não pertencem a si mesmos, e que denotaremos por M. Assim, de maneira simbólica e explícita,

$$M = \{x | \; x \notin x\}.$$

Pergunta: $M \in M$? Não, pois M seria um certo x tal que $x \in x$, donde, pela definição de M, $x \notin M$, isto é, $M \notin M$.

Será então que $M \notin M$? Também não, pois M seria um certo x tal que $x \notin x$,

[5] "Paradoxo" é uma palavra que é usada para significar uma contradição apenas aparente, que pode ser resolvida. Mas, às vezes tem o significado de uma contradição verdadeira e insolúvel, e é neste último sentido que a empregamos aqui.

donde, pela definição de M, $x \in M$, isto é, $M \in M$.

Em resumo,

$$M \in M \Leftrightarrow M \notin M.$$

Estamos diante de um paradoxo, que surgiu da consideração do conjunto M de todos os conjuntos que não pertencem a si mesmos.

Por que surgem paradoxos?

Nada há de errado com o raciocínio que acaba nos levando, tanto ao paradoxo de Cantor como ao de Russell. Se não há nada de errado, como então fomos chegar a esses paradoxos?

Os paradoxos surgem porque o universo do discurso é muito amplo; e acaba abarcando essas contradições. O próprio conceito de conjunto, segundo Cantor, foi originariamente concebido de maneira muito livre, e acabou levando o próprio Cantor a um paradoxo insuperável.

Veja este exemplo, mostrando a que nos leva o uso muito livre da linguagem: um rei mandou dizer a um condenado que ele morreria na fogueira se as últimas palavras do condenado encerrassem uma verdade; e morreria na forca se falasse uma falsidade. O condenado disse: vou morrer na forca. Em conseqüência, o rei não pode executá-lo nem na fogueira (se não o condenado teria dito uma falsidade), nem na forca (se não o condenado teria falado uma verdade). E por que esse impasse? Simplesmente porque a decisão final depende de algo fluido, aquilo que o condenado ainda vai falar. Isso não pode ser permitido; o universo do discurso tem de ser devidamente restrito para não abrigar possíveis contradições ou impasses.

Por causa dos paradoxos, alguma coisa tinha de ser feita. Foi então que vários matemáticos cuidaram de formular um sistema de axiomas, a partir dos quais fosse possível estabelecer os resultados da teoria, libertando-a, ao mesmo tempo, dos paradoxos que vinham surgindo e de outros mais que pudessem aparecer.

Zermelo e o axioma da especificação

Ernst Zermelo foi um dos matemáticos que mais sucesso tiveram nesse empreendimento de axiomatizar devidamente a teoria dos conjuntos. Nascido em Berlim, Zermelo estudou Matemática, Física e Filosofia nas universidades de Berlim, Halle e Freiburg. Foi professor em Götingen e Zurique. Ainda cedo em sua vida profissional, Zermelo teve de interromper sua carreira por problemas de saúde e, mais tarde, por problemas com o regime nazista de Hitler. Embora seus principais trabalhos situem-se na área de lógica e fundamentos da Matemática, Zermelo também possui contribuições em Mecânica e Análise Aplicada.

Em suas considerações sobre os paradoxos, notadamente os de Cantor e Russell, Zermelo percebeu que duas coisas não poderiam coexistir: a consideração livre de conjuntos, como o conjunto universal, e a caracterização de um conjunto por uma propriedade de seus elementos (sem maiores restrições). Ora, esta última condição era muito natural e não deveria ser descartada. Zermelo optou pela impossibilidade de se considerar conjuntos sem qualquer restrição, como no caso do conjunto de todos os conjuntos, ou o conjunto de todos os conjuntos que não pertencem a si mesmos. Ele teve a intuição de que seria possível considerar conjuntos infinitos, porém, sempre a partir de algum conjunto pre-existente. Assim, de posse do conjunto dos números naturais **N**, podemos considerar o conjunto dos pares de números naturais (a, b), com $b \neq 0$, a partir dos quais construímos o conjunto dos números racionais; a partir deste conjunto podemos construir o conjunto dos números reais, depois o dos números complexos. Conjuntos mais e mais amplos, em termos de cardinalidade, podem ser formados a partir de qualquer conjunto M, em particular a seqüência crescente

$$M < \mathcal{P}(M) < \mathcal{P}(\mathcal{P}(M)) < \mathcal{P}(\mathcal{P}(\mathcal{P}(M))) < \text{etc.}$$

Foi seguindo essa linha de raciocínio que Zermelo formulou o seguinte axioma, que veio a ser chamado *axioma da especificação*:

> *Dados um conjunto A e uma propriedade $P(x)$, existe um conjunto M cujos elementos são os elementos de A que satisfazem a propriedade $P(x)$. Simbolicamente, $M = \{x \in A|\ P(x)\}$.*

É interessante observar que estamos, a toda hora, usando este axioma na formação de novos conjuntos a partir de um conjunto dado, freqüentemente sem perceber a interveniência do axioma. Considere, por exemplo, as afirmações: "o conjunto das raízes reais do polinômio $x^5 - 7x^3 + 1$"; "o conjunto dos triângulos de base AB e altura h"; "o conjunto dos coeficientes binomiais de ordem 7". Em todos esses casos estamos formando conjuntos com a ajuda do axioma da especificação.

Vários outros axiomas são necessários para construir axiomaticamente a teoria dos conjuntos. E o conceito de conjunto aparece então como *conceito primitivo*, sem definição em termos de noções precedentes, sendo delimitado apenas pelos axiomas.

O paradoxo de Richard

Mas será mesmo que o axioma da especificação terá exorcizado todo e qualquer paradoxo da teoria dos conjuntos? Faremos um teste, tentando construir o conjunto de todos os números naturais que podem ser descritos com menos de 20 palavras na língua portuguesa. Exemplos de tais números: o maior divisor primo do número 4056; o número de pessoas registradas nos cartórios de Goiânia; o número de gols válidos marcados em partidas jogadas no estádio do Maracanã desde 1950. Todos esses números estão bem definidos com menos de 20 palavras da língua portuguesa.

Seja M o conjunto que estamos especificando, isto é, M é o conjunto dos números naturais que podem ser descritos com menos de 20 palavras. Trata-se de um conjunto finito, pois finito é o número de arranjos de todas as palavras da língua portuguesa em grupos de menos de vinte palavras; e de todos esses grupos interessa considerar apenas uma fração, justamente aqueles grupos que resultam em definições significativas de números naturais. Portanto, o complementar M' de M é um subconjunto infinito do conjunto dos números naturais; e, como tal, possui um menor elemento. Seja m esse menor elemento de M'. O que é m? Resposta: "m é o menor número natural que não pode ser descrito com menos de vinte palavras da língua portuguesa". Ora, acabamos de descrever m com apenas 18 palavras!

Como se vê, estamos diante de um novo paradoxo (o paradoxo de Richard), resultante da construção de um conjunto com o axioma da especificação. Como podemos evitar mais esse paradoxo da teoria?

As imprecisões da linguagem

O paradoxo anterior nos põe diante de um problema sério, que é a linguagem que usamos para nos comunicar. Ora, a linguagem, por mais correta que seja, contém muitas imprecisões e ambigüidades. Vejamos alguns exemplos:

A testemunha forneceu informações aos membros da CPI que poderão ajudar na descoberta do esquema de corrupção. O que ou quem vai ajudar, as informações ou os membros da CPI?

O importante na Matemática são as idéias, não a notação e o formalismo, como pensam muitos professores. O que pensam os professores, que o importante são as idéias ou a notação e o formalismo?

A diretora pediu que o professor comunicasse aos alunos sua alegria pelo progresso que eles vinham fazendo nos estudos. Alegria da diretora ou do professor?

A oposição acha que o governo está dividido e quer impedir a votação da matéria. Quem quer impedir, a oposição ou o governo?

Todas essas frases são perfeitamente normais na linguagem corrente; nada de errado com elas, embora não resistam às demandas do rigor lógico. E não é por isso que vão deixar de ser usadas. Pelo contrário, às vezes até certas omissões no uso da linguagem são necessárias para valorizar um trecho escrito ou falado. Isto é freqüente em obras literárias, prosa ou poesia. E mesmo quando se conta uma anedota, é comum usar de meias palavras ou omitir alguma coisa, para deixar à esperteza do ouvinte uma parte na interpretação do resultado final.

Kurt Gödel, um dos maiores lógicos do século XX, disse certa vez: "quanto mais reflito sobre a linguagem, tanto mais me admiro que as pessoas consigam se entender umas com as outras".

A linguagem formal

A conclusão é simples: a linguagem corrente não atende às exigências do rigor lógico. Alguma coisa tinha de ser feita para evitar paradoxos como o último que mencionamos atrás. Isso aconteceu em 1922, quando dois matemáticos, Adolf Fraenkel e Albert Skolem propuseram que a linguagem corrente fosse completamente banida da Matemática e substituída por uma linguagem formal, construída com poucos símbolos e as regras de sintaxe necessárias para se conduzir o raciocínio dedutivo. Os símbolos incluem os conhecidos símbolos matemáticos, como os sinais de adição, subtração, igualdade, etc. além de outros, como "$\Rightarrow$"(significando "implica"), "$\exists$"(significando "existe"), "$\forall$"(significando "para todo"), "$\in$"(significando "pertence"), os sinais de parênteses, símbolos para as variáveis, etc. Por exemplo, lidando com o conjunto dos números naturais **N**, quando escrevemos

$$n \in \mathbf{N} \Rightarrow \exists\, a,\ b,\ c,\ d \in \mathbf{N},\ n = a^2 + b^2 + c^2 + d^2,$$

estamos expressando, em linguagem formal, o seguinte teorema de Euler: "todo número natural é a soma de quatro quadrados". A mesma proposição pode ainda ser escrita assim:

$$\forall\, n \in \mathbf{N},\ \exists\, a,\ b,\ c,\ d \in \mathbf{N},\ n = a^2 + b^2 + c^2 + d^2.$$

A propriedade que utilizamos acima para definir um conjunto, qual seja, "conjunto de todos os números naturais que podem ser descritos com menos de 20 palavras na língua portuguesa" não é passível de ser expressa em linguagem formal, portanto, está excluída de considerações matemáticas. E desde a proposta de Fraenkel e Skolem em 1922 ninguém conseguiu ainda formular uma propriedade em linguagem formal que conduzisse a algum paradoxo.

Linguagem formal e linguagem corrente

Dissemos acima que a linguagem corrente ficaria banida do universo matemático, sendo permitida apenas a linguagem formal. Isso apenas em tese. A importância da linguagem formal é a de ser um instrumento para estudar a consistência das teorias matemáticas, não para ser usada no dia a dia do matemático. Nem os lógicos que estudam os fundamentos da Matemática insistem no desatino de fazer tudo em linguagem formal; nem isso é possível! No mais das vezes é difícil, ou mesmo uma tarefa hercúlea, traduzir o enunciado de um teorema em linguagem formal. Não se perturbe, pois, o professor, com seu hábito de usar linguagem corrente em Matemática; não há razão alguma para trocá-la por linguagem formal. E não perturbe também seus alunos com exemplos esdrúxulos de conjuntos, que só podem causar dificuldades ao próprio professor. Não queira, pois, falar no conjunto dos fios da barba do imperador, pois não há como saber, ao certo, onde termina a barba e onde começam os fios do pescoço... ou os cabelos da cabeça! E esse conjunto seria aquele de quando o imperador tinha 23 anos de idade? ou 47? No dia do aniversário? ou três meses depois? Afinal, por que perturbar seus alunos com essas coisas que não têm nada a ver com a Matemática?... Também não queira falar no conjunto dos dígitos que aparecem infinitas vezes na expansão decimal de $\sqrt{2}$; você não tem nem como saber se 3 está ou não nesse conjunto, como pode então saber se isso é mesmo um conjunto?

Ainda a linguagem e o simbolismo

A Matemática depende muito de sua linguagem e simbolismo específicos. Mas é também a linguagem e o simbolismo próprios da Matemática que a tornam tão inacessível, principalmente ao leigo, mesmo o "leigo culto". Assim, podemos dizer, em certo sentido, que a linguagem e o simbolismo da Matemática são um "mal necessário". E por causa mesmo dessas dificuldades inerentes à linguagem e ao simbolismo é que se torna tão necessário o devido cuidado na boa utilização desses instrumentos para que eles exerçam o desejado papel no aprendizado e não o prejudiquem.

É preciso que o professor tenha sempre presente que o objetivo de todo ensino, seja de Matemática ou de qualquer outra disciplina, é transmitir idéias, estimular o pensamento independente e a criatividade. Linguagem e simbolismo são muito úteis e indispensáveis enquanto ajudam na transmissão e agilização das idéias. Infelizmente, o que muito acontece no ensino é que a linguagem de conjuntos e o excesso de simbolismo e terminologia, além de não ajudarem, só atrapalham. Por exemplo, não há benefício algum em insistir com as crianças sobre a diferença entre número e numeral; isto só traz prejuízos, pois cria uma preocupação desnecessária na mente do aluno. Do mesmo modo, para introduzir a idéia de função não é preciso apelar para produto cartesiano de conjuntos, muito menos para a noção de relação, como ainda costuma ser feito no ensino médio, e nada tem de motivador. Em situações como essas, o excesso de linguagem obstrui o mais importante, que são as idéias. Por exemplo, é muito mais natural e fácil dizer "2 e 5 são as raízes da equação $x^2 - 7x + 10 = 0$" do que "o conjunto-verdade da sentença $x^2 - 7x + 10 = 0$ é $V = (2, 5)$". Por que introduzir as noções de "sentença aberta" e "sentença fechada" se tudo pode ser feito sem isso? Nenhum matemático profissional utiliza esse linguajar! E o natural é seguir o costume dos matemáticos profissionais, e não ficar inventando pedantices artificiais que só fazem obstruir o caminho do aprendizado.

É importante observar que linguagem não motiva ninguém, idéias sim. Nenhum aluno pode se interessar por qualquer coisa onde não veja algum elemento que lhe satisfaça ou aguce a curiosidade. O mesmo é verdade no caso dos matemáticos que contribuíram para o desenvolvimento de sua ciência. Eles estavam sempre interessados nas idéias e nos métodos e técnicas delas resultantes. Foram introduzindo linguagem e simbolismo por necessidade prática. O mesmo devemos fazer no ensino: só introduzir esses elementos quando eles se fizerem necessários para auxiliar no aprendizado de coisas verdadeiramente relevantes.

Apêndice

Teorema de Cantor: *Qualquer que seja o conjunto M, sua potência é sempre menor do que a potência de P(M), isto é,* $M < \mathcal{P}(M)$.

Demonstração. A aplicação $m \in M \mapsto \{m\} \in \mathcal{P}(M)$ é injetiva, portanto, prova que $M \leq \mathcal{P}(M)$.

Para efetivamente provar que $M < \mathcal{P}(M)$, seja $m \in M \mapsto M_m$ uma aplicação qualquer de M em $\mathcal{P}(M)$, onde M_m é o subconjunto de M que é a imagem de m pela referida aplicação. Em seguida consideramos o conjunto $B = \{x \in M |\ x \notin M_x\}$, que é um subconjunto de M, podendo mesmo ser o conjunto vazio. Vamos mostrar que ele difere de qualquer M_m, com m variando em M. De fato, qualquer que seja $m \in M$, B e M_m diferem pelo elemento m, pois

$$m \in B \Rightarrow m \notin M_m \quad \text{e} \quad m \notin B \Rightarrow m \in M_m.$$

Sendo B diferente de todo M_m, com m variando em M, vemos que não existe aplicação de M sobre $\mathcal{P}(M)$, muito menos biunívoca (ou bijetora). Concluímos, pois, que $M < \mathcal{P}(M)$, como queríamos provar.

Capítulo 3

Números reais — Parte II

O presente capítulo trata da gênese dos números irracionais, que compõem, juntamente com os números racionais, o conjunto de todos os números reais. Para isso, começamos tratando das chamadas "grandezas incomensuráveis", que foram, na antigüidade, a descoberta que levaria aos números irracionais. Embora esses números irracionais estivessem sendo usados havia séculos, eles só foram logicamente construídos no século XIX. Faremos um apanhado de como isso foi feito pelo método de Dedekind e discutiremos a importante propriedade dos números reais conhecida como "princípio do supremo", que será de importância fundamental em nossos estudos.

3.1 Grandezas incomensuráveis

Historicamente, a primeira evidência da necessidade dos números irracionais ocorre com a idéia de "incomensurabilidade", que explicaremos logo adiante. Comecemos lembrando que na Grécia antiga, os únicos números reconhecidos como tais eram os números naturais 2, 3, 4, etc. O próprio 1 não era considerado número, mas a "unidade", a partir da qual se formavam os números. As frações só apareciam indiretamente, na forma de razão de duas grandezas, como, por exemplo, quando dizemos que o volume de uma esfera está para o volume do cilindro reto que a circunscreve assim como 2 está para 3.

Os números que hoje chamamos de "irracionais" também não existiam na Matemática grega. Segundo Aristóteles, a irracionalidade da raiz quadrada de 2 foi descoberta como na demonstração que fizemos na p. 25. Mas é possível também que a necessidade deles tenha sido percebida com a descoberta das chamadas "grandezas incomensuráveis", como veremos adiante. Para tratarmos disso, precisamos primeiro de falar da medição de segmentos.

A medição de segmentos

Para bem entender essa questão, comecemos lembrando o problema de comparar grandezas da mesma espécie, como dois segmentos de reta, duas áreas ou dois volumes. Por exemplo, no caso de dois segmentos retilíneos AB e CD, dizer que a razão AB/CD é o número racional m/n, significa que existe um terceiro segmento EF tal que AB seja m vezes EF e CD n vezes esse mesmo segmento EF. Na Fig. 3.1 ilustramos essa situação com $m = 8$ e $n = 5$.

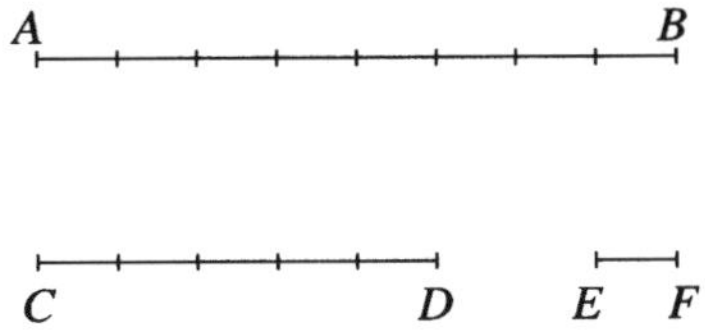

Figura 3.1

Note bem: AB e CD são segmentos, não números. É por isso que "razão" não é o mesmo que "fração". Os gregos não usavam "frações", apenas "razões". E não escreviam AB/CD para indicar a razão de dois segmentos. Mesmo nos dias de hoje costuma-se escrever $AB : CD = m : n$, e dizer "AB está para CD assim como m está para n". Quando indicamos a razão com AB/CD, em vez de $AB : CD$, não devemos confundí-la com fração, pois, como já dissemos, AB e CD são segmentos e não números.

No tempo de Pitágoras (séc. VI a.C.), pensava-se que dados dois segmentos quaisquer, AB e CD, seria sempre possível encontrar um terceiro segmento EF contido um número inteiro de vezes em AB e outro número inteiro de vezes em CD, situação esta que descrevemos dizendo que EF é um *submúltiplo comum* de AB e CD. Uma simples reflexão revela que essa é uma idéia muito razoável; afinal, se EF não serve, podemos imaginar um segmento menor, outro menor ainda, e assim por diante. Nossa intuição geométrica parece dizer-nos que há de existir um certo segmento EF, talvez muito pequeno, mas satisfazendo aos propósitos desejados. Na Fig. 3.2 ilustramos uma situação com segmento EF bem menor que o da Fig. 3.1. O leitor deve ir muito além, imaginando um segmento EF tão pequeno que nem se possa mais desenhar, para se convencer, pela sua intuição geométrica, da possibilidade de sempre encontrar um submúltiplo comum de AB e CD.

Dois segmentos nessas condições são ditos *comensuráveis*, justamente por ser possível medi-los ao mesmo tempo, com a mesma unidade EF. Entretanto, não é verdade que dois segmentos quaisquer sejam sempre comensuráveis. Em outras palavras, existem segmentos AB e CD sem unidade comum EF, os chamados segmentos *incomensuráveis*. Esse é um fato que contraria nossa intuição geométrica, e por isso mesmo a descoberta de grandezas incomensuráveis na antigüidade foi motivo de muita surpresa para todos os matemáticos daquela época.

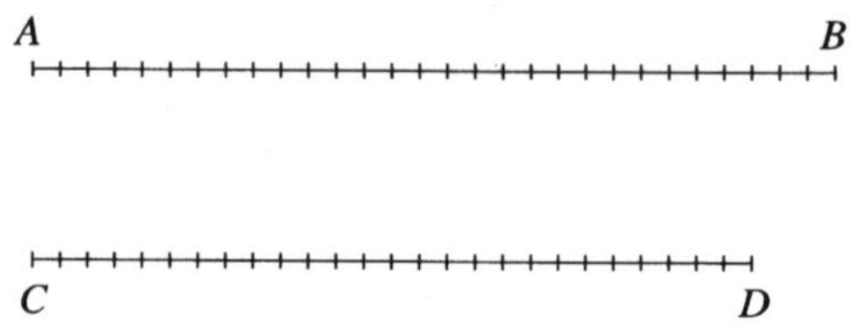

Figura 3.2

Segmentos incomensuráveis

Foram os próprios pitagóricos que descobriram que o lado e a diagonal de um quadrado são grandezas incomensuráveis. Vamos descrever, a seguir, um argumento geométrico que demonstra esse fato.

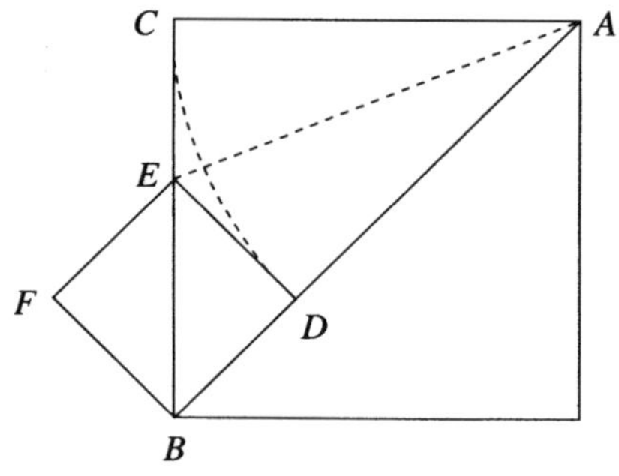

Figura 3.3

A Fig. 3.3 ilustra um quadrado com diagonal $\delta = AB$ e lado $\lambda = AC$. Suponhamos, por absurdo, que δ e λ sejam comensuráveis. Então existirá um terceiro segmento σ, submúltiplo comum de δ e λ. Com centro em A e raio AC tracemos um arco de circunferência CD, o qual corta a diagonal AB em D. Seja ED a tangente a esse arco em D. Como $AD = AC$, os triângulos retângulos ACE e ADE são congruentes, de sorte que os catetos CE e ED são congruentes. Como o triângulo BDE é retângulo isósceles, concluímos que também são congruentes os segmentos BD e DE. Portanto,

$$\delta = AB = AD + BD = \lambda + BD,$$

$$\lambda = BC = BE + EC = BE + BD,$$

ou seja,

$$\delta = \lambda + BD, \tag{3.1}$$

$$\lambda = BE + BD. \tag{3.2}$$

Como o segmento σ é submúltiplo comum de δ e λ, concluímos, por (3.1), que σ também é submúltiplo de BD. Daqui e de (3.2) segue-se que σ também é submúltiplo de BE. Provamos assim que, se houver um segmento σ que seja submúltiplo comum de $\delta = AB$ e $\lambda = AC$, então o mesmo segmento σ será submúltiplo comum de BE e BD, segmentos esses que são, respectivamente, a diagonal e o lado do quadrado $BDEF$. Ora, a mesma construção geométrica que nos permitiu passar do quadrado original ao quadrado $BDEF$ pode ser repetida com este último para chegarmos a um quadrado menor ainda; e assim por diante, indefinidamente; e esses quadrados vão-se tornando arbitrariamente pequenos, pois, como é fácil ver, as dimensões de cada quadrado diminuem em mais da metade quando passamos de um deles a seu sucessor. Dessa maneira, provamos que o segmento σ deverá ser submúltiplo comum do lado e da diagonal de um quadrado tão pequeno quanto desejemos, o que é absurdo. Somos, pois, levados a rejeitar a suposição inicial de comensurabilidade de AC e AB. Concluímos, pois, que o *lado e a diagonal de qualquer quadrado são grandezas incomensuráveis*, como queríamos provar.

O retângulo áureo

Há vários outros modos de estabelecer a existência de segmentos incomensuráveis, um dos quais baseado no "retângulo áureo", que discutiremos a seguir.

Chama-se *retângulo áureo* a qualquer retângulo $ABCD$ (Fig. 3.4) com a seguinte propriedade: se dele suprimirmos um quadrado, como $ABFE$, o retângulo restante, $CDEF$, será semelhante ao retângulo original. Se $a + b$ e a são os comprimentos dos lados do retângulo original, a definição de retângulo áureo traduz-se na seguinte relação:

$$\frac{a+b}{a} = \frac{a}{b}. \tag{3.3}$$

O retângulo áureo tem sido considerado, desde a antigüidade grega, como o retângulo mais bem proporcionado e de maior valor estético; e tem sido utilizado por vários arquitetos e pintores em suas obras de arte.

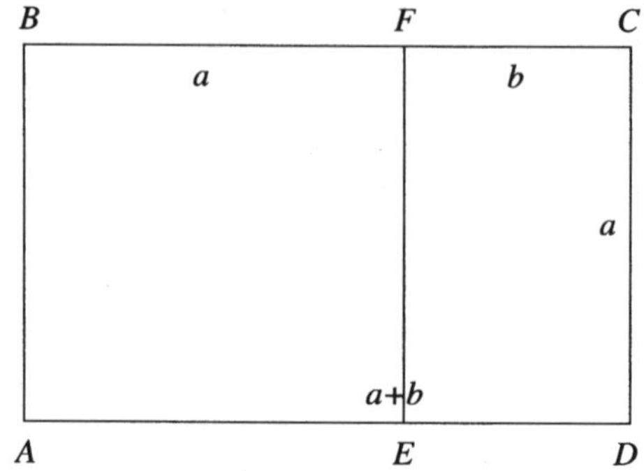

Figura 3.4

A razão $\phi = a/b$ é chamada *razão áurea*. Às vezes, o inverso desse número, $\varphi = 1/\phi = b/a$, é chamado *número áureo*. Dividindo numerador e denominador da primeira fração em (3.3) por b, obtemos a equação do 2º grau $\phi^2 - \phi - 1 = 0$ para determinar ϕ. Como já sabemos que este número é positivo, seu valor é a raiz positiva da equação anterior, isto é, $\phi = (\sqrt{5} + 1)/2 \approx 1,618$. O número áureo, por sua vez, resulta ser $\varphi = (\sqrt{5} - 1)/2 \approx 0,618$. Observe que $\phi = \varphi + 1$, de sorte que ϕ e φ têm a mesma parte decimal. Note também que $\phi = 1/\varphi$.

A expressão numérica de ϕ já prova que este número é irracional. No entanto, podemos provar, geometricamente, como no caso do lado e diagonal de um quadrado, que os lados de um retângulo áureo são incomensuráveis. (Veja o Exercício 2 adiante.)

Uma infinidade de retângulos áureos

Voltando à relação (3.3), uma propriedade das proporções (veja o Exercício 1 da p. 17) permite escrever

$$\frac{a+b}{a} = \frac{a}{b} = \frac{(a+b)-a}{a-b}, \quad \text{ou seja,} \quad \frac{a}{b} = \frac{b}{a-b}.$$

Isto mostra que se o retângulo de lados $a+b$ e a é áureo, também o é o retângulo de lados a e b. O mesmo raciocínio se aplica para mostrar que são também áureos os retângulos de lados b e $a-b$, $a-b$ e $2b-a$, etc. (Fig. 3.5). Em outras palavras, dados os números positivos a e b, satisfazendo a relação (3.3), formamos a seqüência $a+b$, a, b, a_2, a_3,..., onde

$$a_2 = a - b, \quad a_3 = b - a_2 = 2b - a, \ldots \quad a_n = a_{n-2} - a_{n-1}, \ldots \tag{3.4}$$

Pelo raciocínio anterior, quaisquer dois elementos consecutivos dessa seqüência são os lados de um retângulo áureo.

3.2 A crise dos incomensuráveis e sua solução

A descoberta de grandezas incomensuráveis foi feita pelos próprios pitagóricos; e representou um momento de crise na Matemática, como explicaremos a seguir.

Devemos lembrar que Pitágoras notara certas relações numéricas envolvendo o comprimento de uma corda musical e o som por ela emitido. Ao que parece, ele fez observações semelhantes com relação a outros fenômenos, intuindo daí que o número fosse de fato a essência de todos os fenômenos, permeando a Natureza inteira. Sendo assim, era de se esperar que a razão de dois segmentos de reta pudesse sempre ser expressa como a razão de dois números (naturais).

Como vimos anteriormente, dizer que a razão de dois segmentos A e B é a fração m/n significa dizer que existe um segmento σ tal que $A = m\sigma$ e $B = n\sigma$. Ora, com a descoberta dos incomensuráveis, ficou claro que isso nem sempre seria possível. Como então poderia o número ser o fundamento de todos os fenômenos naturais, se nem sequer eram suficientes para exprimir a razão de dois segmentos?

A teoria das proporções

Para nós hoje é fácil compreender que a crise dos incomensuráveis seria resolvida com a introdução dos números fracionários e dos números irracionais. Mas os gregos tomaram outro caminho, inventando um modo de falar em igualdade de razões mesmo no caso de grandezas incomensuráveis. Com isso criaram toda uma teoria das proporções que só dependia dos números naturais. O criador dessa teoria, exposta no Livro V dos Elementos de Euclides, foi Eudoxo, matemático e astrônomo ligado à escola de Platão.

Eudoxo deve ter percebido que dizer que A está para B assim como m está para n (m e n números naturais) equivalia a dizer que $nA = mB$ (Veja o Exercício 4 adiante). Então, no caso de quatro segmentos, dizer que A está para B assim como C está para D deveria significar a existência de dois números naturais m e n tais que

$$nA = mB \quad \text{e} \quad nC = mD.$$

No caso em que A e B forem incomensuráveis, igualdades do tipo $nA = B$ nunca ocorrerão. Mas, dados dois números m e n, podemos sempre testar se

$$nA > mB, \quad nA = mB \quad \text{ou} \quad nA < mB;$$

e igualmente, se

$$nC > mD, \quad nC = mD \quad \text{ou} \quad nC < mD;$$

Pois bem, esse teste é o que Eudoxo utiliza para dar uma definição de igualdade de duas razões, $A : B$ e $C : D$, que se aplique sempre, sejam os segmentos comensuráveis ou não.

3.1. Definição (de Eudoxo). *Dadas quatro grandezas da mesma espécie, A, B, C e D (segmentos, áreas ou volumes), diz-se que A está para B assim como C está para D se, quaisquer que sejam os números naturais m e n, se tenha:*

$$nA > mB \Leftrightarrow nC > mD; \quad nA = mB \Leftrightarrow nC = mD;$$

$$nA < mB \Leftrightarrow nC < mD.$$

Observe, pelo Exercício 4 adiante, que no caso em que A e B são comensuráveis, $A : B = m : n$ equivale a dizer que $nA = mB$. Então, de acordo com a Definição de Eudoxo, no caso comensurável, dizer que $A : B = C : D$ equivale a dizer que $nA = mB \Leftrightarrow nC = mD$. No caso incomensurável, estas igualdades nunca acontecem; mas Eudoxo continua definindo a igualdade $A : B = C : D$ desde que, para todos os números naturais m e n,

$$nA > mB \Leftrightarrow nC > mD \quad \text{e} \quad nA < mB \Leftrightarrow nC < mD.$$

Desenvolvimento posterior da Matemática

Com sua definição de igualdade de duas razões, Eudoxo constrói a teoria das proporções, utilizando apenas os números inteiros positivos. Embora tenha sido uma solução genial da crise dos incomensuráveis, ela atrasou por mais de mil anos o desenvolvimento da Aritmética e da Álgebra, pois subordinou essas disciplinas aos estudos de Geometria, como retrata muito bem a exposição feita nos Elementos de Euclides.

Foi somente a partir do início do século XIII que a "matemática numérica" começa a chegar à Europa, vinda da Índia e da China por intermédio dos árabes. Três séculos mais tarde a Álgebra começa a se desenvolver, sobretudo na Itália, preparando o terreno para todo o desenvolvimento da Geometria Analítica e do Cálculo no século XVII.

Convém notar que todo esse desenvolvimento mais recente da Matemática, sobretudo nos séculos XVII e XVIII, se deu graças à atitude dos matemáticos, que não se deixaram vencer pelas dificuldades naturais da falta de uma teoria dos fundamentos. Como dissemos há pouco, os gregos, ao resolverem a crise dos incomensuráveis, acabaram desviando-se do curso natural de evolução da Matemática por se apegarem a excessivos critérios de rigor. Ao contrário disso, seus colegas dos últimos séculos não se ativeram tanto às exigências do rigor, por isso mesmo desbravaram e conquistaram territórios consideráveis.

A Matemática desenvolveu-se extensamente nos tempos modernos (isto é, a partir do século XVI), até o início do século XIX, mesmo sem qualquer fundamentação dos diferentes sistemas numéricos. Trabalhavam-se livremente com os números racionais e irracionais, desenvolvendo todas as suas propriedades, sem que houvesse uma teoria embasando esse desenvolvimento. Isso acontecia muito à maneira do que fazemos hoje no ensino fundamental, quando introduzimos os radicais. Assim, acostumamo-nos com propriedades como esta, que permite multiplicar dois números irracionais, resultando em um número inteiro: $\sqrt{12}\sqrt{3} = \sqrt{36} = 6$; mas aprendemos a trabalhar com essas propriedades antes mesmo de termos uma teoria que as justifique.

Foi só em meados do século XIX que os matemáticos começaram a sentir necessidade de uma fundamentação rigorosa dos diferentes sistemas numéricos. E é interessante observar que a fundamentação desses sistemas ocorreu na ordem inversa: primeiro foram organizados os números complexos, depois os números reais, os racionais, os inteiros e, finalmente, os números naturais.

Exercícios

1. A igualdade de frações ordinárias pode ser definida pela propriedade de possuírem a mesma forma irredutível. Por exemplo, 12/40=18/60, pois

$$\frac{12}{40} = \frac{3 \times 4}{10 \times 4} = \frac{3}{10} \quad \text{e} \quad \frac{18}{60} = \frac{3 \times 6}{10 \times 6} = \frac{3}{10}.$$

Mas podemos também definir igualdade de frações pela igualdade do produto dos meios com o produto dos extremos, como neste exemplo:

$$\frac{12}{40} = \frac{18}{60} \Leftrightarrow 12 \times 60 = 18 \times 40.$$

Escreva os enunciados dessas duas definições de maneira clara e organizada.

2. Prove que os dois modos de definir igualdade de frações do exercício anterior são equivalentes.

3. A definição de razão de dois segmentos comensuráveis dada anteriormente diz que AB e CD são comensuráveis e estão entre si na razão m/n se existem números m e n e um segmento σ tais que $AB = m\sigma$ e $CD = n\sigma$. Prove que essa definição é consistente, isto é, prove que se existirem dois outros números m' e n' e um segmento σ' tais que $AB = m'\sigma'$ e $CD = n'\sigma'$, então $m/n = m'/n'$.

4. Prove que duas grandezas comensuráveis A e B estão entre si na razão m/n se e somente se $nA = mB$.

5. Prove que o conjunto E das raízes quadradas de 2 por falta não tem máximo.

6. Prove que o conjunto D das raízes quadradas de 2 por excesso não tem mínimo.

Sugestões e soluções

1. 1ª definição: *Diz-se que duas frações m/n e m'/n' são iguais se existem números primos entre si p e q, e números inteiros positivos a e b, tais que*

$$m = ap,\ n = aq \quad \text{e} \quad m' = bp,\ n' = bq.$$

2ª definição: *Diz-se que duas frações m/n e m'/n' são iguais se $mn' = m'n$.*

2. A demonstração de que a primeira definição implica a segunda é a mais fácil e fica a cargo do leitor. Para demonstrar a recíproca, suponha que $mn' = m'n$. Sendo a o m.d.c. de m e n, teremos: $m = ap$ e $n = aq$, onde p e q são primos entre si. Destas duas últimas relações segue-se que $mn' = apn'$ e $m'n = aqm'$; e destas obtemos $pn' = qm'$. Daqui se conclui que p divide o produto $m'q$; como é primo com q, divide m'. Portanto, existe b tal que $m' = bp$. Finalmente, para provar que $n' = bq$, basta substituir $m' = bp$ em $pn' = qm'$.

3. Multiplique $AB = m\sigma$ por n e $CD = n\sigma$ por m, donde $nAB = mCD$; em seguida, substitua aqui $AB = m'\sigma'$ e $CD = n'\sigma'$ para chegar a $nm' = mn'$, donde m/n=m'/n'.

4. Não pode simplesmente escrever $A/B = m/n$ e multiplicar cruzado; afinal, é precisamente isto que se pede para provar; e A e B são grandezas, não números! A implicação $A : B = m/n \Rightarrow nA = mB$ segue como no exercício anterior. Para provar a recíproca, divida A em m partes iguais a uma certa grandeza-unidade σ: $A = m\sigma$. Daqui e de $nA = mB$ segue-se que $nm\sigma = mB$, donde $B = n\sigma$.

5. O que se deseja provar é que se r é um número racional positivo tal que $r^2 < 2$, existe outro número racional $s > r$ tal que $s^2 < 2$. Isto se consegue aumentando r de uma quantidade bem pequena, digamos, $1/n$, com n um inteiro bem grande. Mas quão grande? Vejamos: tomando $s = r + 1/n$, queremos que $s^2 = (r + 1/n)^2$ seja menor do que 2; ou seja, $r^2 + 2r/n + 1/n^2 < 2$; ou ainda,

$$\left(2r + \frac{1}{n}\right)\frac{1}{n} < 2 - r^2.$$

Temos de resolver esta inequação para determinar possíveis valores de n. Podemos evitar isso, resolvendo uma inequação bem mais simples. Para isso adotamos um procedimento que é freqüente em Análise: como $n \geq 1$, temos que $1/n \leq 1$, portanto,

$$\left(2r + \frac{1}{n}\right)\frac{1}{n} \leq (2r + 1)\frac{1}{n}$$

Agora basta resolver a inequação

$$(2r + 1)\frac{1}{n} < 2 - r^2,$$

que resulta em $n > (2r + 1)/(2 - r^2)$. É claro que com qualquer n nessas condições teremos também $(r + 1/n)^2 < 2$, que é o resultado desejado.

6. Imite a demonstração anterior, começando com $r^2 > 2$ e procurando determinar $s = r - 1/n$ tal que $s^2 > 2$. Veja:

$$s^2 = \left(r - \frac{1}{n}\right)^2 = r^2 - \frac{2r}{n} + \frac{1}{n^2} > r^2 - \frac{2r}{n}.$$

Faça esta última expressão maior do que 2 e resolva a inequação resultante para n.

3.3 Dedekind e os números reais

Vários matemáticos do século XIX cuidaram da construção dos números reais, dentre eles Richard Dedekind, Karl Weierstrass, Charles Méray e Georg Cantor. Mas as teorias dos números reais que permaneceram foram a de Dedekind e a de Cantor. Exporemos, nesta seção, a construção de Dedekind, e no capítulo seguinte a de Cantor. Não faremos uma exposição tecnicamente detalhada, antes vamos nos concentrar nas idéias de Dedekind, procurando dar uma boa compreensão de todo o seu trabalho, principalmente da propriedade de completude dos números reais, expressa nos Teoremas 3.4 e 3.6 adiante.

Richard Dedekind estudou em Göttingen, onde foi aluno de Gauss e Dirichlet. Em 1858 tornou-se professor em Zurique, transferindo-se em 1862 para Braunschweig (ou Brunswick), sua terra natal, onde permaneceu pelo resto de sua vida.

Ele conta que no início de sua carreira em 1858, quando teve de ensinar Cálculo Diferencial, percebeu a falta de uma fundamentação adequada para os números reais, principalmente quando teve de provar que uma função crescente e limitada tem limite (Teorema 6.14, p. 152). E é também ele mesmo quem conta que foi buscar inspiração para sua construção dos números reais na antiga e engenhosa teoria das proporções de Eudoxo. Assim, em 1887, ele escreve: "...e se interpretamos número como razão de duas grandezas, há de se convir que tal interpretação já aparece de maneira bem clara na célebre definição dada por Euclides sobre igualdade de razões. Aí reside a origem de minha teoria (...) e muitas outras tentativas de construir os fundamentos dos números reais".

Cortes de Dedekind

Observe que a definição de Eudoxo associa, a cada par de grandezas, digamos (A, B), dois conjuntos de pares (m, n) de números naturais: o conjunto E ("E" de esquerda) dos pares para os quais $mB < nA$ (que fariam $m/n < A/B$ se A/B tivesse significado numérico) e o conjunto D ("D" de direita) dos pares para os quais $mB > nA$ (que fariam $A/B < m/n$ se A/B tivesse significado numérico).

Inspirando-se na definição de Eudoxo, Dedekind notou que o procedimento do sábio grego leva a uma separação dos números racionais em dois conjuntos. Assim, qualquer número racional r efetua um "corte" ou separação de todos os demais números racionais no conjunto E dos números menores do que r e no conjunto D dos números maiores do que r; o próprio número r pode ser incluído como o maior elemento de E ou o menor elemento de D.

Mas, além desses "cortes", há outros, como exemplifica o clássico caso de $\sqrt{2}$. O processo de encontrar a raiz quadrada de 2 conduz à separação dos números racionais em dois conjuntos: o conjunto E das raízes quadradas aproximadas por falta (aí incluídos o zero e os racionais negativos), e o conjunto D das raízes aproximadas por excesso. Só que agora esse corte não tem elemento de separação; de fato, já vimos (Exercícios 5 e 6 atrás) que o conjunto das raízes por falta não tem elemento máximo e o conjunto das raízes por excesso não tem elemento mínimo. No modo de ver de Dedekind, o número irracional $\sqrt{2}$ deve ser criado como elemento de separação entre os conjuntos desse corte.

Dedekind generaliza esse procedimento, primeiro definindo *corte* de maneira geral, no conjunto $\mathbf{Q}$ dos números racionais.

3.2. Definição. *Corte de Dedekind, ou, simplesmente, corte, é todo par* (E, D) *de conjuntos não vazios de números racionais, cuja união seja* $\mathbf{Q}$*, e tais que todo elemento de* E *seja menor que todo elemento de* D.

(Essa definição permite provar (Exercício 1 adiante) que o conjunto E é uma semi-reta para $-\infty$ e o conjunto D uma semi-reta para $+\infty$.) Em seguida Dedekind postula que todo corte possui elemento de separação, que tanto pode ser incorporado a E como o seu maior elemento, ou a D como o seu menor elemento. Suporemos que o elemento de separação seja sempre incorporado a D. Assim, em todo corte, o conjunto D terá mínimo (após a introdução da relação de ordem). E os cortes que não são determinados por números racionais darão origem aos números irracionais. É este o caso de $\sqrt{2}$, número este que conhecemos pelas raízes (números racionais) aproximadas por falta e por excesso, dois conjuntos numéricos E e D que constituem o corte (E, D) que define o número irracional $\sqrt{2}$.

Dedekind observa que a existência de cortes sem elementos de separação no conjunto $\mathbf{Q}$ dos números racionais é a expressão aritmética da descontinuidade de $\mathbf{Q}$, ao passo que, com a adjunção dos novos elementos — os números irracionais — obtemos o conjunto $\mathbf{R}$ dos números reais, que, ao contrário de $\mathbf{Q}$, é agora um "contínuo numérico", pois os irracionais vêm preencher as "lacunas" de descontinuidade então existentes em $\mathbf{Q}$.

A relação de ordem

Mas não basta apenas juntar a **Q** os novos elementos para obter **R**. Este conjunto precisa ter a estrutura que dele se espera; daí termos de definir nele as operações usuais de adição, multiplicação, etc., e a relação de ordem. E devemos fazer isso de maneira a podermos provar as propriedades usuais desses números, que já conhecemos e usamos desde o ensino fundamental. Mais ainda, de maneira que essas definições não conflitem, mas preservem, as mesmas noções já existentes no conjunto **Q**.

No que diz respeito à relação de ordem, por exemplo, devemos introduzi-la em **R** de forma a preservar a ordem já existente entre os racionais. Para isto, sejam α e β dois números reais quaisquer, caracterizados pelos cortes que determinam no conjunto **Q**. Assim, $\alpha = (E_1,\, D_1)$ e $\beta = (E_2,\, D_2)$. Dizemos que $\alpha = \beta$ se $E_1 = E_2$ e $\alpha < \beta$ se E_1 é um subconjunto próprio de E_2.

Essa ordem, de fato, preserva a ordem já existente em **Q**, pois se α e β forem ambos racionais, a definição que acabamos de dar de que $\alpha < \beta$ significa que todo valor aproximado por falta de α também o é de β, mas este tem valores aproximados por falta superiores a todos os de α, que é exatamente como deve ser para preservar a ordem pré-existente em **Q**.

Operações com números reais

Além da relação de ordem, é necessário definir a adição e a multiplicação de números reais, os inversos aditivo e multiplicativo, e demonstrar todas as propriedades já conhecidas para os números racionais, bem como demonstrar que tudo o que já valia no conjunto **Q** permanece válido dentro da nova estrutura de **R**.

Não é nosso objetivo desenvolver aqui todo esse programa. Daremos uma idéia de como isso é feito no caso da adição, indicando ao leitor o capítulo 1 de [8], o capítulo 28 de [9], ou o Apêndice de [5], para um tratamento completo desses tópicos.[1] Notamos que, para simplificar, nessas referências o conceito de corte é identificado com apenas o conjunto E das aproximações por falta do número que ele define. De fato, isto é suficiente, como no caso de $\sqrt{2}$, cuja caracterização é completa com apenas as raízes aproximadas por falta, que determinam também as raízes por excesso.

A maneira natural de definir a soma de dois números reais $\alpha = (E_1,\, D_1)$ e $\beta = (E_2,\, D_2)$ consiste em construir o par $(E,\, D) = \alpha + \beta$, onde E é o conjunto das somas de elementos de E_1 com elementos de E_2, e D o conjunto das somas

[1] Os professores J. B. Ripoll, C. C. Ripoll e J. F. P. da Silveira, da UFRGS, estão para lançar um livro intitulado *Números racionais, reais e complexos*, especialmente direcionado a alunos de licenciatura.

de elementos de D_1 com elementos de D_2. Todavia, para facilitar as demonstrações, é mais conveniente adotar a definição dada a seguir.

3.3. Definição. *Dados os números reais* $\alpha = (E_1, D_1)$ *e* $\beta = (E_2, D_2)$, *definimos sua soma* $\alpha + \beta$ *como sendo o corte* (E, D), *onde*

$$E = \{x + y\colon\ x \in E_1,\ y \in E_2\}$$

e D *é o conjunto dos demais números racionais.*

A primeira coisa que temos a fazer após uma definição como esta é provar que o par (E, D) é de fato um corte, isto é, que E e D não são vazios, e que se $x \in E$ e $y \in D$, então $x < y$.

Ora, que $E \neq \phi$ segue do fato de que $E_1 \neq \phi$ e $E_2 \neq \phi$, de forma que existe algum $x + y \in E$. Para provar que $D \neq \phi$ notamos que, tomando $x \in D_1$ e $y \in D_2$, a soma $x + y \in D$, pois $x + y$ é maior que todo elemento de E.

Finalmente temos de provar que todo elemento de E é menor que todo elemento de D. Para isto, sejam $x \in E$ e $y \in D$. Suponhamos, por absurdo, que $x > y$. Então, $x = y + a$, com $a > 0$; e, como $x \in E$, existem $m \in E_1$ e $n \in E_2$ tais que $x = m + n$. Em conseqüência, $y = x - a = (m - a) + n$; e, como $m - a \in E_1$ e $n \in E_2$, concluímos que $y \in E$, que é absurdo. Assim, somos forçados a aceitar que $x < y$, como queríamos provar.

O conjunto Q como subconjunto de R

Seja φ a aplicação que leva cada $r \in \mathbf{Q}$ na classe (E, D) cujo elemento de separação é r. Pode-se provar que

$$\varphi(r + s) = \varphi(r) + \varphi(s); \qquad \varphi(rs) = \varphi(r)\varphi(s);$$

$$r < s \Leftrightarrow \varphi(r) < \varphi(s); \qquad \varphi(r) = 0 \Rightarrow r = 0.$$

Isso mostra que φ é um *isomorfismo* do corpo $\mathbf{Q}$ no conjunto dos cortes determinados por números racionais. Assim, quando somamos ou multiplicamos dois elementos r e s em $\mathbf{Q}$, suas imagens $\varphi(r)$ e $\varphi(s)$ se somam ou se multiplicam, respectivamente; além do mais, φ preserva a ordem e é uma aplicação sobrejetiva de $\mathbf{Q}$ no conjunto dos cortes determinados por números racionais. Portanto, do ponto de vista das operações de adição e multiplicação, bem como da relação de ordem, não há por que distinguir $\mathbf{Q}$ desse conjunto de cortes determinados por racionais; daí identificarmos esses dois conjuntos. Não há mesmo razão para distinguir entre um número como 3 e o corte (E, D) que ele determina, já que os dois têm o mesmo comportamento do ponto de vista das operações algébricas e da relação de ordem.

A completude dos números reais

A identificação de $\mathbf{Q}$ com $\varphi(\mathbf{Q})$ completa a construção dos números reais segundo Dedekind. Mas falta verificar um detalhe importante. Vimos no começo de toda essa história que desejávamos que todos os cortes tivessem um elemento de separação; e conseguimos isso postulando a existência desse elemento separador quando o corte não fosse determinado por um número racional. Pois bem, uma vez provado que o conjunto de todos os cortes de números racionais é um corpo ordenado como o dos racionais, será que não podemos repetir a mesma construção anterior? Em outras palavras, não seria o caso de considerar agora o conjunto de todos os cortes de *números reais* e repetir a postulação de que todo corte deve ter elemento separador, ampliando assim, ainda mais, o corpo dos números reais? A resposta é negativa. De fato, o próprio Dedekind provou que todos esses cortes (de números reais) já têm elemento separador; ou seja, não vai mais acontecer o que acontecia antes com os cortes de números racionais, muitos dos quais não tinham elemento separador e davam origem aos números irracionais. Dizemos, pois, que o conjunto dos números reais é um corpo *completo*, justamente porque agora vale o teorema demonstrado pelo próprio Dedekind e que aqui nos limitamos apenas em enunciar.

3.4. Teorema (de Dedekind). *Todo corte de números reais possui um número real como elemento separador.*

Unicidade do corpo dos números reais

Outro teorema importante que se demonstra é que *qualquer corpo ordenado completo é necessariamente isomorfo ao corpo dos números reais.* Isto significa que, a menos de isomorfismo, só existe um corpo ordenado completo. A constatação desse fato é, de certo modo, uma decepção; parece que todo o trabalho de construir o corpo dos números reais a partir dos racionais é inútil. Não seria o caso então de tomarmos como ponto de partida a definição de corpo dos números reais como sendo um corpo ordenado completo, já que este é único (a menos de isomorfirmo)? É exatamente isso que fazem alguns autores, postulando, logo de início, a existência de um corpo ordenado completo, o chamado *corpo dos números reais.*

Mas é claro que a construção dos números reais a partir dos racionais é importante para provar que, de fato, *existe* um corpo ordenado completo. A partir daí não importa mais — pelo menos do ponto de vista teórico — se um número real é um corte ou o supremo (este conceito é introduzido logo a seguir) de um conjunto, do mesmo modo que não importa que símbolo se use para representar um número; o que importa é como ele se comporta como elemento de um corpo ordenado completo, e só.

Supremo e ínfimo de um conjunto

Diz-se que um conjunto C de números reais *é limitado à direita* ou *limitado superiormente* se existe um número K tal que $c \leq K$ para todo $c \in C$. Do mesmo modo, C *é limitado à esquerda* ou *limitado inferiormente* se existe um número k tal que $k \leq c$ para todo $c \in C$. Os números K e k são chamados *cotas* do conjunto C, *superior* e *inferior*, respectivamente. Por exemplo, o conjunto dos números naturais é limitado inferiormente, mas não superiormente, enquanto que o conjunto dos números racionais menores do que 8 é limitado superiormente, mas não inferiormente. O conjunto dos números reais x tais que $x^2 \leq 10$ é limitado, tanto à direita como à esquerda; tal conjunto é o mesmo que o intervalo fechado $[-\sqrt{10},\ \sqrt{10}]$, isto é,

$$[-\sqrt{10},\ \sqrt{10}] = \{x \in R\colon\ x^2 \leq 10\} = \{x \in R\colon\ -\sqrt{10} \leq x \leq \sqrt{10}\}.$$

Um conjunto como este último, que é limitado à direita e à esquerda ao mesmo tempo, é dito, simplesmente, *conjunto limitado.* É também limitado qualquer intervalo de extremos finitos a e b.

Quando um conjunto é limitado superiormente, ele pode ter um elemento que seja o maior de todos, o qual é chamado o *máximo* do conjunto. Por exemplo, o conjunto dos números racionais x tais que $x \leq 10$ tem 10 como seu máximo. Já o conjunto

$$A = \left\{\frac{1}{2},\ \frac{2}{3},\ \frac{3}{4}, \ldots, \frac{n}{n+1}, \ldots\right\} \tag{3.6}$$

não tem máximo, embora seja limitado superiormente. Os elementos desse conjunto, como vemos, são frações dispostas de maneira crescente:

$$\frac{1}{2} < \frac{2}{3} < \frac{3}{4} < \ldots < \frac{n}{n+1} < \ldots$$

e nenhuma dessas frações é maior do que todas as outras. Pelo contrário, qualquer delas é superada pela que vem logo a seguir, isto é,

$$\frac{n}{n+1} < \frac{n+1}{n+2}.$$

Não obstante isso, qualquer elemento do conjunto é menor que o número 1, o qual é, portanto, uma de suas cotas superiores, na verdade, a menor delas. (Veja o Exercício 8 adiante.)

Este último exemplo ilustra uma situação interessante: o conjunto é limitado superiormente, não tem máximo, mas tem cota superior mínima. Isto sugere a definição de *supremo* de um conjunto, mediante uma das seguintes proposições (que são equivalentes, como veremos logo a seguir):

3.5. Definição. *Chama-se supremo de um conjunto C à menor de suas cotas superiores.*

Chama-se supremo de um conjunto C ao número S que satisfaz as duas condições seguintes: a) $c \leq S$ para todo $c \in C$; b) dado qualquer número $\varepsilon > 0$, existe um elemento $c \in C$ à direita de $S - \varepsilon$, isto é, tal que $S - \varepsilon < c$.

Para vermos que a segunda definição é equivalente à primeira, basta notar que seu item a) nos diz que S é cota superior de C, e o ítem b) está afirmando que não há outra cota menor do que essa; logo, ela é a menor de todas.

Uma pergunta natural que se põe é a de saber se todo conjunto limitado superiormente tem supremo. A resposta, dada no teorema seguinte, expressando a assim chamada *propriedade do supremo*, é afirmativa.

3.6. Teorema. *Todo conjunto não vazio de números reais, limitado superiormente, possui supremo.*

Demonstração. Seja C o conjunto em questão. Seja E o conjunto de todos os números reais que sejam menores que algum elemento de C, e seja D o conjunto dos números reais restantes.

Da própria definição de E e D, vê-se que $(E,\ D)$ é um corte em $\mathbf{R}$. Pelo Teorema 3.4, esse corte possui elemento de separação, que denotamos por α. Ele é o maior elemento de E ou o menor elemento de D. Mas α não pode pertencer a E, senão ele seria menor do que um elemento $c \in C$, o mesmo sendo verdade de todos os elementos β entre α e c, donde $\beta \in E$; e α não seria o elemento de separação de $(E,\ D)$ (faça uma representação gráfica, para auxiliar seu raciocínio). Assim, concluímos que α é o menor elemento de D, ou seja, a menor cota superior de C, como queríamos provar.

Nessa demonstração não há como saber se o supremo é ou não o máximo do conjunto C. É claro que se o conjunto possui máximo, este é também o seu supremo. Mas o conjunto pode não ter máximo, como no exemplo dado em (3.6). Outro exemplo de conjunto cujo supremo não é máximo é qualquer intervalo aberto à direita, como

$$[-5,\ 12) = \{x \in R\colon\ -5 \leq x < 12\},$$

que não tem máximo, mas tem 12 como seu supremo.

A parte b) da segunda definição de supremo nos diz que qualquer número à esquerda de S, isto é, $S - \varepsilon$, terá algum elemento c de C à sua direita. Tal elemento c pode ser o próprio S, quando este for o máximo do conjunto. Por exemplo, o conjunto

$$\{2, 3, 9/2, 5, 6, 13/2, 7\}$$

tem supremo 7, que é também seu máximo. Dado $\varepsilon = 1/2$, $S - \varepsilon$ será $13/2$; e o único elemento do conjunto à direita de $13/2$ é o próprio 7.

A noção de *ínfimo* é introduzida de maneira análoga à de supremo.

3.7. Definição. *Chama-se ínfimo de um conjunto C à maior de suas cotas inferiores*; ou ainda

Chama-se ínfimo de um conjunto C ao número s que satisfaz as duas condições seguintes; a) $s \leq c$ para todo $c \in C$; b) dado qualquer número $\varepsilon > 0$, existe um elemento $c \in C$ à esquerda de $s + \varepsilon$, isto é, tal que $c < s + \varepsilon$.

Com a propriedade do supremo prova-se que *todo conjunto não-vazio de números reais, que seja limitado inferiormente, possui ínfimo.* (Veja o Exercício 10 adiante.)

Conjuntos não limitados à direita certamente não possuem supremos finitos. Convenciona-se considerar $+\infty$ como o supremo desses conjuntos. Analogamente, $-\infty$ é considerado o ínfimo dos conjuntos não limitados inferiormente.

Observe que se nos ativermos ao conjunto dos números racionais, então não será verdade que todo conjunto limitado superiormente tenha supremo ou que todo conjunto limitado inferiormente tenha ínfimo. Já vimos isso com o exemplo clássico de $\sqrt{2}$ nos Exercícios 5 e 6 da p. 55.

Observe também que agora, com a propriedade do supremo, podemos demonstrar que o número 2 possui raiz quadrada (Exercício 13 adiante). Lembre-se do que foi dito na p. 26: a demonstração que lá fizemos foi apenas uma demonstração de que não existe número racional cujo quadrado seja 2. Mais do que isso, podemos agora provar que qualquer número positivo possui raiz n-ésima (Exercício 14 adiante).

Exercícios

1. Dado um corte (E, D), prove que se $e \in E$ e $x < e$, então $x \in E$; e que se $d \in D$ e $y > d$, então $y \in D$. Isso significa que E é uma semi-reta que se estende para $-\infty$ e que D uma semi-reta estendendo-se para $+\infty$.

2. Seja r um número racional. Prove que o conjunto E dos números racionais menores do que r não tem máximo; e que o conjunto D dos números racionais maiores do que r não tem mínimo.

3. Dados dois números reais quaisquer, α e β, prove a chamada *lei da tricotomia*, que diz: ou $\alpha < \beta$, ou $\alpha = \beta$ ou $\alpha > \beta$.

4. Prove que entre dois números reais distintos há uma infinidade de números racionais.

5. Prove que entre dois números reais distintos há uma infinidade de números irracionais.

6. Dados três números reais α, β e γ, prove que $\alpha < \beta$ e $\beta < \gamma \Rightarrow \alpha < \gamma$.

7. Dado um número real $\alpha = (E, D)$, defina o oposto $-\alpha$ tal que $\alpha + (-\alpha) = 0$.

8. Prove que o número 1 é efetivamente o supremo do conjunto definido em (3.6).

9. Considere o conjunto $\{1/m - 1/n : m, n \in \mathbf{N}\}$. Prove que -1 e 1 são o ínfimo e o supremo desse conjunto, respectivamente, e que eles não pertencem ao conjunto.

10. Prove que todo conjunto não-vazio de números reais, limitado inferiormente, tem ínfimo.

11. Prove que $a > 1 \Rightarrow a^n > a$ para todo inteiro $n > 1$.

12. Prove que $0 < a < 1 \Rightarrow a^n < a$ para todo inteiro $n > 1$.

13. Use a propriedade do supremo para provar que 2 possui raiz quadrada positiva.

14. Generalize o exercício anterior, isto é, use a propriedade do supremo para provar a existência da raiz n-ésima positiva de qualquer número $a > 0$, $a \neq 1$.

15. Sejam A e B conjuntos numéricos não vazios. Prove que

$$A \subset B \Rightarrow \inf A \geq \inf B \quad \text{e} \quad \sup A \leq \sup B.$$

16. Sejam A e B dois conjuntos numéricos não vazios, tais que $a \leq b$ para todo $a \in A$ e todo $b \in B$. Prove que $\sup A \leq \inf B$. Com a mesma hipótese, prove ainda que $\sup A = \inf B \Leftrightarrow$ qualquer que seja $\varepsilon > 0$, existem $a \in A$ e $b \in B$ tais que $b - a < \varepsilon$.

17. Sejam A e B dois conjuntos numéricos não vazios, limitados inferiormente, e r um número tal que $r \leq a+b$ para todo $a \in A$ e todo $b \in B$. Prove que $r \leq \inf A + \inf B$. Enuncie e demonstre resultado análogo para os supremos.

18. Dados dois conjuntos numéricos limitados A e B, definimos o conjunto $A + B = \{a + b\colon\ a \in A,\ b \in B\}$. Prove que $\sup(A + B) = \sup A + \sup B$, e $\inf(A + B) = \inf A + \inf B$.

19. Dado um conjunto numérico limitado A, e um número real qualquer α, definimos o conjunto $\alpha A = \{\alpha a\colon\ a \in A\}$. Mostre então que $\sup(\alpha A) = \alpha \sup A$, $\inf(\alpha A) = \alpha \inf A$ se $\alpha \geq 0$; e $\sup(\alpha A) = \alpha \inf A$ se $\alpha < 0$. Em particular, $\sup(-A) = -\inf A$, ou ainda, $\sup A = -\inf(-A)$.

Sugestões

Ao resolver os exercícios, faça sempre uma representação gráfica para ajudar a compreensão e guiar o raciocínio.

1. Raciocine por absurdo. Veja bem, a negativa da primeira proposição dada é: existem um $e \in E$ e um $x < e$ tal que $x \notin E$, donde $x \in D$. Confronte isso com a definição de corte para encontrar o absurdo.

2. Observe que, dado $e \in E$, existe $e' \in E$, $e' > e$. Por exemplo, $e' = (e + r)/2$.

5. Sejam α e β os números reais dados, com $\alpha < \beta$. Se α for racional, os infinitos números $\alpha + \sqrt{2}/n$, $\alpha + \sqrt{2}/(n+1)$, $\alpha + \sqrt{2}/(n+2)$, $\alpha + \sqrt{2}/(n+3), \ldots$ são todos irracionais; e estarão todos entre α e β, desde que n seja suficientemente grande; por exemplo, basta que $\alpha + \sqrt{2}/n$ seja menor do que β, ou seja, $n > \sqrt{2}/(\beta - \alpha)$. O leitor termine fazendo o caso em que α for irracional. Faça outro raciocínio, servindo-se do resultado do exercício anterior.

7. Seja d o elemento de separação no corte (E, D). d é o menor elemento de D. Sejam $E' = E \cup \{d\}$ e $D' = D - \{d\}$. Prove que $-\alpha = (-D', -E')$ é realmente um corte, e que satisfaz a condição desejada. Lembre-se de que $0 = (A, B)$, onde A é o conjunto dos números racionais negativos e B é o conjunto dos números racionais ≥ 0.

8. É preciso mostrar que $n/(n+1) < 1$ e que, dado qualquer $\varepsilon > 0$, existe N tal que $n > N \Rightarrow 1 - \varepsilon < n/(n+1)$.

10. Seja A um conjunto limitado inferiormente e seja B o conjunto de todas as cotas inferiores de A. É claro que B não é vazio e é limitado superiormente por qualquer elemento de A, de forma que B tem supremo; além disso, sendo s esse supremo, todo número menor do que s pertence a B. Vamos provar que s é o ínfimo de A. Observe que (a) $s \leq a$ para todo $a \in A$, pois qualquer número menor do que s está em B. Ademais, (b) dado $\varepsilon > 0$, existe $a \in A$ tal que $a < s + \varepsilon$, senão todo número menor do que $s + \varepsilon$ estaria em B e s não seria o supremo de B.

11. $a > 1 \Rightarrow a^2 > a$; logo, $a^2 > a > 1$. Isso, por sua vez, implica $a^3 > a^2 > a$. Assim prosseguimos até chegarmos a $a^n > a^{n-1} > \ldots > a$.

12. Observe que $b = 1/a > 1$ e aplique o resultado do exercício anterior.

13. Considere o conjunto C dos números $c \geq 0$ tais que $c^2 < 2$. Trata-se de um conjunto não vazio, pois contém o número 1. Vemos também que C é limitado superiormente (pelo número 2, por exemplo). Denotando por b seu supremo, vamos provar que $b^2 = 2$. Para isso, mostremos primeiro que é absurdo ser $b^2 < 2$. De fato, nesta hipótese, seja ε um número positivo menor do que 1, de sorte que

$$(b + \varepsilon)^2 = b^2 + 2b\varepsilon + \varepsilon^2 = b^2 + \varepsilon(2b + \varepsilon) < b^2 + (2b + 1)\varepsilon.$$

Determine ε fazendo este último número menor do que 2 e termine a demonstração. Se necessário, estude a demonstração do exercício seguinte e volte a este.

14. Supomos, evidentemente, que $n > 1$. Devemos provar que existe um número $b > 0$ tal que $b^n = a$. Para isso consideramos o conjunto C dos números $c \geq 0$ tais que $c^n < a$. Trata-se de um conjunto não vazio, pois contém o número 1 se $a > 1$ e, de acordo com o Exercício 12, contém o número a se $a < 1$. Vemos também que C é limitado superiormente, pelo número 1 se $a < 1$ e pelo próprio a se $a > 1$. Designando por b seu supremo, vamos provar que $b^n = a$. Para isso, mostremos primeiro que é absurdo ser $b^n < a$. De fato, nesta hipótese, seja ε um número positivo menor do que 1, de sorte que

$$\begin{aligned}(b+\varepsilon)^n &= b^n + nb^{n-1}\varepsilon + \frac{n(n-1)}{2}b^{n-2}\varepsilon^2 + \ldots + \varepsilon^n \\ &= b^n + \varepsilon\big[nb^{n-1} + \frac{n(n-1)}{2}b^{n-2}\varepsilon + \ldots + \varepsilon^{n-1}\big] \\ &< b^n + \varepsilon\big[nb^{n-1} + \frac{n(n-1)}{2}b^{n-2} + \ldots + 1\big] = b^n + K\varepsilon,\end{aligned}$$

onde K é a última expressão entre colchetes, que independe de ε. Ora, fazendo $b^n + K\varepsilon < a$ (o que equivale a fazer $\varepsilon < (a - b^n)/K$), teríamos $b^n < (b+\varepsilon)^n < a$, absurdo, pois então b não seria o supremo do conjunto C. Mostremos agora que é absurdo ser $b^n > a$. Isso implica $(1/b)^n < 1/a$. Então, com raciocínio análogo ao que acabamos de fazer, existe $\varepsilon > 0$ tal que

$$\left(\frac{1}{b}\right)^n < \left(\frac{1}{b} + \varepsilon\right)^n < \frac{1}{a}, \quad \text{donde} \quad b^n > \left(\frac{b}{1+b\varepsilon}\right)^n > a.$$

Ora, isso também contradiz o fato de b ser o supremo do conjunto C, de forma que devemos concluir que $b^n = a$, como desejávamos.

15. Como $A \subset B$, todo elemento de A é maior ou igual a algum elemento de B e menor ou igual a algum outro elemento de B.

16. Raciocine por absurdo: se $\inf B < \sup A$, pela definição do supremo teria de haver algum elemento de A maior do que $\inf B$; e pela definição do ínfimo, esse elemento de A seria maior do que algum elemento de B. Você está fazendo um desenho para ajudar no raciocínio?

17. Como $r \leq a + b$ para todo $a \in A$ (e b fixo), devemos ter $r \leq \inf A + b$ (se não...); e como isto é verdade para todo $b \in B$, devemos ter também $r \leq \inf A + \inf B$.

3.4 Desigualdade do triângulo

O leitor certamente conhece a definição de *valor absoluto* de um número r, indicado pelo símbolo $|r|$, e que é igual a r se $r \geq 0$ e a $-r$ se $r < 0$. Muito importante em nosso estudo é a chamada *desigualdade do triângulo*, segundo a qual,

$$|a + b| \leq |a| + |b|, \tag{3.7}$$

quaisquer que sejam os números a e b. Para demonstrá-la observamos que

$$\begin{aligned} |a+b|^2 &= (a+b)^2 = a^2 + b^2 + 2ab = |a|^2 + |b|^2 + 2ab \\ &\leq |a|^2 + |b|^2 + 2|a||b| = (|a| + |b|)^2. \end{aligned}$$

Agora é só extrair a raiz quadrada para obtermos o resultado desejado.

A desigualdade (3.7) pode também ser estabelecida por verificação direta, considerando as várias hipóteses: 1) $a \geq 0$ e $b \geq 0$; 2) $a \leq 0$ e $b \leq 0$; 3) $a \geq 0 > b$ e $a \geq |b|$, etc. Deixamos ao leitor a tarefa de verificar que em (3.7) vale o sinal de igualdade se e somente se a e b tiverem o mesmo sinal.

Observação. A desigualdade (3.7) é chamada "'desigualdade do triângulo" porque ela é válida também quando a e b são vetores, digamos $\mathbf{a}$ e $\mathbf{b}$. Neste caso, $\mathbf{a}, \mathbf{b}$ e $\mathbf{a}+\mathbf{b}$ são os três lados de um triângulo (Fig. 3.8) e a desigualdade traduz a propriedade geométrica bem conhecida: *em um triângulo qualquer lado é menor do que a soma dos outros dois*, isto é, se $\mathbf{a}$ e $\mathbf{b}$ não são colineares e nenhum deles é o vetor nulo, então

$$|\mathbf{a} + \mathbf{b}| < |\mathbf{a}| + |\mathbf{b}|.$$

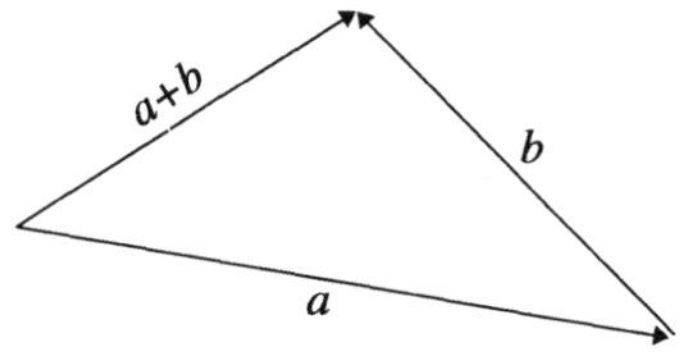

Figura 3.8

Deixamos ao leitor a tarefa de demonstrar, como exercícios, as outras desigualdades seguintes:

$$|a-b| \leq |a| + |b|; \qquad |a| - |b| \leq |a \pm b|; \tag{3.8}$$

$$|b| - |a| \leq |a \pm b|; \qquad \big||a| - |b|\big| \leq |a \pm b|; \tag{3.9}$$

Exercícios

1. Prove as desigualdades (3.8) e (3.9).

2. Prove que se a desigualdade $|a| - |b| \leq |a - b|$ é válida quaisquer que sejam a e b, o mesmo é verdade de $|a + b| \leq |a| + |b|$.

3. Prove por indução que $|a_1 + a_2 + \ldots + a_n| \leq |a_1| + |a_2| + \ldots + |a_n|$, quaisquer que sejam os números $a_1, a_2, \ldots, a_n$.

4. Prove que $|a_1 + a_2 + \ldots + a_n| \geq |a_1| - |a_2| - \ldots - |a_n|$, quaisquer que sejam os números $a_1, a_2, \ldots, a_n$.

Sugestões e soluções

1. A primeira desigualdade em (3.8) é conseqüência de (3.7) com $-b$ em lugar de b. Quanto à segunda com sinal negativo, observe, por (3.7), que

$$|a| = |(a - b) + b| \leq |a - b| + |b|.$$

Trocando b por $-b$ obtemos a desigualdade com sinal positivo. A primeira desigualdade em (3.9) segue da segunda de (3.8) com a troca de a com b. Finalmente, a segunda desigualdade em (3.9) segue das duas últimas mencionadas; para isso basta observar que

$$x < r \text{ e } -x < r \Leftrightarrow |x| < r.$$

2. Faça $a - b = c$ e observe que se a e b são arbitrários, o mesmo é verdade de b e c.

4. Observe que

$$\begin{aligned} |a_1 + a_2 + \ldots + a_n| &= |a_1 + (a_2 + \ldots + a_n)| \\ &\geq |a_1| - |a_2 + \ldots + a_n| \geq |a_1| - (|a_2| + \ldots + |a_n|) \\ &= |a_1| - |a_2| - \ldots - |a_n|. \end{aligned}$$

3.5 Nota histórica e definição de corpo

Fundamentos da Matemática

Os desenvolvimentos que vinham ocorrendo na Geometria, na Álgebra e na Análise durante todo o século XIX convergiram, no final do século, para uma preocupação com os fundamentos de toda a Matemática. Por duas razões importantes os matemáticos acabaram se convencendo de que todas as teorias matemáticas teriam de se fundamentar, em última instância, nos números naturais. De um lado, os números complexos, os números reais, os racionais e os inteiros puderam ser construídos, de maneira lógica e consistente, uns após outros, terminando nos números naturais. De outro lado, Hilbert estabelecera uma correspondência entre os elementos geométricos do plano — pontos e retas e círculos — com os entes numéricos da geometria analítica. Os pontos podem ser caracterizados por pares ordenados de números reais, e as retas e círculos por suas equações. Isto permitiu transferir o problema da consistência da Geometria à consistência da Aritmética. Provando-se a consistência desta, ficaria também provada a consistência da Geometria. Assim, a Geometria, que desde a antigüidade era considerada o modelo de rigor lógico, estava agora dependendo da própria Aritmética para sua efetiva fundamentação.

Leopold Kronecker dizia que Deus nos deu os números naturais e que o resto é obra do homem. Com isto ele queria dizer que esses números deveriam ser tomados como o ponto de partida, o fundamento último de toda a Matemática. Não obstante isso, Richard Dedekind mostrou ser possível construir os números naturais a partir da noção de conjunto, noção esta que seria mais extensamente desenvolvida por Georg Cantor.[2]

A possibilidade de construir toda a Matemática a partir da teoria dos conjuntos intensificou o interesse por esse campo de estudos. Porém, esses estudos estavam ainda incipientes e os matemáticos já começavam a encontrar sérias contradições internas na teoria.[3] Muitas dessas contradições foram resolvidas, até que, em 1931 o lógico austríaco Kurt Gödel surpreendeu o mundo matemático com a publicação de um trabalho em que demonstrava que o método axiomático tem inevitáveis limitações, que impedem mesmo a possibilidade de construir um sistema axiomático abrangendo a Aritmética.

Para entender melhor o que isso significa, devemos lembrar que um sistema axiomático deve satisfazer às três condições seguintes: ser consistente, quer dizer, os postulados não podem contradizer uns aos outros, por si mesmos ou por suas conseqüências; deve ser completo, no sentido de serem suficientes para provar verdadeiras ou falsas todas as proposições formuladas no contexto da teoria em questão; e, por fim, cada postulado deve ser independente dos demais, no sentido de que não é conseqüência deles, sob pena de ser supérfluo. Pois bem, Gödel prova, dentre outras coisas, que a consistência de qualquer sistema matemático que englobe a Aritmética não pode ser estabelecido pelos princípios lógicos usuais. Isto ele prova como conseqüência deste seu outro resultado, conhecido como o teorema da incompletude: se uma teoria formal abrangendo a Aritmética for consistente, ela necessariamente será incompleta, o que significa dizer que haverá alguma proposição sobre os inteiros que a teoria será incapaz de decidir ser verdadeira ou falsa.

Seria errôneo pensar que os resultados de Gödel, pelos seus aspectos negativos, condenam a Matemática a uma posição inferior no contexto do conhecimento humano. O que eles mostram é que é falsa a expectativa acalentada desde a antigüidade de que o conhecimento matemático, com seu caráter de certeza absoluta, possa ser circunscrito nos limites permitidos por um sistema axiomático. Além de revelar as limitações do método axiomático, os resultados de Gödel mostram, isto sim, que as verdades matemáticas, na sua totalidade, escapam aos figurinos formais dos sistemas axiomáticos.

Hermann Weyl , que está entre os maiores matemáticos do século XX, disse, espirituosamente: Deus existe porque certamente a Matemática é consistente; e o demônio existe porque somos incapazes de provar essa consistência.

Definição de corpo

O leitor encontrará, em livros sobre estruturas algébricas exposições sobre a teoria de corpos. Daremos aqui apenas a definição de corpo, sem entrar em maiores detalhes.

Um corpo (comutativo) é um conjunto não vazio C, munido de duas operações, chamadas *adição* e *multiplicação*, cada uma delas fazendo corresponder um elemento

[2]O matemático italiano Giuseppe Peano mostrou como construir esses números a partir de noções primitivas e postulados.

[3]A propósito, veja as notas do final do capítulo anterior, onde discutimos os paradoxos.

de C a cada par de elementos de C, as duas operações estando sujeitas aos *axiomas de corpo* listados a seguir. A soma de x e y de C é é indicada por $x + y$ e a multiplicação de x e y é indicada por xy. Os axiomas de corpo são:

1. (Associatividade) Dados quaisquer $x, y, z \in C$,

$$(x + y) + z = x + (y + z) \text{ e } (xy)z = x(yz);$$

2. (Comutatividade) Quaisquer que sejam $x, y \in C$,

$$x + y = y + x \text{ e } xy = yx;$$

3. (Distributividade da multiplicação em relação à adição) Quaisquer que sejam x, y, $z \in C$, $x(y + z) = xy + xz$;

4. (Existência do zero) Existe um elemento em C, chamado "zero"ou "elemento neutro", indicado pelo símbolo "0", tal que $x + 0 = x$ para todo $x \in C$.

5. (Existência do elemento oposto) A todo elemento $x \in C$ corresponde um elemento $x' \in C$ tal que $x + x' = 0$. (Esse elemento x', que se demonstra ser único para cada x, é indicado por $-x$.)

6. (Existência do elemento unidade) Existe um elemento em C, designado "elemento unidade" e indicado com o símbolo "1", tal que $1x = x$ para todo $x \in C$.

7. (Existência do elemento inverso) A todo elemento $x \in C$, $x \neq 0$, corresponde um elemento $x" \in C$ tal que $xx" = 1$. Esse elemento $x"$, que se demonstra ser único para cada x, é indicado com x^{-1} ou $1/x$.

O corpo se diz *ordenado* se nele existe um subconjunto P, chamado o *conjunto dos elementos positivos*, tal que: a) a soma e o produto de elementos positivos resulta em elementos positivos; b) dado $x \in C$, ou $x \in P$, ou $x = 0$, ou $-x \in P$.

Capítulo 4

Seqüências infinitas

O leitor já deve ter adquirido alguma familiaridade com as seqüências infinitas. Neste capítulo retomamos esse estudo, fazendo uma revisão de resultados já conhecidos e acrescentando outros, que serão importantes em nossos estudos posteriores. Ao leitor que sentir necessidade de rever seus estudos anteriores de seqüências poderá consultar qualquer texto de Cálculo, em particular o Capítulo 3 de [2].

4.1 Intervalos

Antes de entrarmos propriamente no assunto deste capítulo, vamos rever algumas definições sobre *intervalos numéricos*, que serão usadas neste e nos capítulos seguintes.

Dados dois números a e b, com $a < b$, chama-se *intervalo aberto* de extremos a e b, denotado por $(a,\, b)$, ao conjunto

$$(a,\, b) = \{x \in \mathbf{R}\colon\ a < x < b\}.$$

Se incluirmos os extremos a e b no intervalo, então ele será denominado *intervalo fechado* e indicado com o símbolo $[a,\, b]$:

$$[a,\, b] = \{x \in \mathbf{R}\colon\ a \leq x \leq b\}.$$

O intervalo pode também ser *semifechado* ou *semi-aberto*, como nos exemplos seguintes:

$$[-3,\, 1) = \{x \in \mathbf{R}\colon\ -3 \leq x < 1\}; \quad (3,\, 5] = \{x \in \mathbf{R}\colon\ 3 < x \leq 5\}.$$

Introduzindo os símbolos $-\infty$ e $+\infty$, podemos considerar todo o eixo real como um intervalo:

$$(-\infty,\, +\infty) = \{x\colon\ -\infty < x < +\infty\}.$$

Adotamos notação análoga para semi-eixos fechados ou abertos na extremidade finita, como

$$[7, +\infty) = \{x\colon\ 7 \leq x < +\infty\}; \quad (-\infty, 3) = \{x\colon\ -\infty < x < 3\}.$$

Sempre que nos referirmos aos intervalos (a, b), $[a, b]$, $(a, b]$ ou $[a, b)$, a e b serão números finitos, com $a < b$.

4.2 Seqüências infinitas

Uma *seqüência numérica infinita* é uma função f, definida no conjunto dos números naturais $\mathbf{N}$: $f\colon n \mapsto f(n) = a_n$. É costume indicar uma seqüência[1] escrevendo, simplesmente, $a_1, a_2, a_3, \ldots, a_n, \ldots$ O número n que aí aparece é chamado o *índice* da seqüência, e a_n o *n-ésimo* elemento da seqüência ou seu *termo geral*. Um exemplo de seqüência é dado pela seqüência dos números pares positivos: $2, 4, 6, \ldots$, ou ainda, $a_n = 2n$, $n = 1, 2, 3, \ldots$ A seqüência dos números ímpares positivos, $1, 3, 5, \ldots$, também tem uma fórmula simples para o termo geral, que é $a_n = 2n - 1$, com $n = 1, 2, 3, \ldots$; ou $a_n = 2n + 1$, com $n \geq 0$.

Mas nem sempre o termo geral de uma seqüência é dado por uma fórmula, embora, evidentemente, sempre haja uma lei de formação bem definida que permite determinar o termo geral da seqüência. É esse o caso das aproximações decimais por falta de $\sqrt{2}$, que formam a seqüência infinita

$$a_1 = 1{,}4, \quad a_2 = 1{,}41, \quad a_3 = 1{,}414, \quad a_4 = 1{,}4142,$$

$$a_5 = 1{,}41421, \quad a_6 = 1{,}414213, \ldots$$

Outro exemplo é a seqüência dos números primos,

$$2, 3, 5, 7, 11, 13, 17, 19, 23, 29, 31, 37, 41, \ldots$$

Como é bem sabido, não existe fórmula para o termo geral desta seqüência, mas todos os seus termos estão perfeitamente determinados.

A notação (a_n) é muito usada para indicar uma seqüência. Também se escreve $(a_n)_{n\in\mathbf{N}}$, $(a_1, a_2, a_3, \ldots)$, ou, simplesmente, a_n. Alguns autores costumam escrever $\{a_n\}$ em vez de (a_n), mas preferimos reservar essa notação para o *conjunto de valores* da seqüência. Essa distinção é importante, pois uma seqüência possui infinitos elementos, mesmo que seu conjunto de valores seja finito. Por exemplo, a seqüência

$$1, -1, 1, -1, 1, -1, \ldots$$

[1] A partir de agora omitimos o qualificativo "infinita", ficando subentendido tratar-se de seqüência infinita.

é infinita, com elemento genérico $a_n = -(-1)^n = (-1)^{n-1}$; mas seu conjunto de valores possui apenas dois elementos, 1 e -1, de forma que, conforme convencionamos,

$$\{a_n\} = \{-1, \ +1\}.$$

Pela definição, uma seqüência (a_n) é indexada a partir de $n = 1$, de forma que a_1 é seu primeiro termo. Mas, às vezes, é conveniente considerar seqüências indexadas a partir de um certo $n \neq 1$; é esse o caso da seqüência $a_n = \sqrt{n-6}$, que só faz sentido para $n = 6, \ 7, \ 8, \ldots$, de forma que a_6 é o primeiro termo dessa seqüência. Mas, mesmo nesses casos, com uma *translação de índices*, pode-se fazer com que a seqüência tenha primeiro índice $n = 1$. Assim, no exemplo que demos, é só definir $b_n = a_{n+5} = \sqrt{n-1}$ para que a seqüência fique definida a partir de $n = 1$.

Conceito de limite e primeiras propriedades

De interesse especial são as *seqüências convergentes*, que vamos estudar a partir de agora. Em termos sugestivos, uma seqüência (a_n) é convergente se, à medida que o índice n cresce, o elemento a_n vai-se tornando arbitrariamente próximo de um certo número L, chamado o *limite* da seqüência. A proximidade entre a_n e L é medida pelo valor absoluto da diferença entre esses dois números, isto é, por $|a_n - L|$. Portanto, dizer que a_n vai-se tornando arbitrariamente próximo de L significa dizer que $|a_n - L|$ torna-se inferior a qualquer número positivo ε, por pequeno que seja, desde que façamos o índice n suficientemente grande. Daí a definição precisa de convergência que damos a seguir.

4.1. Definição. *Diz-se que uma seqüência (a_n) converge para o número L, ou tem limite L se, dado qualquer número $\varepsilon > 0$, é sempre possível encontrar um número N tal que*

$$n > N \Rightarrow |a_n - L| < \varepsilon. \tag{4.1}$$

Escreve-se $\lim_{n\to\infty} a_n = L$, $\lim a_n = L$ ou $a_n \to L$. Uma seqüência que não converge é dita *divergente*. Chama-se *seqüência nula* toda seqüência que converge para zero.

Observe que, ao dizermos "dado qualquer $\varepsilon > 0$", está implícito que ε pode ser arbitrariamente pequeno, ou seja, tão pequeno quanto quisermos. E a condição (4.1), uma vez satisfeita para um certo $\varepsilon = \varepsilon_0$, estará satisfeita com qualquer $\varepsilon > \varepsilon_0$; portanto, basta prová-la para todo ε positivo, menor do que um certo ε_0, como muitas vezes se faz, para que ela fique provada para qualquer $\varepsilon > 0$. Quanto ao número N, podemos supô-lo inteiro positivo; portanto, um índice da seqüência. Se não for assim, é claro que ele pode ser substituído por qualquer inteiro maior. Mas fique claro também que N não precisa ser inteiro, como veremos nos exemplos adiante.

O primeiro sinal de desigualdade em (4.1) tanto pode ser $>$ como $\geq$, do mesmo modo que o segundo tanto pode ser $<$ como $\leq$. De fato, se existe um inteiro positivo N tal que $n \geq N \Rightarrow |a_n - L| < \varepsilon$, então, é claro que isto continua verdadeiro com $n > N$ em lugar de $n \geq N$. E se é possível fazer $|a_n - L| \leq \varepsilon$ com qualquer $\varepsilon > 0$, certamente é possível fazer $|a_n - L| \leq \varepsilon/2$; portanto, $|a_n - L| < \varepsilon$.

Observe também que tanto faz fazer $|a_n - L| < \varepsilon$ ou $|a_n - L| < k\varepsilon$, onde k é uma constante positiva, pois se é possível fazer $|a_n - L| < k\varepsilon$ com qualquer $\varepsilon > 0$, certamente é possível fazer $|a_n - L| < k(\varepsilon/k) = \varepsilon$.

Se suprimirmos de uma seqüência (a_n) um número finito de seus termos, em particular, se eliminarmos seus k primeiros termos, isso em nada altera o caráter da seqüência com $n \to \infty$. Assim, se a seqüência original converge para L, ou diverge, a nova seqüência convergirá para L ou divergirá, respectivamente.

Definição de vizinhança

Dado um número L qualquer, chama-se *vizinhança* ε de L a todos os números x do intervalo $(L - \varepsilon,\, L + \varepsilon)$. Denotaremos esse intervalo com o símbolo $V_\varepsilon(L)$. Observe que a condição $x \in V_\varepsilon(L)$ pode ser escrita das seguintes três maneiras equivalentes:

$$|x - L| < \varepsilon; \quad -\varepsilon < x - L < \varepsilon; \quad L - \varepsilon < x < L + \varepsilon.$$

Assim, ao definirmos limite, estamos dizendo que $n > N \Rightarrow a_n \in V_\varepsilon(L)$, ou seja,

$$n > N \Rightarrow |a_n - L| < \varepsilon, \quad \text{ou} \quad n > N \Rightarrow L - \varepsilon < a_n < L + \varepsilon,$$

ou ainda,

$$n > N \Rightarrow L - \varepsilon < a_n < L + \varepsilon.$$

É importante observar que o número ε, dado arbitrariamente, não pode ser mudado até a determinaçãoo de N, pois este N depende de ε. Mudando-se ε deve-se, em geral, mudar também o número N. Isso está ilustrado no exemplo que consideramos a seguir.

4.2. Exemplo. Vamos provar, segundo a Definição 4.1, que a seqüência

$$(a_n) = \left(\frac{n}{n+12}\right) = \left(\frac{1}{13}, \frac{2}{14}, \frac{3}{15}, \ldots, \frac{n}{n+12}, \ldots\right)$$

converge para o número 1. Para isso observamos que, dado qualquer $\varepsilon > 0$,

$$|a_n - 1| = \left|\frac{n}{n+12} - 1\right| = \frac{12}{n+12} < \varepsilon \Leftrightarrow n > \frac{12}{\varepsilon} - 12. \tag{4.2}$$

Isso quer dizer que, dado qualquer $\varepsilon > 0$, existe N $(= 12/\varepsilon - 12)$ tal que

$$n > N \Rightarrow |a_n - 1| < \varepsilon,$$

que é precisamente a condição (4.1) exigida na definição de limite.

Esse exemplo mostra que quanto menor o ε tanto mais exigentes estaremos sendo quanto à proximidade entre a_n e o limite 1, exigência essa que se traduz em termos de fazer o índice n cada vez maior. De fato, quanto menor o ε, tanto maior o número $N = 12/\varepsilon - 12$. Assim, se $\varepsilon = 1/10, N = 108$; se $\varepsilon = 1/100, N = 1188$; em geral, se $\varepsilon = 10^{-k}, N = 12 \cdot 10^k - 12$. Isso ilustra o que dissemos antes: a determinação do número N depende do número ε particular que se considere. Ao contrário, se dermos um ε muito grande, pode até acontecer que não haja qualquer condição no índice n; é o que acontece com $\varepsilon = 2$ no exemplo que estamos considerando, que resulta em $N = -6$.

O raciocínio usado em (4.2) permite escrever:

$$|a_n - 1| < \varepsilon \Leftrightarrow n > \frac{12}{\varepsilon} - 12.$$

No entanto, poderíamos também ter raciocinado assim:

$$|a_n - 1| = \frac{12}{n+12} < \frac{12}{n} < \varepsilon \Leftrightarrow n > \frac{12}{\varepsilon}. \tag{4.3}$$

Mas então a equivalência indicada é apenas entre as duas últimas desigualdades, não sendo mais verdade que

$$|a_n - 1| < \varepsilon \Leftrightarrow n > \frac{12}{\varepsilon}.$$

O correto agora é a implicação (numa só direção)

$$n > \frac{12}{\varepsilon} \Rightarrow |a_n - 1| < \varepsilon,$$

que também é suficiente para a comprovação de que 1 é o limite. Perdemos a implicação contrária por causa da primeira desigualdade em (4.3), em conseqüência do que $12/(n + 12) < \varepsilon$ não implica $n > 12/\varepsilon$; pode agora ocorrer $12/(n + 12) < \varepsilon$ com $n < 12/\varepsilon$, desde que seja $n > 12/\varepsilon - 12$. Veja: com

$\varepsilon = 1/10$, $12/\varepsilon = 120$ e $12/\varepsilon - 12 = 108$.

4.3. Exemplo. Consideremos a seqüência

$$a_n = \frac{3n}{n + \operatorname{sen} 2n}.$$

É fácil ver que seu limite deve ser 3. Para evidenciar isso dividimos o numerador e o denominador por n e notamos que $(\operatorname{sen} 2n)/n \to 0$. Assim,

$$a_n = \frac{3}{1 + (\operatorname{sen} 2n)/n}.$$

O que fizemos foi apenas descobrir o limite. Agora é preciso provar, com base na Definição 4.1, que 3 é realmente o limite. Para isso começamos observando que

$$|a_n - 3| = \frac{3|\operatorname{sen} 2n|}{|n + \operatorname{sen} 2n|} \leq \frac{3}{|n + \operatorname{sen} 2n|} \leq \frac{3}{n - |\operatorname{sen} 2n|} \leq \frac{3}{n-1}, \tag{4.4}$$

as duas últimas desigualdades havendo sido obtidas graças às desigualdades $|n + \operatorname{sen} 2n| \geq n - |\operatorname{sen} 2n| \geq n - 1$. (Observe também que, como o denominador tem de ser positivo, a partir deste ponto temos de considerar $n > 1$.) Fazendo agora intervir o número ε, obtemos uma desigualdade fácil de resolver em n:

$$|a_n - 3| \leq \frac{3}{n-1} < \varepsilon \Leftrightarrow n > 1 + \frac{3}{\varepsilon} \tag{4.5}$$

de sorte que

$$n > 1 + 3/\varepsilon \Rightarrow |a_n - 3| < \varepsilon, \tag{4.6}$$

que estabelece o limite desejado.

O leitor deve notar, nas passagens efetuadas em (4.4), que procuramos chegar a uma expressão simples, como $1/(n-1)$, para depois fazer intervir o ε, obtendo então uma desigualdade fácil de resolver, como em (4.5). Não fizéssemos tais simplificações e teríamos de enfrentar a intratável inequação

$$\frac{3|\operatorname{sen} 2n|}{|n + \operatorname{sen} 2n|} < \varepsilon.$$

É claro que as transformações feitas só permitem, em (4.6), a implicação no sentido aí indicado, que é suficiente para nossos propósitos.

4.4. Exemplo. É fácil descobrir o limite do quociente de dois polinômios de mesmo grau, dividindo numerador e denominador pela maior potência de n. Assim,

$$a_n = \frac{3n^2 + 4n}{n^2 + n - 4} = \frac{3 + 4/n}{1 + 1/n - 4/n^2}$$

claramente tende a 3, já que $4/n, 1/n$ e $4/n^2$ tendem a zero. Para provar isso diretamente da definição de limite, notamos que, a partir de $n = 2$ (que implica $n^2 + n - 4 > 0$),

$$|a_n - 3| = \frac{n + 12}{n^2 + n - 4} < \frac{n + 12}{n^2 - 4};$$

e a partir de $n = 12, n + 12 \leq 2n$ e $4 < n^2/2$, de sorte que $n^2 - 4 > n^2 - n^2/2 = n^2/2$. Assim,

$$|a_n - 3| < \frac{2n}{n^2/2} = \frac{4}{n} < \varepsilon,$$

desde que n seja maior que o maior dos números, $4/\varepsilon$ e 12, isto é,

$$n > N = \max\{4/\varepsilon, 12\}.$$

Isso conclui a demonstração.

Este último exemplo mostra, em particular, que, com n tendendo a infinito, os termos com maior expoente no numerador e no denominador são dominantes sobre os demais.

Seqüências limitadas

O cálculo de limites pode tornar-se mais e mais complicado, se insistirmos em fazê-lo diretamente da definição de limite. Felizmente, com essa definição podemos estabelecer as propriedades tratadas logo adiante, no Teorema 4.8, as quais permitem simplificar bastante o cálculo de limites. Demonstraremos primeiro dois teoremas de importância fundamental, o primeiro dos quais envolvendo a noção de "seqüência limitada". Diz-se que uma seqüência (a_n) é *limitada à esquerda*, ou *limitada inferiormente*, se existe um número A tal que $A \leq a_n$ para todo n; e *limitada à direita*, ou *limitada superiormente*, se existe um número B tal que $a_n \leq B$ para todo n. Quando a seqüência é limitada à esquerda e à direita ao mesmo tempo, dizemos simplesmente que ela é *limitada*. Como é fácil ver, isso equivale a afirmar que existe um número M tal que $|a_n| \leq M$ para todo n.

4.5. Teorema. *Toda seqüência convergente é limitada.*

Demonstração. Dado qualquer $\varepsilon > 0$, existe um índice N tal que

$$n > N \Rightarrow L - \varepsilon < a_n < L + \varepsilon,$$

Isto nos diz que, a partir do índice $n = N + 1$, a seqüência é limitada: à direita por $L + \varepsilon$ e à esquerda por $L - \varepsilon$. Para englobarmos a seqüência inteira, basta considerar, dentre todos os números

$$a_1,\ a_2, \ldots,\ a_N,\ L - \varepsilon,\ L + \varepsilon,$$

aquele que é o menor de todos, digamos, A, e aquele que é o maior de todos, digamos, B; então será verdade, para todo n, que

$$A \leq a_n \leq B,$$

o que completa a demonstração.

Podíamos também ter atalhado um pouco, como é costume, procedendo assim: seja

$$M = \max\{|a_1|,\ |a_2|, \ldots,\ |a_N|,\ |L - \varepsilon|,\ |L + \varepsilon|\}.$$

Então $|a_n| \leq M$ para todo n, o que prova que a seqüênciaé limitada.

A recíproca do teorema anterior não é verdadeira; uma seqüência pode ser limitada sem ser convergente, como é o caso da seqüência $(-1)^n(2 + 1/n)$. 2 parece ser um candidato a limite, mas o mesmo é verdade de -2, mas uma seqüência só pode convergir para um único valor.(Veja o Exercício 5 adiante.)

4.6. Teorema. *Se uma seqüência (a_n) converge para um limite L, e se $A < L < B$, então, a partir de um certo índice N, teremos $A < a_n < B$.*

Demonstração. Dado qualquer $\varepsilon > 0$, existe N tal que, a partir desse índice, $L - \varepsilon < a_n < L + \varepsilon$. Portanto, é apenas uma questão de prescrever, de início, ε menor que o menor dos números $L - A$ e $B - L$, para termos $L - \varepsilon > L - (L - A) = A$ e $L + \varepsilon < L + (B - L) = B$. Em conseqüência, $n > N \Rightarrow A < a_n < B$, como queríamos demonstrar.

Corolário 4.7. *Se uma seqüência (a_n) converge para um limite $L \neq 0$, então, a partir de certo índice N, $|a_n| > |L|/2$.*

Para a demonstração, se $L > 0$, tome $A = L/2$. Se $L < 0$, tome $B = L/2$.

O teorema anterior e seu corolário são muito úteis nas aplicações e serão usados repetidamente em nosso estudo, como o leitor deverá notar. Observe que, sempre que tivermos uma seqüência com limite diferente de zero, poderemos encontrar números A e B de mesmo sinal, nas condições do teorema. Em geral, nas aplicações, utilizamos apenas uma das desigualdades, ou $A < a_n$ ou $a_n < B$.

Operações com limites

Nas disciplinas introdutórios de Cálculo, a noção de limite costuma ser introduzida inicialmente de maneira intuitiva. Assim, o leitor que se expõe pela primeira vez à definição rigorosa desse conceito (Definição 4.1 atrás) pode questionar sua importância. Afinal, nos Exemplos 4.2 a 4.4 só pudemos utilizar a definição de limite após descobrirmos os limites em cada caso. No entanto, como já dissemos antes, é a definição precisa de limite que permite estabelecer o teorema que vem logo a seguir, o qual, por sua vez, é o resultado que justifica os procedimentos utilizados para a descoberta dos limites nos diferentes casos considerados nos exemplos anteriores e em muitos outros de maior complexidade.

Mas a importância da Definição 4.1 vai muito além: ela permite desenvolver toda uma *teoria do limite*, que fundamenta todas as teorias da Análide Matemática. Os resultados estabelecidos de 4.5 a 4.7 são apenas uma pequena amostra dessa fundamentação, a qual o leitor verá em todo o desenvolvimento do nosso estudo.

4.8. Teorema. *Sejam* (a_n) *e* (b_n) *duas seqüências convergentes, com limites* a *e* b *respectivamente. Então,* $(a_n + b_n)$, $(a_n b_n)$ *e* (ka_n), *onde* k *é uma constante qualquer, são seqüências convergentes, além do que,*

a) $\lim(a_n + b_n) = \lim a_n + \lim b_n = a + b$;

b) $\lim(ka_n) = k(\lim a_n) = ka$; *em particular,* $k = -1$ *nos dá* $a_n \to a \Rightarrow -a_n \to -a$;

c) $\lim(a_n b_n) = (\lim a_n)(\lim b_n) = ab$;

d) se, além das hipóteses acima, $b \neq 0$, *então existe o limite de* a_n/b_n, *igual a* a/b.

Demonstração. Provaremos os dois últimos ítens, deixando os dois primeiros, que são mais fáceis, para os exercícios.

Para demonstrar a terceira propriedade, utilizamos a desigualdade do triângulo e o fato de que a seqüência b_n é limitada por uma constante positiva M, de sorte que podemos escrever:

$$\begin{aligned} |a_n b_n - ab| &= |(a_n - a)b_n + a(b_n - b)| \leq |a_n - a||b_n| + |a||b_n - b| \\ &\leq M|a_n - a| + |a||b_n - b|. \end{aligned}$$

Ora, tanto $|a_n - a|$ como $|b_n - b|$ podem ser feitos arbitrariamente pequenos, desde que n seja suficientemente grande. Assim, dado qualquer $\varepsilon > 0$, podemos fazer $|a_n - a|$ menor do que $\varepsilon/2M$ a partir de um certo índice N_1 e $|b_n - b| < \varepsilon/2|a|$ a partir de um certo N_2; então, sendo N o maior desses índices, $n > N$ satisfará

$n > N_1$ e $n > N_2$ simultaneamente; logo.

$$n > N \Rightarrow |a_n b_n - ab| < \frac{\varepsilon}{2} + \frac{\varepsilon}{2} = \varepsilon,$$

como queríamos demonstrar.

Observe, nesse raciocínio, que se nos contentássemos em fazer $|a_n - a|$ e $|b_n - b|$ menores do que ε, em vez de $|a_n - a| < \varepsilon/2M$ e $|b_n - b| < \varepsilon/2|a|$, o resultado final seria

$$n > N \Rightarrow |a_n b_n - ab| < (M + |a|)\varepsilon = k\varepsilon,$$

onde $k = M + |a|$. Esse procedimento é tão satisfatório quanto o anterior, como já tivemos oportunidade de observar; se quiséssemos terminar com ε, bastaria começar com o número ε/k em vez de ε.

Para a demonstração da quarta propriedade, observamos que o quociente a_n/b_n pode ser interpretado como o produto $a_n(1/b_n)$, de forma que, em vista da propriedade já demonstrada, basta provar que $1/b_n \to 1/b$. Temos:

$$\left|\frac{1}{b_n} - \frac{1}{b}\right| = \frac{|b_n - b|}{|b_n b|}$$

Como $b \neq 0$, a partir de um certo N_1, $|b_n| > |b|/2$; e, dado $\varepsilon > 0$, a partir de um certo N_2, $|b_n - b|$ pode ser feito menor do que $|b|^2\varepsilon/2$, de sorte que, sendo $N = \max\{N_1, N_2\}$, teremos:

$$n > N \Rightarrow \left|\frac{1}{b_n} - \frac{1}{b}\right| < \frac{|b|^2\varepsilon/2}{|b|^2/2} = \varepsilon$$

e isso completa a demonstração.

Em vista deste último teorema, fica fácil lidar com certos limites, como vemos pelo exemplo seguinte:

$$\lim \frac{3n^2 + 4n}{5n^2 - 7} = \lim \frac{3 + 4/n}{5 - 7/n^2} = \frac{\lim(3 + 4/n)}{\lim(5 - 7/n^2)} = \frac{\lim 3 + \lim(4/n)}{\lim 5 - \lim(7/n^2)} = \frac{3}{5}.$$

Terminamos esta seção com dois exemplos importantes de limites.

4.9. Exemplo. Dado um número $a > 0$, $\sqrt[n]{a} \to 1$. Isso é evidente se $a = 1$, quando a seqüência é constantemente igual a 1. Suponhamos $a > 1$, donde $\sqrt[n]{a} = 1 + h_n$, onde h_n é um número positivo conveniente. Todos os termos da fórmula do binômio de Newton em $(1 + h_n)^n$ são positivos, de sorte que

$$a = (1 + h_n)^n \geq 1 + nh_n > nh_n.$$

Assim, $h_n = |\sqrt[n]{a} - 1| < a/n$ e isso será menor do que qualquer $\varepsilon > 0$ fixado de antemão, desde que $n > a/\varepsilon$.

No caso $0 < a < 1$, temos que $1/a > 1$, donde $1/\sqrt[n]{a} \to 1$. Então, pelo item d) do Teorema 4.8, concluímos que $\sqrt[n]{a} \to 1$.

4.10. Exemplo. $\sqrt[n]{n} \to 1$. Ainda aqui temos que $\sqrt[n]{n} = 1 + h_n$, onde h_n novamente é um número positivo conveniente. Mas agora reter o segundo termos do binômio de Newton não basta para nossos propósitos, pois, com ele apenas,

$$n = (1 + h_n)^n \geq 1 + nh_n > nh_n, \quad \text{donde } h_n < 1,$$

e essa desigualdade não ajuda para provar que h_n tende a zero. Devemos reter o terceiro termo, assim:

$$n = (1 + h_n)^n = 1 + nh_n + \frac{n(n-1)}{2}h_n^2 + \ldots + h_n^n > \frac{n(n-1)}{2}h_n^2,$$

donde $h_n^2 < 2/(n-1)$. Agora sim, dado $\varepsilon > 0$, $2/(n-1)$ será menor do que ε^2, desde que n seja maior do que $2/\varepsilon^2 + 1 = N$. Conseqüentemente,

$$n > N \Rightarrow |\sqrt[n]{n} - 1| = h_n < \varepsilon,$$

provando o resultado desejado.

Exercícios

1. Escreva os cinco primeiros termos de cada uma das seguintes seqüências:

$$\text{a) } a_n = \frac{n}{n+1}; \quad \text{b) } a_n = 3 + 2(-1)^n; \quad \text{c) } a_n = \frac{n}{n^2+1}; \quad \text{d) } a_n = \frac{(-1)^n}{n+2}.$$

2. Em cada um dos casos seguintes, são dados os primeiros termos de uma seqüência. Supondo que persista a tendência observada em cada caso, escreva a forma geral de cada uma das seqüências.

a) $1/2,\ 2/3,\ 3/4,\ 4/5,\ldots$; ;b) $1,\ -1/2,\ 1/3,\ -1/4\ldots$;

c) $1,\ 1/4,\ 1/9,\ 1/16,\ldots$; d) $1,\ -1/2,\ 1/6,\ -1/24,\ 1/120,\ldots$

3. Use a Definição 4.1 para provar que

$$\text{a) } \lim \frac{n}{n^2+1} = 0; \quad \text{b) } \lim \frac{2n^2}{n^2+7} = 2; \quad \text{c) } \lim \frac{3n\sqrt{n}}{n\sqrt{n}+5} = 3.$$

4. Descubra o limite de cada uma das seqüências seguintes e, em seguida, demonstre que o suposto limite satisfaz a Definição 4.1.

$$\text{a) } a_n = \frac{n \cos\sqrt{n^2+7}}{n^2+1}; \quad \text{b) } a_n = \frac{\sqrt{n}(1+8\sqrt{n})}{4n-1}; \quad \text{c) } a_n = \frac{n^3-1}{2n^3-n}.$$

5. (Unicidade do limite) Prove que uma seqüência só pode convergir para um único limite.

6. Prove que se a_n tem limite L, então $|a_n|$ tem limite $|L|$. Dê exemplo de uma seqüência (a_n) tal que $|a_n|$ converge, mas não a_n.

7. Sejam (a_n) e (b_n) duas seqüências tais que $|a_n - a| < C|b_n|$, onde a é um certo número real e C uma constante positiva. Usando a definição de limite, mostre que se $b_n \to 0$ então $a_n \to a$.

8. Prove que se (a_n) é uma seqüência que converge para zero e (b_n) uma seqüência limitada, não necessariamente convergente, então $(a_n b_n)$ converge para zero.

9. Prove que a seqüência $a_n = \sqrt{n+h} - \sqrt{n}$ tende a zero.

10. Faça o mesmo para a seqüência $a_n = a^n$, onde $0 < a < 1$.

11. Supondo que $a_n \geq 0$ para todo n e $a_n \to 0$, prove que $\sqrt{a_n} \to 0$.

12. Supondo que $a_n \to L > 0$, prove que $a_n > 0$ a partir de um certo N.

13. Prove os ítens a) e b) do Teorema 4.8. Generalize a propriedade da soma, provando que o limite de uma soma qualquer de seqüências convergentes é a soma dos limites. Generalize também a propriedade do produto para o caso de vários fatores.

14. Prove que se (a_n) é uma seqüência convergente, com $a_n \leq b$, então $\lim a_n \leq b$. Mostre com contra-exemplo que, mesmo que seja $a_n < b$, não é verdade, em geral, que $\lim a_n < b$. Enuncie e demonstre propriedade análoga no caso $a_n > b$.

15. Sejam (a_n) e (b_n) seqüências convergentes, com $a_n \leq b_n$. Prove que $\lim a_n \leq \lim b_n$. Mostre por meio de contra-exemplo que também aqui pode ocorrer a igualdade dos limites mesmo que seja $a_n < b_n$. [Observe que o exercício anterior é um caso particular deste, com seqüência $(b_n) = (b, b, \ldots.)$]

16. **(Critério de confronto** ou **Teorema da seqüência intercalada).** Sejam (a_n), (b_n) e (c_n) três seqüências tais que $a_n \leq b_n \leq c_n$, (a_n) e (c_n) convergindo para o mesmo limite L. Demonstre que (b_n) também converge para L.

17. Prove que $\sqrt[n]{\sqrt[n]{n}} \to 1$.

18. A negação da Definição 4.1 é "a_n não converge para L". Mas como escrever essa negação em termos de ε e N?

Sugestões e soluções

2. a) $n/(n+1)$, $n \geq 1$; b) $(-1)^{n+1}/n$, $n \geq 1$, ou $(-1)^n/(n+1), n \geq 0$;

c) $1/n^2$, $n \geq 1$; d) $-(-1)^n/n!$, $n \geq 1$.

3. b) $|a_n - 2| = \dfrac{14}{n^2+7} < \dfrac{14}{n^2}$; c) $|a_n - 3| = \dfrac{15}{n\sqrt{n}+5} < \dfrac{15}{n\sqrt{n}}$.

4. b) $|a_n - 2| = \dfrac{\sqrt{n}+2}{4n-1} \leq \dfrac{\sqrt{n}+2\sqrt{n}}{4n-n} = \dfrac{1}{\sqrt{n}}$.

5. Suponha existirem dois limites distintos, L e L' e tome $\varepsilon < |L - L'|/2$. Então, $|a_n - L| < \varepsilon$ a partir de um certo N_1 e $|a_n - L'| < \varepsilon$ a partir de um certo N_2. Seja $N = \max\{N_1, N_2\}$, de forma que $n > N$ acarreta simultaneamente $n > N_1$ e $n > N_2$. Assim, $n > N$ acarreta $|L - L'| = |(L - a_n) + (a_n - L')| \leq |a_n - L| + |a_n - L'| < 2\varepsilon < |L - L'|$, o que é absurdo.

9. Multiplique numerador e denominador pela soma das raízes que aparecem na definição da seqüência.

10. Como $b = 1/a > 1$, $b = 1 + c$, com $c > 0$. Então,

$$b^n = \frac{1}{a^n} = (1+c)^n > 1 + nc > nc; \quad \text{logo, } a^n < \frac{1}{nc}.$$

Outro modo, utilizando o logaritmo, baseia-se no seguinte:

$$a^n < \varepsilon \Leftrightarrow n \log a < \log \varepsilon \Leftrightarrow n > \frac{\log \varepsilon}{\log a}.$$

Nesta última passagem, ao dividir a desigualdade por $\log a$, levamos em conta que esse número é negativo, daí a mudança de sinal da desigualdade.

11. Deseja-se provar que $\sqrt{a_n} < \varepsilon$ a partir de um certo N. Observe que isto equivale a $a_n < \varepsilon^2$.

12. Use o Teorema 4.6.

13. Observe que $|(a_n + b_n) - (a + b)| \leq |a_n - a| + |b_n - b|$.

15. A seqüência $a_n = 1/n$ satisfaz $a_n > 0$; no entanto, $\lim a_n = 0$.

17. Use o critério de confronto, notando que $1 \leq \sqrt[n]{\sqrt[n]{n}} \leq \sqrt[n]{n}$.

18. "Existe um $\varepsilon > 0$ tal que, qualquer que seja o número natural N, existe um índice $n > N$ tal que $|a_n - L| > \varepsilon$". Isto é o mesmo que: "Existe um $\varepsilon > 0$ tal que, qualquer que seja o número natural N, existe uma infinidade de índices $n > N$ tais que $|a_n - L| > \varepsilon$".

4.3 Seqüências monótonas

Há pouco vimos que toda seqüência convergente é limitada. Mas nem toda seqüência limitada é convergente, como podemos ver através de exemplos simples como os seguintes:

1) $a_n = (-1)^n$ assume alternadamente os valores $+1$ e -1, portanto, não converge para nenhum desses valores;

2) $a_n = (-1)^n(1 + 1/n)$ é um exemplo parecido com o anterior, mas agora a seqüência assume uma infinidade de valores, formando um conjunto de pontos que se acumulam em torno de -1 e $+1$. Mas a seqüência não converge para nenhum desses valores. Se ela fosse simplesmente $1 + 1/n$, então convergiria para o número 1.

Veremos, entretanto, que há uma classe importante de seqüências limitadas — as chamadas seqüências "monótonas" — que são convergentes.

4.11. Definições. *Diz-se que uma seqüência* (a_n) *é crescente se*

$$a_1 < a_2 < \ldots < a_n < \ldots;$$

e decrescente se

$$a_1 > a_2 > \ldots > a_n > \ldots$$

Diz-se que a seqüência é não-decrescente se $a_1 \leq a_2 \leq \ldots a_n \leq \ldots$; *e não-crescente se* $a_1 \geq a_2 \geq \ldots \geq a_n \geq \ldots$ *Diz-se que a seqüência é monótona se ela satisfaz qualquer uma dessas condições.*

As seqüências monótonas limitadas são convergentes, como veremos logo a seguir. Esse é o primeiro resultado que vamos estabelecer em cuja demonstração utilizamos a propriedade do supremo. Aliás, foi a necessidade de fazer tal demonstração para "funções monótonas" a principal motivação que teve Dedekind em sua construção dos números reais. (Veja o Teorema 6.14, p. 152.)

4.12. Teorema. *Toda seqüência monótona e limitada é convergente.*

Demonstração. Consideremos, para fixar as idéias, uma seqüência não decrescente (a_n); portanto, limitada inferiormente pelo elemento a_1. A hipótese de ser limitada significa que ela é limitada superiormente; logo, seu conjunto de valores possui supremo S. Vamos provar que esse número S é o limite de a_n.

Dado $\varepsilon > 0$, existe um elemento da seqüência, com um certo índice N, tal que $S - \varepsilon < a_N \leq S$. Ora, como a eqüência é não decrescente, $a_N \leq a_n$ para todo $n > N$, de sorte que

$$n > N \Rightarrow S - \varepsilon < a_n \leq S < S + \varepsilon,$$

que é o que desejávamos demonstrar.

A demonstração do teorema no caso de uma seqüência não crescente é análoga e fica para os exercícios.

O número e

Um importante exemplo de seqüência monótona é a seqüência que vamos considerar a seguir, e que define o número e, base dos logaritmos naturais.[2]

Esse número surgiu na Matemática pela primeira vez no início do século XVIII, na consideração de um problema de juros compostos instantaneamente (veja a Seção 9.3 de [1]). Nesse contexto ele é definido mediante o limite

$$e = \lim \left(1 + \frac{1}{n}\right)^n.$$

Trata-se de uma forma indeterminada do tipo 1^∞, pois, enquanto o expoente tende a infinito, a base $1 + 1/n$ tende decrescentemente a 1.

Vamos provar que a seqüência que define e é crescente e limitada; portanto, tem limite. Pela fórmula do binômio de Newton,

$$\begin{aligned} a_n &= \left(1+\frac{1}{n}\right)^n = \sum_{r=0}^{n} \binom{n}{r} \frac{1}{n^r} = 1 + \sum_{r=1}^{n} \frac{n(n-1)\ldots(n-[r-1])}{r!} \cdot \frac{1}{n^r} \\ &= 1 + \sum_{r=1}^{n} \frac{1}{r!}\left(1-\frac{1}{n}\right)\left(1-\frac{2}{n}\right)\ldots\left(1-\frac{r-1}{n}\right). \qquad (4.7) \end{aligned}$$

Substituindo n por $n+1$ nesta última expressão, obtemos

$$a_{n+1} = 1 + \sum_{r=1}^{n+1} \frac{1}{r!}\left(1-\frac{1}{n+1}\right)\left(1-\frac{2}{n+1}\right)\ldots\left(1-\frac{r-1}{n+1}\right).$$

Desprezando o último termo desta última somatória estaremos somando até $r = n$, como em (4.7). Observando ainda que cada fator entre parênteses que aí aparece, é maior que os fatores correspondentes em (4.7), concluímos que $a_{n+1} > a_n$, provando que a seqüência (a_n) é efetivamente crescente.

Para provar que ela é limitada, basta observar que cada parênteses que aparece em (4.7) é menor do que 1, de sorte que, sendo $n > 1$,

$$a_n < \sum_{r=1}^{n} \frac{1}{r!} = 2 + \frac{1}{2!} + \ldots + \frac{1}{n!} < 2 + \frac{1}{2} + \frac{1}{2^2} + \ldots + \frac{1}{2^{n-1}} < 3. \qquad (4.8)$$

[2]Alguns autores confundem "logaritmo natural" com "logaritmo neperiano"; e por isso acabam atribuindo a Neper a introdução do número e na Matemática, o que não é verdade.

Sendo crescente e limitada, (a_n) tem limite, que é o número e. Fica claro também que esse número está compreendido entre 2 e 3.

Em seguida, vamos provar que

$$e = \lim\left(2 + \frac{1}{2!} + \ldots + \frac{1}{n!}\right) \tag{4.9}$$

Para isso, supondo $m > n$, (4.7) permite escrever

$$\begin{aligned} a_m &= 1 + \sum_{r=1}^{m} \frac{1}{r!}\left(1 - \frac{1}{m}\right)\left(1 - \frac{2}{m}\right)\ldots\left(1 - \frac{r-1}{m}\right) \\ &> 1 + \sum_{r=1}^{n} \frac{1}{r!}\left(1 - \frac{1}{m}\right)\left(1 - \frac{2}{m}\right)\ldots\left(1 - \frac{r-1}{m}\right). \end{aligned}$$

Fazendo $m \to \infty$ obtemos (observe que o sinal "$>$" deveria passar a ser "$\geq$", pelo que vimos no Exercício 15 atrás. No entanto, como n é arbitrário, continua valendo a desigualdade estrita)

$$e > 1 + \sum_{r=1}^{n} \frac{1}{r!} = 2 + \frac{1}{2!} + \ldots + \frac{1}{n!}.$$

Agora fazemos $n \to \infty$, donde resulta

$$e \geq \lim\left(2 + \frac{1}{2!} + \ldots + \frac{1}{n!}\right).$$

Por outro lado, fazendo $n \to \infty$ em (4.8), obtemos

$$e \leq \lim\left(2 + \frac{1}{2!} + \ldots + \frac{1}{n!}\right),$$

e destas duas últimas desigualdades segue o resultado anunciado em (4.9).

Finalmente, vamos provar que $e = \lim\left(1 - \dfrac{1}{n}\right)^{-n}$. Para isso, introduzimos $m = n - 1$ e notamos que

$$1 - \frac{1}{n} = \frac{n-1}{n} = \frac{1}{n/(n-1)} = \frac{1}{(m+1)/m} = \frac{1}{1 + 1/m};$$

$$\left(1 - \frac{1}{n}\right)^{-n} = \left(1 + \frac{1}{m}\right)^{n} = \left(1 + \frac{1}{m}\right)^{m}\left(1 + \frac{1}{m}\right),$$

e esta última expressão tende a e quando fazemos m tender a infinito (o que também equivale a fazer n tender a infinito). Em vista disso podemos escrever:

$$e = \lim_{n \to \pm\infty}\left(1 + \frac{1}{n}\right)^{n}.$$

Subseqüências

Quando eliminamos um ou vários termos de uma dada seqüência, obtemos o que se chama uma "subseqüência" da primeira. Assim, a seqüência dos números pares positivos é uma subseqüência da seqüência dos números naturais. O mesmo é verdade da seqüência dos números ímpares positivos; da seqüência dos números primos; ou da seqüência 1, 3, 20, 37, 42, 47, ..., isto é, 1, 3, 20 e, a partir de $n \geq 4$, $a_n = 5n + 17$.

Uma definição precisa do conceito de subseqüência é dada a seguir.

4.13. Definição. *Uma subseqüência de uma dada seqüência (a_n) é uma restrição dessa seqüência a um subconjunto infinito* **N'** *do conjunto* **N** *dos números naturais. Dito de outra maneira, uma subseqüência de (a_n) é uma seqüência* do tipo $(b_j) = (a_{n_j})$, *onde (n_j) é uma seqüência crescente de inteiros positivos, isto é, $n_1 < n_2 < \ldots$*

Como conseqüência dessa definição, $1 \leq n_1$, $2 \leq n_2, \ldots$, e, em geral, $j \leq n_j$. Mas, como $j < n_j$ para algum j (a não ser que a subseqüência seja a própria seqüência dada), esta desigualdade permanecerá válida para todos os índices subseqüentes ao primeiro índice para o qual ela ocorrer.

A seqüência $(a_n) = (-1)^n(1 + 1/n)$ tem subseqüências (a_{2n}), (a_{4n}), (a_{6n}) etc., todas convergindo para 1; e subseqüências (a_{2n-1}), (a_{4n-1}), (a_{6n-1}) etc., todas convergindo para -1. Mas tem também subseqüências divergentes, como $(a_{n^2}) = (a_1, a_4, a_9, a_{16}, \ldots) = (-2, 5/4, -10/9, 17/16, \ldots)$.

4.14. Teorema. *Se uma seqüência (a_n) converge para um limite L, então toda sua subseqüência (a_{n_j}) também converge para L.*

Demonstração. Como $a_n \to L$, dado qualquer $\varepsilon > 0$, existe N tal que $n > N \Rightarrow |a_n - L| < \varepsilon$. Mas, $n_j \geq j$, de forma que $j > N \Rightarrow n_j > N$; portanto, $j > N \Rightarrow |a_{n_j} - L| < \varepsilon$, o que completa a demonstração.

Limites infinitos

Certas seqüências, embora não convergentes, apresentam regularidade de comportamento, o termo geral tornando-se ou arbitrariamente grande ou arbitrariamente pequeno com o crescer do índice. Diz-se então que a seqüência *diverge* para $+\infty$ ou para $-\infty$ respectivamente. Damos a seguir as definições precisas desses conceitos.

4.15. Definições. *Diz-se que a seqüência(a_n) diverge (ou tende) para $+\infty$*

e escreve-se $\lim a_n = +\infty$ *ou* $\lim a_n = \infty$ *se, dado qualquer número positivo* k, *existe* N *tal que* $n > N \Rightarrow a_n > k$. *Analogamente,* (a_n) *diverge (ou tende) para* $-\infty$ *se, dado qualquer número negativo* k, *existe* N *tal que* $n > N \Rightarrow a_n < k$; *neste caso, escreve-se* $\lim a_n = -\infty$.

Por exemplo, é fácil verificar, à luz dessas definições, que as seqüências $a_n = n$, $a_n = n^2 + 1$ e $a_n = \sqrt{n}$ tendem, todas elas, a $+\infty$, enquanto que $a_n = -n$, $a_n = 3 - n^2$ e $a_n = 6 - \sqrt{n}$ tendem a $-\infty$.

As propriedades listadas no teorema seguinte são de fácil demonstração e ficam para os exercícios.

4.16. Teorema. *a)* $a_n \to +\infty \Leftrightarrow -a_n \to -\infty$.

b) Seja (a_n) *uma seqüência não limitada. Sendo não decrescente, ela tende a* $+\infty$; *e sendo não crescente, ela tende a* $-\infty$.

c) Se $\lim a_n = \pm\infty$, *então* $1/a_n$ *tende a zero.*

d) Se $\lim a_n = 0$, *então* $1/a_n$ *tende a* $+\infty$ *se* $a_n > 0$, *e tende a* $-\infty$ *se* $a_n < 0$.

e) Se (b_n) *é uma seqüência limitada e* $a_n \to +\infty$ *ou a* $-\infty$, *então a seqüência* $(a_n + b_n)$ *tende a* $+\infty$ *ou a* $-\infty$ *respectivamente.*

f) Se $a_n \to +\infty$ *e* $b_n \geq c$, *onde* c *é um número positivo, então* $a_n b_n \to +\infty$. *(Em particular,* $a_n \to +\infty$ *e* $b_n \to +\infty \Rightarrow a_n b_n \to +\infty$.*) Formule e demonstre as outras possibilidades:* $a_n \to +\infty$ *e* $b_n \leq c < 0$, $a_n \to -\infty$ *e* $b_n \geq c > 0$, $a_n \to -\infty$ *e* $b_n \leq c < 0$.

g) Se $a_n \to +\infty$ *e* $a_n \leq b_n$, *então* $b_n \to +\infty$.

4.17. Exemplo. A seqüência a^n, com $a > 1$, tende a infinito. De fato, $0 < 1/a < 1$, de forma que, pelo Exercício 10 atrás, $(1/a)^n = 1/a^n$ tende a zero; logo, pelo item d) do teorema anterior, $a^n \to \infty$.

Podemos também raciocinar assim: $a = 1 + h$, onde $h > 0$. Então $a^n = (1+h)^n > 1 + nh > nh > k \Leftrightarrow n > k/h$.

Outro modo de tratar esse limite faz uso do logaritmo, assim:

$$a^n > k \Leftrightarrow n \log a > \log k \Leftrightarrow n > \frac{\log k}{\log a}$$

Outra maneira ainda apóia-se na igualdade $a^n = e^{(\log a)n}$, pressupondo o conhecimento da função exponencial e de suas propriedades; em particular, a propriedade segundo a qual $e^{(\log a)x}$ tende a infinito com $x \to \infty$. Como a seqüência em pauta é uma restrição dessa função ao domínio dos números naturais, é claro que ela também tende a infinito.

4.18. Exemplo. A seqüência $a_n = n^k$, onde k é um inteiro positivo, tende a infinito por ser o produto de k fatores que tendem a infinito. No entanto, ela tende a infinito"mais devagar" do que a^n ($a > 1$, evidentemente). Podemos ver isso considerando a razão $r_n = n^k/a^n$ como restrição da função

$$f(x) = \frac{x^k}{a^x} = \frac{x^k}{e^{(\log a)x}},$$

a qual, como sabemos do Cálculo, tende a zero com $x \to \infty$. Concluímos assim que r_n tende a zero, e é isso o significado preciso de dizer que o numerador n^k tende a infinito "mais devagar" do que a^n.

Outro modo de tratar a mesma questão baseia-se na propriedade do Exercício 10 adiante. Para isso basta observar que

$$\frac{r_{n+1}}{r_n} = \frac{1}{a}\left(1 + \frac{1}{n}\right)^k \to \frac{1}{a} < 1.$$

4.19. Exemplo. Mostraremos agora que a seqüência a^n, com $a > 1$, tende a infinito mais devagar que $n!$ Para isso, notamos que, sendo $n > N$,

$$\frac{a^n}{n!} = \left(\frac{a}{1} \cdot \frac{a}{2} \cdots \frac{a}{N}\right)\left(\frac{a}{N+1} \cdot \frac{a}{N+2} \cdots \frac{a}{n}\right).$$

Fixando N tal que $a/N < 1/2$, cada um dos $n - N$ fatores do segundo parênteses será inferior a $1/2$; logo,

$$\frac{a^n}{n!} < \left(\frac{a}{1} \cdot \frac{a}{2} \cdots \frac{a}{N}\right)2^{N-n} = 2^{-n}c,$$

onde $c = (2a)^N/N!$ é uma constante que só depende de N, que já está fixado. Essa desigualdade prova então que a razão de a^n para $n!$ tende a zero, significando que a primeira dessas seqüências tende a infinito mais devagar que a segunda.

4.20. Exemplo. Provemos finalmente que a seqüência $n!$ é ainda mais vagarosa que n^n. De fato, basta notar que

$$\frac{n!}{n^n} = \frac{1}{n} \cdot \frac{2}{n} \cdots \frac{n}{n} < \frac{1}{n} \to 0.$$

Em vista dos três últimos exemplos acima, vemos que (sendo $a > 1$),

$$\lim \frac{n^k}{a^n} = 0; \quad \lim \frac{a^n}{n!} = 0; \quad \lim \frac{n!}{n^n} = 0. \tag{4.10}$$

Na linguagem sugestiva que vimos usando, isso significa que, embora as quatro seqüências n^k, a^n, $n!$ e n^n tendam todas a infinito, cada uma tende a infinito mais devagar do que a seguinte.

Seqüências recorrentes

Freqüentemente o termo geral de uma seqüência é definido por uma função de um ou mais de seus termos precedentes. A seqüência se chama, então, apropriadamente, *indutiva* ou *recorrente.* Veremos a seguir um exemplo interessante de seqüência recorrente. Outros exemplos são dados nos exercícios.

4.21. Exemplo. Consideramos aqui uma seqüência que tem origem num método de extração da raiz quadrada, aparentemente já conhecido na Mesopotâmia de 18 séculos antes de Cristo! Dado um número positivo qualquer N, deseja-se achar um número a tal que $a \cdot a = N$. Acontece que, em geral, não dispomos do valor exato da raiz, e o número a é apenas um valor aproximado. Sendo assim, o fator que deve multiplicar a para produzir N não é necessariamente a, mas sim o número N/a. Então, em vez de $a \cdot a = N$, temos

$$a \cdot \frac{N}{a} = N.$$

Vemos, nesse produto, que se o fator a aumenta, o fator N/a diminui; e se a diminui, N/a aumenta. O valor desejado de a é aquele que faz com que ele seja igual a N/a, quando será a raiz quadrada exata de N. Em geral, sendo a uma raiz aproximada por falta, N/a será raiz aproximada por excesso e vice-versa, de sorte que a raiz exata está compreendida entre um e outro desses fatores. Daí a idéia de tomar a média aritmética deles, isto é,

$$a_1 = \frac{1}{2}\left(a + \frac{N}{a}\right),$$

como um valor que talvez seja melhor aproximação de $\sqrt{N}$ do que o valor original a. Segundo esse argumento, é de se esperar que

$$a_2 = \frac{1}{2}\left(a_1 + \frac{N}{a_1}\right)$$

seja melhor aproximação ainda. Prosseguindo dessa maneira, construímos a seqüência *recorrente*

$$a_0 = a; \quad a_n = \frac{1}{2}\left(a_{n-1} + \frac{N}{a_{n-1}}\right), \quad n = 1,\, 2, \ldots$$

É notável que essa seqüência, cujas origens datam de tão alta antigüidade, seja talvez o mais eficiente método de extração da raiz quadrada, como se prova com relativa facilidade. (Veja o Exercício 20 adiante.)

Exercícios

1. Seja (a_n) uma seqüência monótona que possui uma subseqüência convergindo para um limite L. Prove que (a_n) também converge para L.

2. Construa uma seqüência monótona convergente de números irracionais.

3. Sejam N_1 e N_2 subconjuntos infinitos e disjuntos do conjunto dos números naturais $\mathbf{N}$, cuja união é o próprio $\mathbf{N}$. Seja (a_n) uma seqüência cujas restrições a N_1 e N_2 convergem para o mesmo limite L. Prove que (a_n) converge para L.

4. Construa uma seqüência que tenha uma subseqüência convergindo para -3 e outra convergindo para 8.

5. Construa uma seqüência que tenha três subseqüências convergindo, cada uma para cada um dos números 3, 4, 5.

6. Generalize o exercício anterior: dados os números $L_1,\ L_2, \ldots, L_k$, distintos entre si, construa uma seqüência que tenha k subseqüências, cada uma convergindo para cada um desses números.

7. Construa uma seqüência que tenha subseqüências convergindo, cada uma para cada um dos números inteiros positivos.

8. Construa uma seqüência que tenha subseqüências convergindo, cada uma para cada um dos números reais.

9. Prove que se $a_n > 0$ e $a_{n+1}/a_n \le c$, onde $c < 1$, então $a_n \to 0$.

10. Prove que se $a_n > 0$ e $a_{n+1}/a_n \to c$, onde $c < 1$, então $a_n \to 0$.

11. Demonstre o teorema 4.16.

12. Prove que se $a_n \to +\infty$ e $b_n \to L > 0$, então $a_n b_n \to +\infty$. Examine também as demais combinações de $a_n \to \pm\infty$ com L positivo ou negativo.

13. Prove que $5n^3 - 4n^2 + 7$ tende a infinito.

14. Prove que um polinômio $p(n) = a_k n^k + a_{k-1} n^{k-1} + \ldots + a_1 n + a_0$ tende a $\pm\infty$ conforme a_k seja positivo ou negativo, respectivamente.

15. Seja $p(n)$ como no exercício anterior, com $a_k > 0$. Mostre que $\sqrt[n]{p(n)} \to 1$.

16. Mostre que $\sqrt{n^2+1} - \sqrt{n+h} \to \infty$.

17. Mostre que $\sqrt[n]{n!} \to \infty$.

18. Considere a seqüência assim definida: $a_1 = \sqrt{2}$ e $a_n = \sqrt{2 + a_{n-1}}$ para $n > 1$. Escreva explicitamente os primeiros quatro ou cinco termos dessa seqüência. Prove que ela é uma seqüência convergente e calcule seu limite.

19. Generalize o exercício anterior considerando a seqüência assim definida: $a_1 = \sqrt{a}$, $a_n = \sqrt{a + a_{n-1}}$, onde $a > 0$.

20. Dado um número $N > 0$ e fixado um número qualquer $a_0 = a$, seja $a_n = (a_{n-1} + N/a_{n-1})/2$ para $n > 1$. Prove que, com exceção eventualmente de a_0, essa seqüência é decrescente. Prove que ela aproxima $\sqrt{N}$ e dê uma estimativa do erro que se comete ao se tomar a_n como aproximação de $\sqrt{N}$.

21. **(Divisão áurea).** Já vimos (p. 51) que um ponto A_1 de um segmento OA efetua a divisão áurea desse segmento se $OA/OA_1 = OA_1/A_1A$. Vimos também que o número ϕ, raiz positiva de $\phi^2 - \phi - 1 = 0$ $[= (\sqrt{5}+1)/2 \approx 1,618]$, é chamado *razão áurea* e $\varphi = 1/\phi \approx 0,618$, *número áureo* (p. 50). Considere um eixo de coordenadas com origem O, $a_0 = 1$ a abscissa de A $(= A_0)$ e $a_1 = \varphi$ a abscissa de A_1. Construa a seqüência de pontos A_n com abscissa $a_n = a_{n-2} - a_{n-1}$, $n \geq 2$. Prove (como já anunciamos na referida p. 51) que A_n efetua a divisão áurea do segmento OA_{n-1} e que $a_n \to 0$. Observe que os pares $(a_0,\, a_1)$, $(a_1,\, a_2)$, $(a_2,\, a_3)$, etc., são os lados de retângulos áureos, como na construção de uma infinidade de retângulos áureos da p. 50. Escreva os primeiros dez termos da seqüência a_n.

22. **(Seqüência de Fibonacci).** (Veja a explicação da origem dessa seqüência em nosso artigo na RPM 6 ou no artigo do Prof. Alberto Azevedo na RPM 45.) Defina f_n indutivamente assim: $f_0 = f_1 = 1$ e $f_n = f_{n-2} + f_{n-1}$. Escreva os primeiros dez elementos dessa seqüência e observe que, pelo menos para os primeiros valores de n, vale a relação: $a_n = (-1)^n(f_{n-2} - \varphi f_{n-1})$, onde a_n é a seqüência do exercício anterior. Prove, por indução, que essa relação é válida para todo $n \geq 2$. Prove que a seqüência $x_n = f_n/f_{n+1}$ é convergente e seu limite é o número áureo.

Sugestões e soluções

4. A seqüência $a_{2n} = -3$ e $a_{2n+1} = 8$ resolve. Construa outro exemplo.

5. Dado $n \in \mathbf{N}$, seja r_n o resto de sua divisão por 3. Verifique que a seqüência $a_n = r_n + 3$ resolve o problema.

6. Seja r_n o resto da divisão de n por k. $a_n = L_{r_n}$ resolve; explique por quê.

7. Construa a seqüência assim: 1; depois 1, 2; depois 1, 2, 3; depois 1, 2, 3, 4; e assim por diante, de forma que a seqüência é: 1, 1, 2, 1, 2, 3, 1, 2, 3, 4,... Outro modo: decomponha o conjunto dos números naturais $\mathbf{N}$ numa união de conjuntos infinitos e disjuntos N_1, $N_2, \ldots$ Por exemplo. N_1 pode ser o conjunto dos números ímpares, $N_2 = 2N_1$, $N_3 = 2^2N_1, \ldots$; e, em geral, $N_n = 2^{n-1}N_1$. Verifique que esses N_n são realmente disjuntos e todo número natural está em um deles. Em seguida defina a seqüência assim: $a_n = m$ se $n \in N_m$. Outro modo: considere uma seqüência $r_1, r_2, r_3, \ldots$, obtida por enumeração de todos os números racionais. Observe que este exemplo também responde às exigências dos Exercícios 4 a 6. Observe também que as soluções dadas naqueles exercícios resultavam em subseqüências constantes, ao passo que os termos de r_n são todos diferentes entre si.

8. A seqüência (r_n) do exercício anterior resolve. Outra solução, ainda com a notação do exercício anterior: defina $a_n = r_m$ se $n \in N_m$.

10. Utilize o Teorema 4.6, tomando, por exemplo, $B = c + (1-c)/2$.

14. Observe que $p(n) = a_k n^k(1+\ldots) = a_k n^k b_n$, onde b_n é a expressão entre parênteses, que tende a 1.

17. Observe que $\sqrt[n]{n!} > K \Leftrightarrow n! > K^n$. Agora lembre-se de que $n!$ tende a infinito mais depressa do que K^n, qualquer que seja K.

18. Supondo por um momento que (a_n) convirja para um certo L, passamos ao limite em $a_n^2 = 2 + a_{n-1}$, resolvemos a equação resultante e achamos $L = 2$. (Mas *é preciso* provar a existência do limite! Veja este exemplo: a seqüência 1, 3, 7, 15, 31,...; em geral, $a_n = 2a_{n-1} + 1$, evidentemente não converge; logo, não podemos simplesmente passar ao limite nessa última igualdade para obter $L = 2L + 1$, ou $L = -1$.) Prove que a seqüência dada é crescente e limitada superiormente por 2.

19. Seja $b = \max\{a, \sqrt{a}, 2\}$. Claramente, $a_1 \le b$ e, supondo $a_n \le b$, teremos $a_{n+1} \le \sqrt{a+b} \le \sqrt{2b} \le 2b$. Isso prova que a seqüência é limitada superiormente. Prova-se também que ela é crescente, notando que $a_2 > a_1$ e que, supondo $a_n > a_{n-1}$, então $a_{n+1} = \sqrt{a + a_n} > \sqrt{a + a_{n-1}} = a_n$. Agora é só passar ao limite na fórmula de definição e achar a raiz positiva de $L^2 = a + L$, isto é, $L = (1 + \sqrt{1+4a})/2$.

20. Por um cálculo simples, $a_1 - \sqrt{N} = (a - \sqrt{N})^2/2a$. Isto prova que $a_1 > \sqrt{N}$ (mesmo que $a < \sqrt{N}$). Além disso, se $a > \sqrt{N}$,

$$a_1 - \sqrt{N} = \frac{(a-\sqrt{N})^2}{2a} = \frac{a-\sqrt{N}}{2a}(a-\sqrt{N}) < \frac{1}{2}(a-\sqrt{N}) < a - \sqrt{N},$$

mostrando que $\sqrt{N} < a_1 < a$. Com o mesmo tipo de raciocicínio, mesmo que a seja menor do que $\sqrt{N}$, prova-se que $\sqrt{N} < a_{n+1} < a_n < \ldots < a_1$ e que

$$0 < a_{n+1} - \sqrt{N} < \frac{1}{2}(a_n - \sqrt{N}) < \ldots < \frac{a_1 - \sqrt{N}}{2^n}.$$

21. Das definições dadas segue-se que

$$\frac{a_1}{a_0} = \frac{a_2}{a_1} = \frac{a_1 - a_2}{a_0 - a_1}, \quad \text{donde} \quad \frac{OA_2}{OA_1} = \frac{A_2A_1}{OA_2},$$

mostrando que A_2 divide OA_1 na razão áurea. Com raciocínio análogo prova-se, por indução, que A_n divide $0A_{n-1}$ na razão áurea. Para provar que $a_n \to 0$, prove que

$$\varphi = \frac{a_1}{a_0} = \frac{a_2}{a_1} = \frac{a_3}{a_2} = \ldots = \frac{a_n}{a_{n-1}},$$

e conclua que $a_n = \varphi^n$.

22. Como já observamos, a relação $a_n = (-1)^n(f_{n-2} - \varphi f_{n-1})$ é válida para os primeiros valores de n; na verdade, basta saber que vale para $n = 2$. Vamos provar que se ela valer para $n = 2, 3, \ldots, k$, ela deve valer para $n = k + 1$. Por definição, $a_{k+1} = a_{k-1} - a_k$; e como a relação que desejamos provar vale para $n = 2, 3, \ldots, k$, temos:

$$a_{k+1} = a_{k-1} - a_k = (-1)^{k-1}(f_{k-3} - \varphi f_{k-2}) - (-1)^k(f_{k-2} - \varphi f_{k-1});$$

mas $(-1)^{k-1} = (-1)^{k+1}$ e $(-1)^k = -(-1)^{k+1}$, de forma que

$$\begin{aligned} a_{k+1} &= (-1)^{k+1}(f_{k-3} - \varphi f_{k-2} + f_{k-2} - \varphi f_{k-1}) \\ &= (-1)^{k+1}[f_{k-3} + f_{k-2} - \varphi(f_{k-2} + f_{k-1})] \\ &= (-1)^{k+1}(f_{k-1} - \varphi f_k), \end{aligned}$$

o que completa a demonstração. A parte final do exercício fica por conta do leitor.

4.4 Intervalos encaixados

Veremos a seguir uma importante conseqüência da propriedade do supremo.

4.22. Teorema dos intervalos encaixados. *Consideremos uma família de intervalos encaixados, isto é, intervalos $I_n = [a_n, b_n]$, $n = 1, 2, 3, \ldots$ tais que $I_1 \supset I_2 \supset \ldots \supset I_n \supset \ldots$. Então existe pelo menos um número c pertencendo a todos os intervalos I_n (ou, o que é o mesmo, $c \in I_1 \cap I_2 \cap \ldots \cap I_n \cap \ldots$). Se, além das hipóteses feitas, o comprimento $|I_n| = b_n - a_n$ do n-ésimo intervalo tender a zero, então o número c será único, isto é, $I_1 \cap I_2 \cap \ldots \cap I_n \cap \ldots = \{c\}$.*

Demonstração. É claro que as seqüências (a_n) e (b_n) são, respectivamente, não decrescente e não crescente. Além disso, como

$$a_1 \leq a_n < b_n \leq b_1,$$

vemos que (a_n) é limitada à direita por b_1 e (b_n) é limitada à esquerda por a_1; logo, essas duas seqüências possuem limites, digamos, A e B respectivamente. Como $a_n < b_n$, é claro que

$$a_n \leq A \leq B \leq b_n.$$

Isso significa que $[A, B] \subset I_n$ para todo n. Então, se $A < B$, a interseção dos intervalos I_n é o próprio intervalo $[A, B]$; e se $A = B$ (como é o caso se $b_n - a_n$ tende a zero), essa interseção é o número $c = A = B$. Isso completa a demonstração.

A condição de que os intervalos I_n sejam fechados é essencial no teorema anterior. Por exemplo, os intervalos $I_n = (0,\, 1/n)$ são encaixados e limitados, mas não são fechados. É fácil ver que sua interseção é vazia, não havendo um só número que pertença a todos esses intervalos. É também essencial que os intervalos sejam limitados. Por exemplo, $I_n = [n,\, \infty)$ é uma família de intervalos fechados e encaixados, mas sua interseção é vazia; eles não são limitados.

Pontos aderentes e teorema de Bolzano-Weierstrass

Já vimos que se uma seqüência converge para um certo limite, qualquer subseqüência sua converge para esse mesmo limite. Quando a seqüência não converge, nem tende para $+\infty$ ou $-\infty$, diz-se que ela é *oscilante*. De fato, como veremos, nesse caso ela sempre terá várias subseqüências, cada uma tendendo para um limite diferente. Por exemplo, as seqüências $(-1)^n$, $(-1)^n(1 + 1/n)$, e $(-1)^n(1 - 1/n)$ possuem, todas elas, subseqüências convergindo ou para $+1$ ou para -1. Esses números são chamados *valores de aderência* da seqüência sob consideração.

4.23. Definição. *Diz-se que L é um valor de aderência ou ponto de aderência de uma dada seqüência (a_n) se (a_n) possui uma subseqüência convergindo para L.*

Quando a seqüência não é limitada, seus elementos podem se espalhar por toda a reta, distanciando-se uns dos outros, como acontece com $a_n = n$, $a_n = 1 - n$ ou $a_n = (-1)^n(2n + 1)$. Em casos como esses não há, é claro, pontos aderentes.

Se a seqüência for limitada, estando seus elementos confinados a um intervalo $[A,\, B]$, eles são forçados a se acumularem em um ou mais "lugares" desse intervalo, o que resulta em um ou mais pontos aderentes da seqüência. Esse é o conteúdo do teorema que consideramos a seguir. O leitor pode observar que sua demonstração está baseada na propriedade do supremo, via teorema dos intervalos encaixados.

4.24. Teorema (de Bolzano-Weierstrass). *Toda seqüência limitada (a_n) possui uma subseqüência convergente.* (Veja a versão original desse teorema na p. 172.)

Demonstração. Vamos utilizar o chamado método de bisseção, que explicaremos a seguir, no contexto da demonstração. Seja (a_n) uma seqüência limitada, portanto, toda contida num intervalo fechado I, de comprimento c. Dividindo esse intervalo ao meio, obtemos dois novos intervalos (fechados) de mesmo comprimento $c/2$, um dos quais necessariamente conterá infinitos elementos da seqüência; seja I_1 esse intervalo. (Se os dois intervalos contiverem infinitos elementos da seqüência, escolhe-se um deles para ser I_1.) O mesmo procedimento aplicado a I_1 nos conduz a um intervalo fechado I_2, de comprimento $c/2^2$, contendo infinitos elementos da seqüência.

Continuando indefinidamente com esse procedimento, obtemos uma seqüência de intervalos fechados e encaixados I_n, de comprimento $c/2^n$, que tende a zero, cada um contendo infinitos elementos da seqüência a_n. Seja L o elemento que, pelo Teorema 4.22, está contido em todos os intervalos I_n. Agora é só tomar um elemento a_{n_1} da seqüência (a_n) no intervalo I_1, a_{n_2} no intervalo I_2 etc., tomando-os um após outro de forma que $n_1 < n_2 < \ldots$ Assim obtemos uma subseqüência (a_{n_j}) convergindo para L. De fato, dado qualquer $\varepsilon > 0$, seja N tal que $c/2^N < \varepsilon$, de sorte que $I_m \subset (L-\varepsilon,\ L+\varepsilon)$ para $m > N$. Portanto, para $j > N$, n_j será maior do que N (pois $n_j \geq j$), logo, a_{n_j} estará no intervalo $(L-\varepsilon,\ L+\varepsilon)$, o que prova que $a_{n_j} \to L$.

O leitor deve notar que a demonstração pode eventualmente permitir duas escolhas de intervalos em um ou mais estágios da divisão dos intervalos. Isto significa que pode haver uma, duas ou mais subseqüências convergentes, o que significa também que a seqüência original pode ter vários pontos aderentes.

Critério de convergência de Cauchy

O Teorema 4.12 é um "critério de convergência," ou seja, um teorema que permite saber se uma dada seqüência é convergente, sem conhecer seu limite de antemão. Mas ele refere-se a um tipo particular de seqüências, as seqüências monótonas. Em contraste, o teorema seguinte, de caráter geral, é um critério de convergência que se aplica a qualquer seqüência.

4.25. Teorema (critério de convergência de Cauchy). *Uma condição necessária e suficiente para que uma seqüência (a_n) seja convergente é que, dado $\varepsilon > 0$, existe N tal que*

$$n,\ m > N \Rightarrow |a_n - a_m| < \varepsilon. \tag{4.11}$$

Observação. A condição do teorema costuma ser escrita da seguinte maneira equivalente: *dado $\varepsilon > 0$, existe um índice N tal que, para todo inteiro positivo p,*

$$n > N \Rightarrow |a_n - a_{n+p}| < \varepsilon. \tag{4.12}$$

Demonstração. Provar que a condição é necessária significa provar que se (a_n) converge para um limite L, então vale a condição (4.11). Essa é a parte mais fácil do teorema, pois, em vista da hipótese, dado $\varepsilon > 0$, existe N tal que

$$n > N \text{ e } m > N \Rightarrow |a_n - L| < \varepsilon/2 \quad \text{e} \quad |a_m - L| < \varepsilon/2.$$

Daqui e do fato de ser

$$|a_n - a_m| = |(a_n - L) + (L - a_m)| \leq |a_n - L| + |a_m - L|,$$

segue o resultado desejado.

Para provar que a condição é suficiente, a hipótese agora é (4.11). Queremos provar que existe L tal que $a_n \to L$. Não dispomos desse L, temos de provar sua existência. Procedemos provando, primeiro, que a seqüência em pauta é limitada; portanto, por Bolzano-Weierstrass, possui uma subseqüência convergente para um certo número L. Finalmente provamos que $a_n \to L$.

Fixemos um $\varepsilon > 0$ qualquer e façamos $m = N + 1$ em (4.11). Teremos

$$n > N \Rightarrow a_{N+1} - \varepsilon < a_n < a_{N+1} + \varepsilon,$$

donde se vê que a seqüência é limitada. Em conseqüência, pelo teorema de Bolzano-Weierstrass, (a_n) possui uma subseqüência (a_{n_j}) que converge para um certo L. Com o mesmo ε já fixado, fixemos também j suficientemente grande para termos, simultaneamente, $|a_{n_j} - L| < \varepsilon$ e $n_j > N$. Então, como

$$|a_n - L| = |(a_n - a_{n_j}) + (a_{n_j} - L)| \leq |a_n - a_{n_j}| + |a_{n_j} - L|,$$

teremos, finalmente:

$$n > N \Rightarrow |a_n - L| \leq |a_n - a_{n_j}| + |a_{n_j} - L| < \varepsilon + \varepsilon = 2\varepsilon,$$

e isso estabelece o resultado desejado.

4.26. Definição. *Chama-se seqüência de Cauchy toda seqüência que satisfaz uma das condições equivalentes (4.11) e (4.12).*

Como vimos no teorema anterior, seqüências de Cauchy são as seqüências convergentes. Esse tipo de seqüência surgiu no final do século XVIII em conexão com processos numéricos para resolver equações. Por exemplo, uma equação como $x^3 - 8x + 1 = 0$ pode-se escrever na forma $x = (x^3 + 1)/8$, ou $x = f(x)$, onde $f(x) = (x^3 + 1)/8$. Com a equação nesta forma, podemos construir uma seqüência numérica infinita, começando com um certo valor x_1, assim:

$$x_2 = f(x_1), \quad x_3 = f(x_2), \quad x_4 = f(x_3), \quad \text{etc.}$$

Em geral, $x_n = f(x_{n-1})$, com $n = 2, 3, 4, \ldots$ Se for possível provar que essa é uma seqüência de Cauchy, saberemos que ela converge para um certo x_0. Em seguida procura-se provar que x_0 é solução da equação dada, os elementos x_n sendo valores aproximados da solução

O esquema que acabamos de descrever é, na verdade, um poderoso instrumento de cálculo numérico (conhecido como "método das aproximações sucessivas"), além de ter também uma enorme importância teórica em várias teorias matemáticas.

Exercícios

1. Prove que uma seqüência limitada converge para L se e somente se L é seu único ponto de aderência.

2. Prove que uma seqüência limitada que não converge possui pelo menos dois pontos aderentes.

3. Prove que L é ponto de aderência de uma seqüência (a_n) se e somente se, qualquer que seja $\varepsilon > 0$, existem infinitos elementos da seqüência no intervalo $(L-\varepsilon,\ L+\varepsilon)$. (Note que esta última afirmação não significa que os infinitos elementos sejam todos distintos, podem até ter todos o mesmo valor.)

4. Construa uma seqüência com elementos todos distintos e que tenha pontos de aderência em -1, 1 e 2.

5. Construa uma seqüência com uma infinidade de elementos inferiores a 3 e superiores a 7, mas que tenha 3 e 7 como pontos aderentes e somente estes.

6. Construa uma seqüência com elementos todos distintos entre si, tendo como pontos de aderência k números distintos dados, $L_1 < \ldots < L_k$ e somente esses.

7. Sabemos que o conjunto $\mathbf{Q}$ dos números racionais é enumerável. Seja (r_n) uma seqüência desses números numa certa enumeração, isto é, uma seqüência com elementos distintos, cujo conjunto de valores é $\mathbf{Q}$. Prove que todo número real é ponto de aderência dessa seqüência.

8. Seja (a_n) uma seqüência tal que toda sua subseqüência possui uma subseqüência convergindo para um mesmo número L. Prove que (a_n) converge para L.

9. Prove que uma seqüência (a_n) que não é limitada possui uma subseqüência (a_{n_j}) tal que $1/a_{n_j} \to 0$.

10. Dê exemplo de uma seqüência não limitada que tenha subseqüências convergentes; e de seqüência não limitada que não tenha uma única subseqüência convergente.

11. Vimos que a propriedade do supremo tem como conseqüência a propriedade dos intervalos encaixados. Prove que esta última propriedade implica a propriedade do supremo, ficando assim provado que a propriedade do supremo equivale à propriedade dos intervalos encaixados.

12. Prove que se postularmos que "toda seqüência não decrescente e limitada é convergente" conseguiremos provar a propriedade dos intervalos encaixados, portanto, também a propriedade do supremo, estabelecendo assim que esta propriedade é equivalente a afirmar que "toda seqüência não decrescente e limitada converge."

13. Prove, diretamente da Definição 4.26, que $a_n = 1+1/n$ é uma seqüência de Cauchy.

14. Prove, diretamente da Definição 4.26, que se (a_n) e (b_n) são seqüências de Cauchy, também o são $(a_n + b_n)$ e $(a_n b_n)$.

15. Sejam (a_n) e (b_n) seqüências de Cauchy, com $b_n \geq b > 0$. a) Prove, diretamente da Definição 4.26, que (a_n/b_n) também é de Cauchy. b) Dê um contra-exemplo para mostrar que isto nem sempre é verdade se $b_n \to 0$.

16. Dados a_1 e a_2, com $a_1 < a_2$, considere a seqüência (a_n) definida da seguinte maneira: $a_n = (a_{n-1} + a_{n-2})/2$, $n = 3, 4, 5, \ldots$ a) Prove que a subseqüência de índices ímpares, $a_1, a_3, a_5, \ldots$, é crescente e limitada; e que a subseqüência de índices pares, $a_2, a_4, a_6, \ldots$, é decrescente e limitada. b) Prove que (a_n) é seqüência de Cauchy.

17. Observe que o Teorema 4.25 nos mostra que a propriedade do supremo tem como conseqüência que toda seqüência de Cauchy converge. Prove a recíprova desta proposição, isto é, prove que se toda seqüência de Cauchy converge, então vale a propriedade do supremo, ficando assim provado que esta propriedade é equivalente a toda seqüência de Cauchy ser convergente.

Sugestões

1. Comece provando que a_n convergir para L significa que, qualquer que seja $\varepsilon > 0$, só existe um número finito de elementos da seqüência fora do intervalo $(L-\varepsilon,\ L+\varepsilon)$.

4. Eis um modo de fazer isso: considere três seqüências distintas, $-1 + 1/n$, $1 + 1/n$ e $2 + 1/n$, as quais convergem para -1, 1 e 2, respectivamente. Em seguida entrelace convenientemente essas seqüências; por exemplo, tomando um elemento de cada uma delas em sucessão e repetidamente, construindo a seqüência (a_n), assim definida:

$$a_{3n} = -1 + 1/3n; \quad a_{3n+1} = 1 + 1/(3n+1); \quad a_{3n+2} = 2 + 1/(3n+2).$$

6. Reveja o Exercício 6 da p. 92.

8. Se (a_n) não converge para L, existe um $\varepsilon > 0$ e uma infinidade de elementos a_n tais que $|a_n - L| > \varepsilon$.

11. Seja C um conjunto de números reais não-vazio e limitado superiormente. Queremos provar que C possui supremo. Seja $a_1 \leq$ algum elemento de C e $b_1 > a_1$ uma cota superior de C. Seja $a = (a_1 + b_1)/2$ e seja $[a_2,\ b_2]$ aquele dos intervalos $[a_1,\ a]$ e $[a,\ b_1]$ tal que $a_2 \leq$ algum elemento de C e b_2 é cota superior de C. Assim prosseguindo, indefinidamente, construímos uma família de intervalos encaixados $I_n = [a_n,\ b_n]$, cuja interseção determina um número real c. Prove que c é o supremo de C.

12. Prove primeiro que toda seqüência não crescente e limitada converge.

14. Observe que $a_nb_n - a_mb_m = a_n(b_n - b_m) + b_m(a_n - a_m)$ e que (a_n) e (b_n) são seqüências limitadas.

15. Observe que

$$\left|\frac{a_n}{b_n} - \frac{a_m}{b_m}\right| = \frac{|a_nb_m - a_mb_n|}{b_nb_m} = \frac{|a_n(b_m - b_n) + b_n(a_n - a_m)|}{b_nb_m},$$

que $b_nb_m \geq b^2$ e que as seqüências originais são limitadas.

16. a) Comece fazendo um gráfico representando a_1, a_2, a_3, a_4, a_5, a_6, a_7, etc. Percebe-se que (a_{2n}) é seqüência decrescente e (a_{2n+1}) é crescente. Prove isso.
b) Prove que

$$|a_n - a_{n-1}| = \frac{1}{2}|a_{n-1} - a_{n-2}| = \frac{1}{2^2}|a_{n-2} - a_{n-3}| = \ldots = \frac{1}{2^{n-2}}|a_2 - a_1|.$$

Observe também que

$$|a_n - a_{n+p}| \leq |a_n - a_{n+1}| + |a_{n+1} - a_{n+2}| + \ldots |a_{n+p-1} - a_{n+p}|.$$

17. Basta provar que vale a propriedade dos intervalos encaixados.

4.5 Notas históricas e complementares

A não enumerabilidade dos números reais

O Teorema 4.22 permite dar outra demonstração de que o conjunto dos números reais não é enumerável, como faremos agora. Raciocinando por absurdo, suponhamos que todos os números reais estivessem contidos numa seqüência (x_n). Seja $I_1 = [a_1, b_1]$ um intervalo que não contenha x_1. Em seguida tomamos um intervalo $I_2 = [a_2, b_2] \subset I_1$, que não contenha x_2; depois um intervalo $I_3 = [a_3, b_3] \subset I_2$, que não contenha x_3; e assim por diante. Dessa maneira obtemos uma seqüência (I_n) de intervalos fechados e encaixados, tal que $\cap I_n$ conterá ao menos um número real c. Isso contradiz a hipótese inicial de que todos os números reais estão na seqüência (x_n), visto que $x_n \notin \cap I_n$. Somos, pois, forçados a abandonar a hipótese inicial e concluir que o conjunto dos números reais não é enumerável.

Cantor e os números reais

Vimos, no capítulo anterior, como Dedekind construiu os números reais a partir dos racionais. Vamos considerarl agora a construção dos números reais feita por Cantor.

Georg Cantor nasceu em São Petersburgo, onde viveu até 1856, quando sua família transferiu-se para o sul da Alemanha. Doutorou-se pela Universidade de Berlim, onde foi aluno de Weierstrass, de quem teve grande influência em sua formação matemática.

Toda a sua carreira profissional desenvolveu-se em Halle, para onde transferiu-se logo que terminou seu doutorado em Berlim.

Como no método de Dedekind, também no de Cantor partimos do pressuposto de que já estamos de posse dos números racionais, com todas as suas propriedades. Começamos com a seguinte definição: *diz-se que uma seqüência* (a_n) *de números racionais é uma seqüência de Cauchy se, qualquer que seja o número (racional)* $\varepsilon > 0$, *existe* N *tal que* $n, m > N \Rightarrow |a_n - a_m| < \varepsilon$. Uma tal seqüência costuma também ser chamada "seqüência fundamental". O próprio Cantor usou essa designação. Observe que existem pelo menos tantas seqüências de Cauchy quantos são os números racionais, pois, qualquer que seja o número racional r, a seqüência constante $(r_n) = (r, r, r, \ldots)$ é de Cauchy. Dentre as seqüências de Cauchy, algumas são convergentes, como essas seqüências constantes, uma seqüência como $(1/2,\ 2/3,\ 3/4, \ldots)$ e uma infinidade de outras mais. Mas há também toda uma infinidade de seqüências de Cauchy que não convergem (para número racional), como a seqüência das aproximações decimais por falta de $\sqrt{2}$,

$$(r_n) = (1,\ 14,\ 1,41,\ 1,414,\ 1,4142\ldots), \tag{4.13}$$

ou a seqüência $a_n = (1 + 1/n)^n$ que define o número e. Como se vê, essas seqüências só não convergem por não existirem ainda os números chamados "irracionais." Para criá-los, podemos simplesmente *postular* que "toda seqüência de Cauchy (de números racionais) converge". Feito isso teremos de mostrar como esses novos números se juntam aos antigos (os racionais) de forma a produzir um corpo ordenado completo. E nesse trabalho teríamos de provar que diferentes seqüências definem o mesmo número irracional; por exemplo, a seqüência (4.13) e a seqüência das aproximações decimais por excesso de $\sqrt{2}$ devem definir o mesmo número irracional $\sqrt{2}$. Do mesmo modo, as seqüências

$$a_n = \left(1 + \frac{1}{n}\right)^n \quad \text{e} \quad b_n = \left(1 + \frac{1}{n}\right)^n + \frac{1}{n}$$

devem definir o mesmo número e.

Por causa disso torna-se mais conveniente primeiro juntar em uma mesma classe todas as seqüências que terão um mesmo limite, para depois construir a estrutura de corpo. Fazemos isso definindo, no conjunto das seqüências de Cauchy, uma "relação de equivalência", assim: duas seqüências de Cauchy (a_n) e (b_n) são *equivalentes* se $(a_n - b_n)$ é uma seqüência nula, isto é, $a_n - b_n \to 0$. Essa relação distribui as seqüências de Cauchy em classes de seqüências equivalentes, de tal maneira que *duas seqüências pertencem a uma mesma classe se, e somente se, elas são equivalentes.*

Cada número racional r está naturalmente associado à classe de seqüências a que pertence a seqüência constante $r_n = r$. Muitas das classes, todavia, escapam a essa associação. Por exemplo, considere a classe à qual pertence a seqüência (4.13). É fácil ver que nenhuma seqüência $r_n = r$, com r racional, pode pertencer a essa classe, senão $r - r_n$ teria de tender a zero, o que é impossível. Essas classes que não contêm seqüências do tipo $r_n = r$ são precisamente aquelas que corresponderão aos números irracionais, a serem criados.

Para criar esses números, definimos, no conjunto das classes de equivalência, as operações de adição e multiplicação, e suas inversas, a subtração e a divisão. Assim, se A e B são classes de equivalência, tomamos elementos representativos em cada uma delas, digamos, (a_n) em A e (b_n) em B e definimos $A + B$ como sendo a classe à qual pertence a seqüência $(a_n + b_n)$. Essa definição exige que provemos que se(a_n) e (b_n) são seqüências de Cauchy, o mesmo é verdade de $(a_n + b_n)$; e que a soma $A + B$ independe das seqüências particulares (a_n) e (b_n) que tomamos em A e B respectivamente.

De maneira análoga definimos: a *classe nula* "0" é a classe das seqüências nulas; o *elemento oposto* $-B$ de uma classe B é a classe das seqüências equivalentes a $(-b_n)$; a *diferença* $A - B$ é simplesmente $A + (-B)$; o produto AB é a classe das seqüências $(a_n b_n)$; o *elemento inverso* B^{-1} de uma classe não nula B é a classe das seqüências equivalentes a $(1/b_n)$; e o *quociente* A/B, onde $B \neq 0$, é o produto AB^{-1}. Se $A \neq 0$, prova-se que se $(a_n) \in A$, então existe um número racional $m > 0$ tal que $a_n > m$ ou $a_n < -m$ a partir de um certo índice N; e sendo isso verdade para uma seqüência, prova-se que é verdade para toda seqüência de A, o que nos leva a definir "$A > 0$" ou "$A < 0$" respectivamente. Definimos "$A > B$" como sendo $A - B > 0$e $|A| = A$ se $A \geq 0$ e $|A| = -A$ se $A < 0$.

Com todas essas definições e propriedades correlatas estabelecidas, resulta que o conjunto das classes de equivalência das seqüências de Cauchy de números racionais é um corpo ordenado **R**. Nesse corpo definimos "seqüências de Cauchy" de maneira óbvia e provamos que *toda seqüência de Cauchy de elementos de **R** é convergente*, isto é, *se A_n uma seqüência de Cauchy de elementos de R, então existe um elemento A de R tal que $A_n \to A$, ou seja, $A_n - A \to 0$.*

O corpo **R** assim construído contém um sub-corpo **Q'** isomorfo ao corpo dos números racionais. Esse sub-corpo **Q'** é precisamente o conjunto das classes cujos elementos são seqüências equivalentes a seqüências constantes de números racionais $(r, r, r, \ldots)$. Nada mais natural, pois, do que identificar o corpo original dos números racionais **Q** com o corpo **Q'**, um procedimento análogo ao da identificação de cada número racional r com o corte de Dedekind (E, D) que ele define.

A propriedade de que em **R** "toda seqüência de Cauchy converge" significa que **R** é completo, mesmo porque se tentarmos repetir nesse corpo a mesma construção de classes de equivalência de seqüências de Cauchy, chegaremos a um novo corpo **R'** isomorfo a **R**, portanto, **R'** nada acrescenta a **R**. Na verdade, a menos de isomorfismo, só existe um corpo ordenado completo. Portanto **R** é o mesmo corpo dos números reais construído pelo processo de Dedekind. Aliás, como vimos no Exercício 17 atrás, a propriedade de que toda seqüência de Cauchy converge é equivalente à propriedade do supremo.

Nessa construção dos números reais por seqüências de Cauchy, cada número racional r é identificado com a classe que contém a seqüência constante $r_n = r$. As classes que escapam a essa identificação correspondem aos elementos novos introduzidos, os *números irracionais*. É esse o caso da classe que contém a seqüência (4.13), e que define $\sqrt{2}$.

O leitor que esteja se expondo a essas idéias pela primeira vez talvez sinta um certo desconforto quando dizemos que um número real, como $\sqrt{2}$, é toda uma classe de seqüências de Cauchy (de números racionais) equivalentes entre si. Na verdade, basta uma só seqüência dessa classe para identificar o número em questão. Assim, a classe que define $\sqrt{2}$ está perfeitamente caracterizada pela seqüência (4.13). E uma breve reflexão há de convencer o leitor de que, pelo menos tacitamente, ele sabe disso há muito tempo, desde que se familiarizou com a idéia de aproximações de um número como $\sqrt{2}$.

Esse símbolo nada mais é do que um modo conveniente de designar o conjunto dessas aproximações; é claro que é muito mais fácil escrevê-lo do que escrever uma seqüência que o caracterize. Mas por que preferir a seqüência (4.13) e não a das aproximações decimais por excesso? Ou alguma subseqüência dessas? Ou qualquer outra seqüência a elas equivalente? Como se vê, um pouquinho de reflexão é o bastante para dissipar qualquer desconforto inicial e revelar que $\sqrt{2}$ é mesmo toda uma classe de seqüências equivalentes.

Se essas observações ajudam a dissipar o desconforto inicial do leitor, pode ser que ele ainda não se conforme com essa construção de Cantor dos números reais. Nada mais natural do que perguntar se não bastaria a construção de Dedekind, por mais engenhosa que seja essa de Cantor. De fato, muitas teorias matemáticas — às vezes bem engenhosas — são abandonadas e até esquecidas, por serem suplantadas por outras. Mas não é esse o caso da construção de Cantor. Pelo contrário, esse método das "seqüências de Cauchy" é de grande eficácia em domínios onde a solução de algum problema é obtida por algum tipo de aproximação. Essa solução é então caracterizada por uma seqüência de Cauchy, uma seqüência dos valores aproximados da solução. O Exemplo 4.21 (p. 91) descreve uma situação dessas, relativamente elementar, onde estamos ainda lidando com "números". Mas é freqüente acontecer que a solução de um certo problema seja um objeto mais complicado que um número. Essa solução pode ser, por exemplo, uma função de todo um conjunto de funções, em cujo caso é preciso que exista um modo de medir o distanciamento entre as várias funções do conjunto em questão. Isso dá origem, de maneira bastante natural, ao que se chama "espaço métrico". Nesse contexto a noção de seqüência de Cauchy ocorre também naturalmente e é o instrumento adequado para fazer o que se chama "completar o espaço", um processo análogo ao da construção dos números reais pelo método de Cantor.

Como já dissemos, os métodos de Dedekind e Cantor são os dois mais usados na construção dos números reais. Mas, como vimos nos exercícios atrás, a propriedade dos intervalos encaixados e a propriedade das seqüências monótonas ("toda seqüência não decrescente e limitada converge") são equivalentes à propriedade do supremo e à propriedade das seqüências de Cauchy ("toda seqüência de Cauchy converge"). Isso garante que, além dos métodos de Dedekind e Cantor, poderíamos chegar aos números reais postulando, no conjunto dos números racionais, seja a propriedade dos intervalos encaixados ou a propriedade das seqüências monótonas. Mas isso redundaria numa construção dos números reais praticamente idêntica à de Dedekind.

Bolzano e o teorema de Bolzano-Weierstrass

O critério de convergência de Cauchy aparece pela primeira vez num trabalho de Bolzano de 1817, pouco divulgado; e posteriormente num livro de Cauchy de 1821 (de que falaremos mais no final do Capítulo 6), que teve grande divulgação e influência no meio matemático.

Bernhard Bolzano nasceu, viveu e morreu em Praga. Era sacerdote católico que, além de se dedicar a estudos de Filosofia, Teologia e Matemática, tinha grandes preocupações com os problemas sociais de sua época. Seu ativismo em favor de reformas educacionais, sua condenação do militarismo e da guerra, sua defesa da liberdade de consciência e em favor da diminuição das desigualdades sociais custaram-lhe sérios embaraços com o governo. As idéias de Bolzano em Matemática não foram menos avançadas. É até admirável que, vivendo em relativo isolamento em Praga, afastado do principal centro científico da época, que era Paris, e com outras ocupações, ele tenha tido sensibilidade para problemas de vanguarda no desenvolvimento da Matemática. Infelizmente, seus trabalhos permaneceram praticamente desconhecidos até por volta de 1870. Seu trabalho de 1817 (com o longo título de *Prova puramente analítica da afirmação de que entre dois valores que garantem sinais opostos* (de uma função) *jaz ao menos uma raiz da equação* [função]) representa um dos primeiros esforços na eliminação da intuição geométrica das demonstrações. Seu objetivo era provar o teorema do valor intermediário (p. 122) por meios puramente analíticos, sem recorrer à intuição geométrica. E é aí que aparece, pela primeira vez, a proposição que ficaria conhecida como "critério de Cauchy" (Veja o comentário sobre Cauchy no final do próximo capítulo), formulado para o caso de uma seqüência de funções, nos seguintes termos:

> *"Se uma seqüência de grandezas*
>
> $$F_1(x),\ F_2(x), \ldots,\ F_n(x), \ldots,\ F_{n+r}(x), \ldots$$
>
> *está sujeita à condição de que a diferença entre seu n-ésimo membro $F_n(x)$ e cada membro seguinte $F_{n+r}(x)$, não importa quão distante do n-ésimo termo este último possa estar, seja menor do que qualquer quantidade dada, desde que n seja tomado bastante grande; então, existe uma e somente uma determinada grandeza, da qual se aproximam mais e mais os membros da seqüência, e da qual eles podem se tornar tão próximos quanto se deseje, desde que a seqüência seja levada bastante longe".*

Como se vê, essa proposição é o enunciado de uma condição suficiente de convergência da seqüência. A necessidade da condição fora notada por vários matemáticos antes de Bolzano e Cauchy. A demonstração tentada por Bolzano é incompleta; e não podia ser de outro modo, já que ela depende de uma teoria dos números reais, que ainda não estava ao seu alcance. Ele usa essa condição para demonstrar outra proposição sobre existência de supremo de um certo conjunto, a qual, por sua vez, é usada na demonstração do teorema do valor intermediário. O método de bissecção que Bolzano utiliza na demonstração dessa proposição é também usado por Weierstrass nos anos sessenta para demonstrar o teorema que ficaria conhecido pelos nomes desses dois matemáticos. É interessante notar que praticamente o mesmo enunciado de Weierstrass aparece num trabalho de Bolzano de 1830, *Théorie des fonctions*, só publicado cem anos mais tarde, muito depois de se haver consagrado o nome "Teorema de Bolzano-Weierstrass".

Capítulo 5

Séries infinitas

Assim como no caso das seqüências, quem já cursou Cálculo deve ter adquirido alguma familiaridade com as séries infinitas. Neste capítulo, vamos retomar o estudo dessas séries a partir do que se costuma tratar numa primeira disciplina de Cálculo, acrescentando resultados adicionais, como o critério de convergência de Cauchy, que seré fundamental para o estudo das séries de funções no Capítulo 9.

5.1 Primeiros exemplos

Vamos iniciar nosso estudo das séries infinitas com exemplos simples. Essas séries surgem muito cedo, ainda no ensino fundamental, quando lidamos com dízimas periódicas. Com efeito, uma dízima como $0,777\ldots$ nada mais é do que uma progressão geométrica infinita. Veja:

$$0,777\ldots = 7 \cdot 0,111\ldots = 7\left(\frac{1}{10} + \frac{1}{100} + \frac{1}{1000} + \ldots\right)$$

$$= 7\left(\frac{1}{10} + \frac{1}{10^2} + \frac{1}{10^3} + \ldots\right) = 7\left(\frac{1}{1 - 1/10} - 1\right) = 7\left(\frac{10}{9} - 1\right) = \frac{7}{9}.$$

Mas quando se ensinam essas dízimas, não é preciso recorrer às séries infinitas, pode-se usar o procedimento finito que utilizamos no Capítulo 2, assim:

$$x = 0,777\ldots \Rightarrow 10x = 7,777\ldots = 7 + x \Rightarrow 9x = 7 \Rightarrow x = \frac{7}{9}.$$

Voltando às séries infinitas, o que significa "soma infinita"? Como somar um número após outro, após outro, e assim por diante, indefinidamente? Num primeiro contato com séries infinitas, particularmente séries de termos positivos, a idéia ingênua e não crítica de soma infinita não costuma perturbar o estudante. Porém, lidar com somas infinitas do mesmo modo como lidamos com somas finitas acaba levando a sérias dificuldades, ou mesmo a conclusões contraditórias, como bem ilustra um exemplo simples, dado pela chamada "Série de Grandi":

$$S = 1 - 1 + 1 - 1 + 1 - 1 + \ldots$$

Esta série tanto parece ser igual a zero como igual a 1, dependendo de como a encaramos. Veja:

$$S = 1 - 1 + 1 - 1 + 1 - 1 + \ldots = (1 - 1) + (1 - 1) + (1 - 1) + \ldots = 0.$$

Mas podemos também escrever:

$$S = 1 - 1 + 1 - 1 + 1 - 1 + \ldots = 1 - (1 - 1) - (1 - 1) - (1 - 1) - \ldots = 1.$$

E veja o que ainda podemos fazer:

$$S = 1 - 1 + 1 - 1 + 1 - 1 + \ldots = 1 - (1 - 1 + 1 - 1 + \ldots) = 1 - S,$$

donde a equação $S = 1 - S$, que nos dá $S = 1/2$.

Como decidir então? Afinal, S é zero, 1 ou 1/2?

Para encontrar uma saída para dificuldades como essa que vimos com a Série de Grandi, temos de examinar cuidadosamente o conceito de adição. Somar números, sucessivamente, uns após outros,é uma idéia concebida para uma quantidade finita de números a somar. Ao aplicá-la a somas infinitas, por mais que somemos, sempre haverá parcelas a somar. O processo de somas sucessivas não termina; em conseqüência, não serve para definir a soma de uma infinidade de números.

5.2 Como definir soma infinita

O conceito de soma infinita é formulado de maneira a evitar um envolvimento direto com a soma de uma infinidade de parcelas. Assim, dada uma série infinita

$$a_1 + a_2 + a_3 + \ldots + a_n + \ldots \tag{5.1}$$

contentamo-nos em considerar as somas parciais

$$S_1 = a_1, \quad S_2 = a_1 + a_2, \quad S_3 = a_1 + a_2 + a_3, \quad \text{etc.}$$

Em geral, designamos por S_n a soma dos primeiros n elementos da seqüência (a_n), que é chamada a *soma parcial* ou *reduzida de ordem* n associada a essa seqüência:

$$S_n = a_1 + a_2 + a_3 + \ldots + a_n = \sum_{j=1}^{n} a_j \tag{5.2}$$

Desse modo formamos uma nova seqüência infinita (S_n), que é, por definição, a *série de termos* a_n. Se ela converge para um número S, definimos a *soma infinita* indicada em (5.1) como sendo esse limite:

$$a_1 + a_2 + a_3 + \ldots = S = \lim S_n = \lim \sum_{j=1}^{n} a_j = \sum_{n=1}^{\infty} a_n.$$

Este último símbolo indica a soma da série, ou limite S de S_n. Mas é costume indicar a série (S_n) com esse símbolo, mesmo que ela não seja convergente. Freqüentemente usamos também o símbolo simplificado $\sum a_n$ com o mesmo significado. A diferença $S - S_n = R_n$ é apropriadamente chamada o *resto de ordem* n da série. Às vezes, quando consideramos certas séries particulares, a reduzida de ordem n pode não conter exatamente n termos, dependendo do índice n onde começamos a somar. Por exemplo, na série geométrica adiante começamos a somar em $n = 0$ e a reduzida S_n contém $n+1$ termos. Dependendo de onde se começa a somar, a reduzida S_n pode conter mais ou menos que n termos.

Como se vê, a noção de série infinita generaliza o conceito de soma finita, pois a série se reduz a uma soma finita quando todos os seus termos, a partir de um certo índice, são nulos. Mas é bom enfatizar que há uma real diferença entre a soma de um número finito de termos e a soma de uma série infinita. Esta última não resulta de somar uma *infinidade* de termos — operação impossível; ela é, isto sim, o *limite* da soma finita S_n.

Propriedades e exemplos

5.1. Teorema. *Se uma série converge, seu termo geral tende a zero.*

Demonstração. Seja $\sum a_n$ uma série de reduzida S_n e soma S. Então, $a_n = S_n - S_{n-1} \to S - S = 0$, como queríamos demonstrar.

5.2. Exemplo (série geométrica). O leitor deve ter-se familiarizado, em seus estudos das progressões geométricas no ensino médio, com a *série geométrica de razão* q:

$$1 + q + q^2 + \ldots = \sum_{n=0}^{\infty} q^n.$$

Esta série é de importância fundamental no estudo das séries. Sua reduzida S_n é a soma dos termos de uma progressão geométrica:

$$S_n = 1 + q + q^2 + \ldots + q^n = \frac{1}{1-q} - \frac{q^{n+1}}{1-q}.$$

Supondo $|q| < 1$, q^n tende a zero, de forma que essa expressão converge para $1/(1-q)$, que é o limite de S_n ou soma da série geométrica:

$$1 + q + q^2 + \ldots = \sum_{n=0}^{\infty} q^n = \frac{1}{1-q}, \quad |q| < 1.$$

Notemos que a série é divergente se $|q| \geq 1$, pois, neste caso, seu termo geral não tende a zero.

O teorema anterior nos dá uma *condição necessária* para a convergência de uma série. Essa condição, todavia, não é *suficiente*. É fácil exibir séries divergentes cujos termos gerais tendem a zero. Por exemplo, $\sqrt{n+1} - \sqrt{n} \to 0$ (Exercício 9 da p. 83); no entanto, a série

$$\sum_{n=1}^{\infty} (\sqrt{n+1} - \sqrt{n})$$

é divergente, pois sua reduzida de ordem n é

$$S_n = (\sqrt{2} - \sqrt{1}) + (\sqrt{3} - \sqrt{2}) + \ldots + (\sqrt{n} - \sqrt{n-1}) + (\sqrt{n+1} - \sqrt{n});$$

Portanto, $S_n == \sqrt{n+1} - 1$, que tende a $+\infty$.

O exemplo mais notável de série divergente, cujo termo geral tende a zero, é o da chamada "série harmônica", que vamos discutir agora.

5.3. Exemplo. Chama-se *série harmônica* à série

$$\sum_{n=1}^{\infty} \frac{1}{n} = 1 + \frac{1}{2} + \frac{1}{3} + \frac{1}{4} + \ldots$$

Pelo modo como seu termo geral tende a zero, quem encontra essa série pela primeira vez é inclinado a pensar que ela converge. Foi Nicole Oresme, um matemático do século XIV, quem primeiro provou que ela diverge. (Veja a nota "A divergência da série harmônica" na p. 129) Oresme começou por agrupar os termos da série assim:

$$\begin{aligned} S &= 1 + \frac{1}{2} + \left(\frac{1}{3} + \frac{1}{4}\right) + \left(\frac{1}{5} + \frac{1}{6} + \frac{1}{7} + \frac{1}{8}\right) \\ &+ \left(\frac{1}{9} + \frac{1}{10} + \ldots + \frac{1}{16}\right) + \left(\frac{1}{17} + \frac{1}{18} + \ldots + \frac{1}{32}\right) + \ldots \end{aligned}$$

Em seguida ele observou que cada um desses grupos é maior do que 1/2:

$$\frac{1}{3}+\frac{1}{4}>\frac{1}{4}+\frac{1}{4}=\frac{1}{2};$$

$$\frac{1}{5}+\frac{1}{6}+\frac{1}{7}+\frac{1}{8}>\frac{1}{8}+\frac{1}{8}+\frac{1}{8}+\frac{1}{8}=4\cdot\frac{1}{8}=\frac{1}{2};$$

$$\frac{1}{9}+\frac{1}{10}+\ldots+\frac{1}{16}>\frac{1}{16}+\frac{1}{16}+\ldots+\frac{1}{16}=8\cdot\frac{1}{16}=\frac{1}{2};$$

$$\frac{1}{17}+\frac{1}{18}+\ldots+\frac{1}{32}>\frac{1}{32}+\frac{1}{32}+\ldots+\frac{1}{32}=16\cdot\frac{1}{32}=\frac{1}{2};$$

e assim por diante, de sorte que

$$\begin{aligned} S &> 1+\frac{1}{2}+2\cdot\frac{1}{4}+4\cdot\frac{1}{8}+8\cdot\frac{1}{16}+16\cdot\frac{1}{32}+\ldots \\ &= 1+\frac{1}{2}+\frac{1}{2}+\frac{1}{2}+\frac{1}{2}+\ldots \end{aligned}$$

Como esta última soma é infinita, é claro que a série diverge.

Para formalizar esse raciocínio, observamos que todos os termos da série são positivos, de forma que suas reduzidas formam uma seqüência crescente. Basta, pois, exibir uma subseqüência de reduzidas tendendo a infinito. É esse o caso da subseqüência

$$\begin{aligned} S_{2^n} &= 1+\frac{1}{2}+\left(\frac{1}{3}+\frac{1}{4}\right)+\left(\frac{1}{5}+\frac{1}{6}+\frac{1}{7}+\frac{1}{8}\right)+\ldots \\ &+ \left(\frac{1}{2^{n-1}+1}+\frac{1}{2^{n-1}+2}+\ldots+\frac{1}{2^n}\right) \\ &= 1+\frac{1}{2}+\sum_{j=2}^{n}\left(\frac{1}{2^{j-1}+1}+\frac{1}{2^{j-1}+2}+\ldots+\frac{1}{2^j}\right). \end{aligned}$$

Substituindo os denominadores de cada um dos termos deste último parênteses por 2^j, obtemos

$$S_{2^n}\geq 1+\frac{1}{2}+\sum_{j=2}^{n}\frac{1}{2^j}(2^j-2^{j-1})=1+\frac{1}{2}+\sum_{j=2}^{n}(1-1/2)=1+\frac{n}{2},$$

que prova o resultado desejado.

5.4. Teorema (Critério de convergência de Cauchy). *Uma condição necessária e suficiente para que uma série* $\sum a_n$ *seja convergente é que dado qualquer* $\varepsilon > 0$*, exista* N *tal que, para todo inteiro positivo* p*,*

$$n > N \Rightarrow |a_{n+1} + a_{n+2} + \ldots + a_{n+p}| < \varepsilon.$$

Este teorema é uma simples adaptação do Teorema 4.25 da p. 97 à seqüência de somas parciais S_n. Basta notar que

$$|S_{n+p} - S_n| = |a_{n+1} + a_{n+2} + \ldots + a_{n+p}|.$$

5.5. Teorema. *Se as séries* $\sum a_n$ *e* $\sum b_n$ *convergem e* k *é um número qualquer, então* $\sum ka_n$ *e* $\sum(a_n + b_n)$ *convergem e*

$$\sum ka_n = k\sum a_n \quad \text{e} \quad \sum(a_n + b_n) = \sum a_n + \sum b_n.$$

Este teorema é uma conseqüência imediata de propriedades análogas já estabelecidas para seqüências (Teorema 4.8 da p. 80). Dele segue, em particular, que se verificarmos a convergência de uma série, considerada somente a partir de um certo índice N, então a série toda é convergente e vale a igualdade

$$\sum_{n=1}^{\infty} a_n = S_N + \sum_{n=1}^{\infty} a_{N+n},$$

que decorre da seguinte observação:

$$\begin{aligned}\sum_{n=1}^{\infty} a_n &= \lim S_n = \lim(S_N + a_{N+1} + \ldots + a_{N+n}) \\ &= \lim S_N + \lim(a_{N+1} + \ldots + a_{N+n}) = S_N + \sum_{n=1}^{\infty} a_{N+n}.\end{aligned}$$

Séries de termos positivos

Suponhamos que $\sum p_n$ seja uma série de termos positivos (ou não negativos). Então, a seqüência de somas parciais

$$S_n = p_1 + p_2 + \ldots + p_n,$$

é não-decrescente. Em conseqüência, a série converge ou diverge para $+\infty$, conforme essa seqüência seja limitada ou não.

Suponhamos que os termos da série sejam reindexados numa outra ordem qualquer,

$$p_1' + p_2' + \ldots + p_n' + \ldots$$

Assim, p'_1 pode ser, digamos, o elemento p_5, p'_2 pode ser p_9, p'_3 pode ser p_1, etc. Então, como os termos são todos não negativos, a nova soma parcial,

$$S'_n = p'_1 + p'_2 + \ldots + p'_n$$

será dominada por alguma soma parcial S_m com $m > n$. Se a série original converge para S, teremos $S'_n \leq S_m \leq S$, isto é, as somas parciais S'_n formam uma seqüência não decrescente e limitada, portanto, convergente. Seu limite S' é seu supremo, de sorte que $S' \leq S$. Mas a série original também pode ser interpretada como obtida de $\sum p'_n$ por reindexação; portanto, o mesmo raciocínio nos leva a $S \leq S'$. Provamos assim o teorema que enunciamos a seguir.

5.6. Teorema. *Uma série convergente de termos não negativos possui a mesma soma, independentemente da ordem de seus termos.*

É fácil ver também que se a série diverge, ela será sempre divergente para $+\infty$, independentemente da ordem de seus termos.

A noção de "série convergente independentemente da ordem de seus termos", pode ser formalizada. Basta notar que mudar a ordem dos termos corresponde a fazer uma "permutação infinita" desses termos, através de uma *bijeção* ou *correspondência biunívoca* de **N** sobre **N**. (Veja a definição desses conceitos na p. 138.) Seja f uma tal bijeção e ponhamos $p'_n = p_{f(n)}$. Diz-se então que a *série* $\sum p_n$ *é comutativamente convergente se for convergente a série* $\sum p'_n = \sum p_{f(n)}$ *e* $\sum p'_n = \sum p_n$, *qualquer que seja a bijeção* f.

Exercícios

1. Dada a seqüência S_n de reduzidas de uma série, construa a seqüência original de termos a_n da série.

2. Dada uma série convergente $\sum a_n$, com soma S e reduzida S_n, prove que seu resto R_n é a soma da série a partir do índice $n+1$.

3. Chama-se *série harmônica*, em geral, toda série cujos inversos de seus termos formam uma progressão aritmética, isto é, toda série da forma

$$\sum_{n=1}^{\infty} \frac{1}{a+nr}, \quad r \neq 0.$$

Demonstre que uma tal série é divergente.

4. Obtenha a reduzida da série $\displaystyle\sum_{n=1}^{\infty} \frac{1}{n(n+1)}$ e mostre que seu limite é 1.

5. Mostre que $\displaystyle\sum_{n=1}^{\infty} \frac{1}{(a+n)(a+n+1)} = \frac{1}{a+1}$.

6. O termo geral da série $\sum \log(1 + 1/n)$ tende a zero. Mostre, todavia, que ela é divergente, obtendo uma forma simples para sua reduzida S_n.

7. Dada uma série convergente $\sum a_n$ e uma seqüência crescente de números naturais $n_1 < n_2 < \ldots$, defina

$$b_1 = a_1 + \ldots + a_{n_1}, \quad b_2 = a_{n_1+1} + \ldots + a_{n_2}, \quad b_3 = a_{n_2+1} + \ldots + a_{n_3} \text{ etc.}$$

Prove que a série $\sum b_n$ converge e tem a mesma soma que a série original.

8. Use o critério de Cauchy para provar que o termo geral de uma série convergente tende a zero.

9. Use o critério de Cauchy para provar que $\sum a_n$ converge se $\sum |a_n|$ converge.

10. Calcule a reduzida S_n da série $\displaystyle\sum_{n=2}^{\infty} \frac{n-1}{n!}$ e mostre que seu limite é 1.

11. Mostre que $\displaystyle\sum_{n=1}^{\infty} \frac{(-1)^n(n+2)}{n(n+1)} = 1 - 3(\log 2)$, sabendo que $\displaystyle\log 2 = \sum_{n=1}^{\infty} \frac{(-1)^{n-1}}{n}$.

12. Calcule a soma $\displaystyle\sum_{n=0}^{\infty} \frac{(-1)^n(2n+5)}{(n+2)(n+3)} = \frac{1}{2}$.

13. Mostre que a série $\displaystyle\sum_{n=2}^{\infty} \frac{n^2-n-1}{n!}$ tem soma igual a 2.

14. Sejam $\sum a_n$ e $\sum b_n$ séries convergentes de termos positivos, com $a_n < b_n$. Prove que $\sum a_n < \sum b_n$.

Respostas e sugestões

1. $a_1 = S_1, \quad a_n = S_n - S_{n-1}, \; n \geq 2$.

2. Utilize as observações feitas logo após o Teorema 5.5.

3. Se $a > 0$ e $r > 0$, mostre que o termo geral da série pode ser feito maior do que uma constante vezes $1/n$. No caso geral, trabalhe com os termos a partir de um certo índice, a partir do qual todos os termos tenham o mesmo sinal.

4. Observe que $\displaystyle\frac{1}{n(n+1)} = \frac{1}{n} - \frac{1}{n+1}$.

11. Proceda como no Exercício 4, mostrando que $\displaystyle a_n = (-1)^n\left(\frac{2}{n} - \frac{1}{n+1}\right)$.

12. Mostre que $\displaystyle a_n = (-1)^n\left(\frac{1}{n+2} + \frac{1}{n+3}\right)$.

5.3 Teste de comparação

Um dos problemas centrais no estudo das séries consiste em saber se uma dada série converge ou não. Há vários testes para isso, dentre os quais o *teste de comparação*, tratado a seguir, é o mais básico.

5.7. Teorema (teste de comparação). *Sejam* $\sum a_n$ *e* $\sum b_n$ *duas séries de termos não negativos, a primeira dominada pela segunda, isto é,* $a_n \leq b_n$ *para todo* n*. Nessas condições podemos afirmar:*
a) $\sum b_n$ *converge* $\Rightarrow \sum a_n$ *converge e* $\sum a_n \leq \sum b_n$*;*
b) $\sum a_n$ *diverge* $\Rightarrow \sum b_n$ *diverge.*

Demonstração. As reduzidas das séries dadas,

$$S_n = a_1 + a_2 + \ldots + a_n \ \text{ e } \ T_n = b_1 + b_2 + \ldots + b_n$$

são seqüências não decrescentes, satisfazendo $S_n \leq T_n$. No caso a), T_n converge para um certo limite T, de sorte que $S_n \leq T$ para todo n. Assim, como S_n é uma seqüência não decrescente e limitada, ela converge para um certo $S \leq T$.

A demonstração de b) exige muito pouco: se $\sum b_n$ convergisse, então, por a), $\sum a_n$ também teria de convergir, contrariando a hipótese.

Outra demonstração (pelo critério de Cauchy): observe que

$$a_{n+1} + a_{n+2} + \ldots + a_{n+p} \leq b_{n+1} + b_{n+2} + \ldots + b_{n+p}.$$

Se $\sum b_n$ converge, dado qualquer $\varepsilon > 0$, existe N tal que o membro da direita dessa desigualdade pode ser feito menor do que ε para $n > N$. Então o mesmo é verdade do primeiro membro, provando que $\sum a_n$ converge. A demonstração da parte b) é a mesma anterior.

5.8. Exemplo. Já vimos, em (4.9) (p. 87), que o número e é dado por

$$e = \lim\left(2 + \frac{1}{2!} + \frac{1}{3!} + \ldots + \frac{1}{n!}\right) = \sum_{n=0}^{\infty} \frac{1}{n!}.$$

Um modo de provar a convergência dessa série, independentemente do que vimos antes, consiste em observar que

$$\frac{1}{n!} = \frac{1}{2 \cdot 3 \ldots n} \leq \frac{1}{2 \cdot 2 \ldots 2} = \frac{1}{2^{n-1}},$$

donde segue que, à exceção do primeiro termo, a série dada é dominada pela série geométrica de razão $1/2$, que é convergente; logo, a série original é convergente.

Irracionalidade do número e

Para provarmos que o número e é irracional, vamos primeiro obter uma estimativa do erro R_n que cometemos no cálculo desse número quando o aproximamos pela soma parcial S_n da série anterior (que vai até o termo $1/n!$). Temos

$$\begin{aligned} R_n &= \frac{1}{(n+1)!}\left(1+\frac{1}{n+2}+\frac{1}{(n+2)(n+3)}+\ldots\right) \\ &< \frac{1}{(n+1)!}\left(1+(n+2)^{-1}+(n+2)^{-2}+\ldots\right) \\ &= \frac{1}{(n+1)!}\cdot\frac{n+2}{n+1}<\frac{1}{n!n}. \end{aligned}$$

Podemos então escrever: $S_n < e < S_n + 1/n!n$.

Se e fosse racional, isto é, se $e = m/n$, com m e n inteiros positivos, $n \geq 2$ (pois, como já sabemos, e não é inteiro), então

$$S_n < \frac{m}{n} = S_n + R_n < S_n + \frac{1}{n!n},$$

donde segue-se que $n!S_n < m(n-1)! < n!S_n + \dfrac{1}{n} < n!S_n + 1$. Ora, o número $n!S_n$ é inteiro, pois é igual a

$$n!\left(2+\frac{1}{2!}+\frac{1}{3!}+\ldots\frac{1}{n!}\right) = 2n! + \frac{n!}{2!} + \frac{n!}{3!} + \ldots\frac{n!}{n!}.$$

Então a desigualdade anterior está afirmando que o número inteiro $m(n-1)!$ está compreendido entre os inteiros consecutivos $n!S_n$ e $n!S_n + 1$, um absurdo. Concluímos que o número e é irracional.

Pelo que vimos acima, S_n é uma aproximação do número e com erro inferior a $(1/n)(1/n!)$. Como $n!$ cresce muito rapidamente com n, S_n é realmente uma boa aproximação de e, mesmo para n não muito grande. Por exemplo, $n = 10$ já nos dá um erro inferior a 10^{-7}. Euler calculou o número e com 23 casas decimais, obtendo $e = 2,71828182845904523536028$.

5.9. Exemplo. Mostraremos agora que a série $\sum 1/n^x$ é convergente se $x > 1$ e divergente se $x \leq 1$. Este último caso é o mais fácil, pois então a série dada majora a série harmônica, visto que $x \leq 1 \Rightarrow n^x \leq n$, logo, $1/n^x \geq 1/n$.

Suponhamos agora que $x > 1$. Usaremos um raciocinio parecido com o que usamos no caso da série harmônica. Temos:

$$\begin{aligned}
S_{2^{n+1}-1} &= 1 + \sum_{j=1}^{n} \left(\frac{1}{2^{jx}} + \frac{1}{(2^j+1)^x} + \ldots + \frac{1}{(2^{j+1}-1)^x} \right) \\
&< 1 + \sum_{j=1}^{n} \frac{1}{2^{jx}}(2^{j+1} - 2^j) = 1 + \sum_{j=1}^{n} \frac{1}{2^{(x-1)j}} \\
&= \sum_{j=0}^{n} \left(\frac{1}{2^{x-1}} \right)^j < \sum_{j=0}^{\infty} \left(\frac{1}{2^{x-1}} \right)^j = \frac{2^{x-1}}{2^{x-1}-1}.
\end{aligned}$$

Vemos assim que a seqüência de reduzidas da série dada, que é uma seqüência crescente, possui uma subseqüência limitada, portanto convergente. Concluímos que a seqüência de reduzidas converge para o mesmo limite (Exercício 1 da p. 92). Isso prova que a série original é convergente, como queríamos demonstrar.

O exemplo que acabamos de discutir nos mostra que a série harmônica está compreendida entre as séries convergentes $\sum 1/n^x$ com $x > 1$ e as séries divergentes $\sum 1/n^x$ com $x \leq 1$, situando-se, ela mesma, entre estas últimas.

É claro que a série $\sum 1/n^x$ define uma função de x, a qual é chamada *função zeta de Riemann*:

$$\zeta(x) = 1 + \frac{1}{2^x} + \frac{1}{3^x} + \ldots = \sum_{n=1}^{\infty} \frac{1}{n^x}. \tag{5.3}$$

Embora conhecida por Euler desde 1737, suas propriedades mais notáveis só vieram a ser descobertas por Riemann em 1859, num memorável trabalho sobre teoria dos números.

Ao lado da série geométrica, a série (5.3) é muito usada como referência para testar se uma dada série converge ou diverge. Isso é possível quando o termo geral da série dada comporta-se como $1/n^x$ para n tendendo a infinito.

5.10. Exemplo. A série

$$1 + \frac{1}{2^2} + \frac{1}{3^2} + \ldots = \sum_{n=1}^{\infty} \frac{1}{n^2}$$

é evidentemente convergente e representa o valor $\zeta(2)$. Euler mostrou que a soma dessa série é $\pi^2/6$. Vamos provar apenas que $1 < \sum 1/n^2 < 2$. A primeira destas desigualdades é evidente. Quanto à segunda, aplicando o Exercício 14 atrás, obtemos

$$\sum_{n=1}^{\infty} \frac{1}{n^2} = 1 + \sum_{n=2}^{\infty} \frac{1}{n^2} < 1 + \sum_{n=2}^{\infty} \frac{1}{(n-1)n}.$$

Nesta última série fazemos a mudança $n - 1 = m$, donde $n = m + 1$. Então,

$$1 < \sum_{n=1}^{\infty} \frac{1}{n^2} < 1 + \sum_{m=1}^{\infty} \frac{1}{m(m+1)} = 2,$$

que é o resultado desejado.

O teste de comparação é muito usado para verificar a convergência de séries cujos termos gerais a_n são complicados, mas para os quais é relativamente fácil verificar que $a_n \leq b_n$, sendo b_n o termo geral de uma série convergente. Essa situação é ilustrada no exemplo seguinte.

5.11. Exemplo. A série $\sum_{n=1}^{\infty} \frac{15n + \sqrt{n^2 - 1}}{5n^3 + 2n\sqrt{n+1} - 17}$ é convergente. Para vermos isso notamos que seu termo geral a_n é tal que

$$n^2 a_n = \frac{15n^3 + n^2\sqrt{n^2 - 1}}{5n^3 + 2n\sqrt{n+1} - 17} \to 3.$$

de sorte que (Teorema 4.6, p. 79), a partir de um certo índice N, teremos $2 < n^2 a_n < 4$; logo, a partir desse índice N, a série é positiva e dominada pela série de termo geral $4/n^2$. Como esta série é convergente, também o é a série original.

5.12. Exemplo. Usaremos o teste de comparação na ordem inversa para provar que a série

$$\sum_{n=1}^{\infty} \frac{n\sqrt{n+1}}{n^2 - 3}$$

é divergente. Para isso basta notar que, sendo a_n o termo geral da série, então $\sqrt{n} a_n \to 1$, de sorte que, a partir de um certo N, $a_n > 1/2\sqrt{n}$ e este número é o termo geral de uma série divergente.

5.13. Exemplos. Mostraremos que, sendo k inteiro positivo e $a > 1$, as séries

$$\sum_{n=1}^{\infty} \frac{n^k}{a^n}, \quad \sum_{n=1}^{\infty} \frac{a^n}{n!}, \quad \sum_{n=1}^{\infty} \frac{n!}{n^n}. \tag{5.4}$$

são convergentes. De fato, pelo que já tivemos oportunidade de ver no Exemplo 4.18 da p. 90, $n^{k+2}/a^n \to 0$, de sorte que $n^k/a^n < 1/n^2$ a partir de um certo N. Isso prova que a primeira das séries em (5.4) é convergente por ser dominada, a partir de N, pela série convergente $\sum 1/n^2$.

No Exemplo 4.19 provamos que $a^n/n! < c/2^n$, o que mostra que a segunda das séries em (5.4) é convergente por ser dominada pela série convergente $\sum c/2^n$.

Finalmente observe que, sendo $n > 2$,

$$\frac{n!}{n^n} = \left(\frac{1}{n} \cdot \frac{2}{n}\right) \frac{3}{n} \cdot \frac{4}{n} \cdots \frac{n}{n} < \frac{2}{n^2},$$

e aqui também podemos concluir que a terceira das séries em (5.4) é convergente.

Exercícios

1. Prove que se $\sum a_n$ é uma série convergente de termos positivos, então $\sum a_n^2$ é convergente.

2. Sejam $\sum a_n$ uma série convergente de termos positivos e (b_n) uma seqüência limitada de elementos positivos. Prove que $\sum a_n b_n$ converge.

3. Sendo $a_n \geq 0$ e $b_n \geq 0$, prove que, se as séries $\sum a_n^2$ e $\sum b_n^2$ são convergentes, então a série $\sum a_n b_n$ também é convergente.

4. Prove que se $a_n \geq 0$ e $\sum a_n^2$ converge, então $\sum a_n/n$ converge.

5. Verifique, dentre as séries seguintes, qual delas converge, qual delas diverge:

$$\text{a)} \sum_{n=2}^{\infty} \frac{\log n}{n}; \quad \text{b)} \sum_{n=2}^{\infty} \frac{1}{\log n}; \quad \text{c)} \sum_{n=1}^{\infty} \frac{1}{\sqrt{n^3+1}}; \quad \text{d)} \sum_{n=1}^{\infty} \frac{1}{\sqrt[3]{n^2+1}};$$

$$\text{e)} \sum_{n=1}^{\infty} \frac{n^2 - 23n + 9}{4n^3\sqrt{n+7} - 2n + \cos^3 n^2}; \quad \text{f)} \sum_{n=1}^{\infty} \frac{2 - \operatorname{sen}^2 3n}{2^n + n^2 + 1}; \quad \text{g)} \sum_{n=2}^{\infty} \frac{1}{(\log n)^k};$$

$$\text{h)} \sum_{n=2}^{\infty} \frac{1}{(\log n)^n}; \quad \text{i)} \sum_{n=2}^{\infty} \frac{1}{n\sqrt{n}\log n}; \quad \text{j)} \sum_{n=1}^{\infty} \frac{1}{n\sqrt{n}}; \quad \text{k)} \sum_{n=1}^{\infty} \frac{\sqrt{n+1} - \sqrt{n}}{\sqrt{n}}.$$

6. Sejam $p_k(n)$ e $p_r(n)$ polinômios em n de graus k e r respectivamente. Prove que se $r - k \geq 2$ a série $\sum p_k(n)/p_r(n)$ é convergente, e se $r - k \leq 1$ ela é divergente.

7. Sendo $a > b > 0$, mostre que a série de termo geral $a_n = (a^n - b^n)^{-1}$ é convergente se $a > 1$ e divergente se $a \leq 1$.

8. Supondo $a_n \geq 0$ e $a_n \to 0$, prove que $\sum a_n$ converge ou diverge se, e somente se, $\sum a_n/(1 + a_n)$ converge ou diverge, respectivamente.

9. Prove que, se $a_n \geq 0$ e $\sum a_n$ converge, então $\sum a_n^2/(1 + a_n^2)$ converge. Construa um exemplo em que a primeira dessas séries diverge e a segunda converge; e outro exemplo em que ambas divergem.

10. Prove que, sendo $c > 0$, a série $\sum \operatorname{sen}(c/n)$ é divergente.

11. Prove que se (a_n) é uma seqüência não crescente e $\sum a_n$ converge, então $na_n \to 0$. Isso pode não ser verdade se (a_n) oscilar, como ilustra o exercício seguinte. Observe que a condição $na_n \to 0$ não é suficiente para a convergência da série; um contra-exemplo é a série $\sum 1/(n \log n)$, que é divergente. (Veja o Exemplo 5.18, p. 89).

12. Construa uma série convergente de termos positivos $\sum a_n$ tal que na_n não tenda a zero.

Sugestões

3. $(a - b)^2 \geq 0 \Rightarrow 2ab \leq a^2 + b^2$.

4. Conseqüência do exercício anterior.

5. a) e b) dominam a série harmônica. Em c) e e), $n^{3/2}a_n \to c > 0$. Algo parecido em d). Em f), $0 < 2^n a_n < 2 + |\operatorname{sen}^2 3n| < 3$, logo, $a_n < 3/2^n$. g) Diverge. Observe que se $k > 0$, $\log n < n^{1/k}$ a partir de um certo N. h) Converge, pois $\log n > 2$ a partir de certo N. i) Converge. No caso da série em k), observe que

$$\sqrt{n+1} - \sqrt{n} = \frac{1}{\sqrt{n+1} + \sqrt{n}}$$

7. $(a^n - b^n)^{-1} = (1/a)^n[1 - (b/a)^n]^{-1}$.

11. Sendo S a soma da série, $S_{2n} - S_n = a_{n+1} + \ldots + a_{2n} \geq na_{2n}$. Isso permite provar o resultado desejado para n par. Para n ímpar observe que $(2n+1)a_{2n+1} \leq (2n+1)a_{2n}$.

12. Tome uma série convergente (por exemplo, $\sum q^n$, com $0 < q < 1$) e substitua por $1/n$ uma infinidade de seus termos a_n, tomados cada vez mais espaçadamente para não destruir a convergência. Por exemplo, substitua os termos de ordem $n = k^2$ por $1/n = 1/k^2$.

5.4 Teste da razão

Uma importante conseqüência do teste de comparação é o chamado *teste da razão* ou *teste de d'Alembert* que consideramos a seguir.

5.14. Teorema (teste da razão). *Seja $\sum a_n$ uma série de termos positivos tal que existe o limite L do quociente a_{n+1}/a_n. Então, a série converge se $L < 1$ e diver se $L > 1$, sendo inconclusivo o caso em que $L = 1$.*

Demonstração. Seja c um número compreendido entre L e 1. Supondo $L < 1$, esse número c também será menor que 1. A partir de um certo índice N teremos $a_{n+1}/a_n < c$, ou seja, $a_{n+1} < a_n c$. Daqui obtemos as desigualdades

$$a_{N+1} < a_N c,\ a_{N+2} < a_{N+1}c < a_N c^2,\ a_{N+3} < a_{N+2}c < a_N c^3, \ldots;$$

em geral, $a_{N+j} < a_N c^j$, $j = 1, 2, \ldots$. Isso mostra que a partir do índice $N + 1$ a série dada é majorada pela série geométrica $a_N \sum c^j$, que é convergente, pois $0 < c < 1$. Então a série original também é convergente, pelo teste de comparação.

O raciocínio, no caso $L > 1$, é mais simples ainda, pois então, a partir de um certo N, $a_{N+1} > a_N$, $a_{N+2} > a_{N+1} > a_N$; em geral, $a_{N+j} > a_N$, provando que o termo geral a_{N+j} não tende a zero, logo a série diverge.

A demonstração do teorema deixa claro que nem precisa existir o limite nele referido; basta que, a partir de um certo índice N, tenhamos sempre $a_{n+1}/a_n \le c < 1$ ou sempre $a_{n+1}/a_n \ge 1$.

5.15. Corolário. *A série de termos positivos $\sum a_n$ é convergente se a partir de um certo índice vale sempre $a_{n+1}/a_n \le c < 1$; e divergente se a partir de um certo índice vale sempre $a_{n+1}/a_n \ge 1$.*

5.16. Exemplos. A convergência de cada uma das três séries dadas em (5.4) pode ser estabelecida facilmente pelo teste da razão, sem precisar descobrir de antemão como os termos dessas séries tendem a zero. Aliás, provando-se, pelo teste da razão, que essas séries convergem, teremos provado o resultado (4.10) (p. 90). Consideremos, como ilustração, a terceira das séries em (5.4), para a qual $a_n = n!/n^n$, logo,

$$\frac{a_{n+1}}{a_n} = \frac{(n+1)!}{(n+1)^{n+1}} \cdot \frac{n^n}{n!} = \frac{1}{(1+1/n)^n} \to \frac{1}{e} < 1,$$

donde segue a convergência da série. O cálculo desse limite no caso das outras duas séries resulta em $1/a$ e zero, respectivamente; é um cálculo fácil, como o leitor pode verificar.

Observe que o teste da razão nada nos diz se $\lim a_{n+1}/a_n = 1$. É o que acontece no caso das séries $\sum 1/n$ e $\sum 1/n^2$, a primeira divergente e a segunda convergente. Em ambos os casos a_{n+1}/a_n tem limite 1; no entanto, a primeira diverge e a segunda converge.

Exercícios

Teste cada uma das séries seguintes, verificando se converge ou não:

1. $\sum_{n=1}^{\infty} n^b a^n$, $0 < a < 1$.

2. $\sum_{n=1}^{\infty} \frac{\sqrt{n}}{2^n}$.

3. $\sum_{n=1}^{\infty} \frac{(n!)^2}{(2n)!}$.

4. $\sum_{n=1}^{\infty} \frac{a^n}{2^{n^2}}$, $a > 0$.

5. $\sum_{n=1}^{\infty} \frac{(n!)^2 a^n}{2^{n^2}}$.

6. $\sum_{n=1}^{\infty} \frac{2^n n!(1-\cos n^2)}{2 \cdot 5 \cdot 8 \ldots (3n-1)}$.

7. $\sum_{n=1}^{\infty} \frac{3^n n!(2+\operatorname{sen} n^2)}{3 \cdot 5 \cdot 7 \ldots (2n-1)}$.

8. Dada uma série convergente de termos positivos $\sum a_n = S$, prove que, se a partir de um certo índice N, $a_{n+1}/a_n \leq q < 1$, então $S - S_n \leq a_N q^{n+1-N}/(1-q)$ para $n > N$.

9. Sejam $\sum a_n$ e $\sum b_n$ séries de termos positivos, esta última convergente. Suponhamos que exista N tal que $n > N \Rightarrow a_{n+1}/a_n \leq b_{n+1}/b_n$. Prove que $\sum a_n$ converge.

10. Obtenha a primeira parte do Teorema 5.14 como conseqüência do exercício anterior.

Sugestões

1. $\frac{a_{n+1}}{a_n} = (1+1/n)^b a$.

2. $\frac{a_{n+1}}{a_n} = \frac{1}{2}\sqrt{1+\frac{1}{n}}$.

3. $\frac{a_{n+1}}{a_n} = \frac{(n+1)^2}{(2n+1)(2n+2)}$.

4. $\frac{a_{n+1}}{a_n} = \frac{2^{n^2} a}{2^{(n+1)^2}} = \frac{a}{2^{2n+1}}$.

5. $\frac{a_{n+1}}{a_n} = \frac{a[(n+1)!]^2 2^{n^2}}{(n!)^2 2^{(n+1)^2}} = \frac{a(n+1)^2}{2^{2n+1}}$.

6. $0 < a_n \leq \frac{2^n n!}{5 \cdot 8 \ldots (3n-1)} = b_n$, $\quad \frac{b_{n+1}}{b_n} = \frac{2(n+1)}{3n+2} \to \frac{2}{3}$.

7. $a_n \geq \frac{3^n n!}{3 \cdot 5 \cdot 7 \ldots (2n-1)} = b_n$, $\quad \frac{b_{n+1}}{b_n} = \frac{3(n+1)}{2n+1} \to \frac{3}{2}$.

9. Escreva a desigualdade do enunciado para os índices N, $N+1, \ldots, n$ e multiplique, membro a membro, as desigualdades obtidas.

10. Sendo $L < c < 1$, $\frac{a_{n+1}}{a_n} \leq c \leq \frac{c^{n+1}}{c^n}$, a partir de um certo N.

5.5 Teste da integral

Um outro teste de convergência de séries de muita utilidade é o chamado teste da integral, porque se baseia na comparação da série com a integral de uma função.

5.17. Teorema. *Seja $f(x)$ uma função positiva, contínua e decrescente em $x \geq 1$, e $a_n = f(n)$. Então*

$$\sum_{n=2}^{N} f(n) < \int_1^N f(x)dx < \sum_{n=1}^{N-1} f(n). \tag{5.5}$$

Em conseqüência, a série $\sum a_n$ converge ou diverge, conforme a integral que aí aparece seja convergente ou divergente, respectivamente, com $N \to \infty$.

Demonstração. A primeira somatória em (5.5) é a soma das áreas dos retângulos sombreados da Fig. 5.1a, entre as abscissas $x = 1$ e $x = N$. Esses retângulos jazem sob a curva $y = f(x)$, devido ao fato de esta função ser não-crescente. Isto prova a primeira desigualdade em (5.5), pois a integral é a área sob a curva. De maneira análoga prova-se a segunda desigualdade, bastando observar que a última somatória em (5.5) é a soma das áreas dos retângulos sombreados da Fig. 5.1b, que supera a área sob a curva $y = f(x)$ entre as abscissas $x = 1$ e $x = N$.

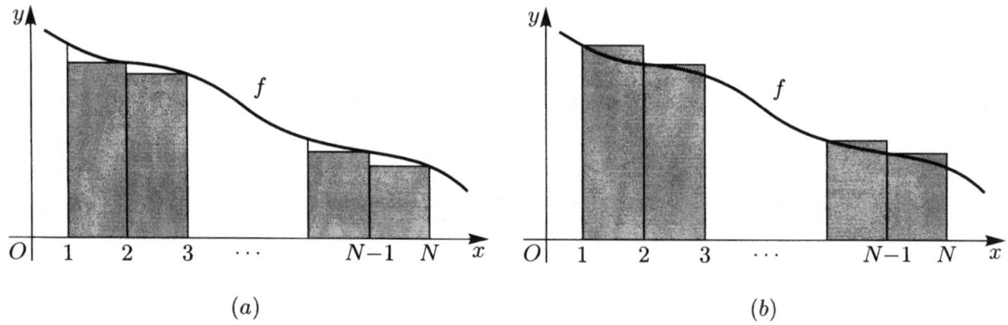

Figura 5.1

O teste da integral segue imediatamente das desigualdades (5.5): se a integral converge, basta fazer $N \to \infty$ na primeira dessas desigualdades para se concluir que a série converge. Reciprocamente, se a série converge, fazemos $N \to \infty$ na segunda desigualdade e concluímos que a integral converge, o que completa a demonstração.

5.18. Exemplos. A série $\sum_{n=2}^{\infty} \frac{1}{n \log n}$ é divergente, pois

$$\int_2^n \frac{dx}{x \log x} = \log \log x \Big|_2^n \to \infty.$$

É interessante observar que se aumentarmos, por pouco que seja, o logaritmo no denominador, obteremos uma série convergente. Assim, dado $\varepsilon > 0$ por pequeno que seja,

$$\int_2^n \frac{dx}{x(\log\ x)^{1+\varepsilon}} = \frac{-1}{\varepsilon(\log x)^{\varepsilon}}\Big|_2^n \to \frac{1}{\varepsilon(\log 2)^{\varepsilon}},$$

donde concluímos que a série $\sum_{n=2}^{\infty} \frac{1}{n(\log n)^{1+\varepsilon}}$ é convergente.

Exercícios

1. Use o teste da integral para mostrar que a série harmônica é divergente.

2. Faça o mesmo para mostrar que a série $\sum 1/n^x$ é convergente se $x > 1$ e divergente se $x < 1$.

3. Faça o mesmo para estabelecer as seguintes desigualdades:

$$\text{a) } \sum_{n=1}^{\infty} \frac{1}{n^2} < 2; \quad \text{b) } \sum_{n=1}^{\infty} \frac{1}{n^2+1} < \frac{\pi}{2}; \quad \text{c) } \sum_{n=1}^{\infty} \frac{1}{n^3} < \frac{3}{2}.$$

4. Mostre, pelo teste da integral, que as séries seguintes são convergentes:

$$\text{a) } \sum_{n=1}^{\infty} e^{-n}; \quad \text{b) } \sum_{n=1}^{\infty} ne^{-n^2}; \quad \text{c) } \sum_{n=1}^{\infty} ne^{-n}; \quad \text{d) } \sum_{n=1}^{\infty} n^k e^{-n}.$$

Neste último item, k é um número real qualquer.

5. Estabeleça a convergência da série $\sum (e/n)^n$ e prove a convergência da integral

$$\int_1^{\infty} (e/x)^x dx.$$

6. Estabeleça a convergência da série $\sum_{n=2}^{\infty} dis \frac{1}{(\log n)^{\log n}}$.

7. Sendo $f(x)$ uma função crescente em $x \geq 1$, prove que

$$f(1) + \ldots + f(n-1) < \int_1^n f(x)dx < f(2) + \ldots + f(n).$$

8. Fazendo $f(x) = \log x$ no exercício anterior, prove que

$$e^{1-n} < \frac{n!}{n^n} < ne^{1-n},$$

donde segue, em particular, que $\sqrt[n]{n!}/n \to 1/e$.

9. Verifique que o teste da razão não permite saber se a série $\sum e^n n!/n^n$ converge ou não. Prove que esta série é divergente, usando o resultado do exercício anterior.

Sugestões

3. Integre, em cada caso, uma função $f(x)$ apropriada.

5. A convergência da série pode ser obtida como conseqüência da convergência das duas últimas séries em (5.4) (p. 117), pois $(e/n)^n = (e^n/n!)(n!/n^n)$.

6. Basta provar que é convergente a integral, de 2 a ∞, da função

$$f(x) = (\log x)^{-\log x} = e^{-(\log x)\log\log x} = e^{-g(x)},$$

onde $g(x)$ tem significado óbvio. (É fácil verificar que $f(x)$ é decrescente a partir de um certo x_0, pois $g'(x) = x^{-1}(\log\log x + 1) > 0$ a partir de um certo x_0.) Para isso fazemos a substituição $y = \log x$, donde

$$\int_2^\infty f(x)dx = \int_{\log 2}^\infty (e/y)^y dy,$$

integral esta que sabemos ser convergente pelo exercício anterior.

5.6 Convergência absoluta e condicional

Diz-se que uma série $\sum a_n$ *converge absolutamente*, ou é *absolutamente convergente*, se a série $\sum |a_n|$ é convergente. Pode acontecer, como veremos adiante, que $\sum a_n$ seja convergente e $\sum |a_n|$ divergente, em cujo caso dizemos que a série $\sum a_n$ é *condicionalmente convergente*.

5.19. Teorema. *Toda série absolutamente convergente é convergente. Mais do que isso, é comutativamente convergente, isto é, a soma da série dada independe da ordem de seus termos.*

Demonstração. Sejam p_n a soma dos termos $a_r \geq 0$ e q_n a soma dos valores absolutos dos termos a_r negativos, onde, em ambos os casos, $r \leq n$. Então, as reduzidas das séries $\sum |a_n|$ e $\sum a_n$ são dadas por

$$T_n = |a_1| + |a_2| + \ldots + |a_n| = p_n + q_n \tag{5.6}$$

e

$$S_n = a_1 + a_2 + \ldots + a_n = p_n - q_n, \tag{5.7}$$

respectivamente. As seqüências (T_n), (p_n) e (q_n) são não decrescentes, a primeira das quais, por hipótese, é convergente. Seja T seu limite. Temos que $p_n \leq T_n \leq T$ e $q_n \leq T_n \leq T$, donde concluímos que (p_n) e (q_n)convergem. Sejam p e q seus respectivos limites. Então $S_n$também converge: $S_n = p_n - q_n \to p - q$. Isso completa a demonstração da primeira parte do teorema.

Para ver que a soma da série dada independe da ordem de seus termos, basta notar que p_n e q_n são reduzidas de séries de termos não negativos, e as somas dessas séries independem da ordem em que se considerem seus termos, como vimos no Teorema 5.6 (p. 112).

Outro modo de provar a convergência da série utiliza o critério de Cauchy. Para isso observamos que

$$|a_{n+1} + \ldots + a_{n+p}| \leq |a_{n+1}| + \ldots + |a_{n+p}|.$$

Ora, dado qualquer $\varepsilon > 0$, existe um índice N tal que $n > N$ acarreta esta última soma ser menor do que ε, logo, o mesmo acontece com a primeira.

5.20. Exemplo. Vamos provar que a série

$$\sum_{n=1}^{\infty} a_n = \sum_{n=1}^{\infty} \frac{\text{sen } 3n^2}{n^2 - \sqrt{n+9}}$$

é absolutamente convergente. Para isso observamos que a partir de $n = 2$ o denominador é positivo e

$$n^2|a_n| = \frac{n^2|\text{sen } 3n^2|}{n^2 - \sqrt{n+9}} \leq \frac{n^2}{n^2 - \sqrt{n+9}} \to 1,$$

de sorte que, a partir de um certo N, $n^2|a_n| < 2$ e isso prova que$\sum |a_n|$ é convergente.

Séries alternadas e convergência condicional

Diz-se que uma série é *alternada* quando seus termos têm sinais alternadamente positivos e negativos. Para essas séries vale a recíproca do Teorema 5.1 (p. 108), desde que o valor absoluto do termo geral tenda a zero *decrescentemente*. É o que veremos a seguir.

5.21. Teorema (teste de Leibniz). *Seja* (a_n) *uma seqüência que tende a zero decrescentemente, isto é,* $a_1 \geq a_2 \geq \ldots$, $a_n \to 0$. *Então, a série alternada* $\sum(-1)^{n+1}a_n$ *converge. Além disso, o erro que se comete tomando-se uma reduzida qualquer da série como valor aproximado de sua soma é, em valor absoluto, menor ou igual ao primeiro termo desprezado.*

Demonstração. Consideremos separadamente as reduzidas de ordem par e de ordem ímpar da série dada, as quais podem ser escritas assim:

$$S_{2n} = (a_1 - a_2) + (a_3 - a_4) + \ldots + (a_{2n-1} - a_{2n})$$

e

$$S_{2n+1} = a_1 - (a_2 - a_3) - \ldots - (a_{2n} - a_{2n+1}),$$

por onde vemos que (S_{2n}) é não-decrescente e (S_{2n+1}) é não-crescente. Além disso, $S_{2n} = S_{2n+1} - a_{2n+1} \leq S_{2n+1} \leq a_1$, isto é, (S_{2n}) é não decrescente e limitada; portanto, converge para um certo número S. Este é também o limite da seqüência de reduzidas de ordem ímpar, como se vê passando ao limite em $S_{2n+1} = S_{2n} + a_{2n+1}$. Concluímos que a seqüência (S_n) converge para o mesmo número S (Exercício 3 da p. 92).

Quanto ao erro, observe que as desigualdades

$$S_{2n} \leq S \leq S_{2n+1} \quad \text{e} \quad S_{2n+2} \leq S \leq S_{2n+1}$$

nos dão:

$$0 \leq S - S_{2n} \leq S_{2n+1} - S_{2n} = a_{2n+1}$$

e

$$0 \leq S_{2n+1} - S \leq S_{2n+1} - S_{2n+2} = a_{2n+2}.$$

Isso prova que $|S_n - S| \leq a_{n+1}$ para todo n e conclui a demonstração.

5.22. Exemplo. Pelo teorema anterior, a série harmônica alternada,

$$1 - \frac{1}{2} + \frac{1}{3} - \frac{1}{4} + \ldots = \sum_{n=1}^{\infty} \frac{(-1)^{n+1}}{n}.$$

é convergente; portanto, condicionalmente convergente, pois a série de módulos, $\sum 1/n$, é a série harmônica que, como sabemos, diverge.

As séries condicionalmente convergentes são, por natureza, vagarosas no convergir. A mudança da ordem de seus termos muda a soma da série, e pode mudar tanto que é possível reordenar convenientemente os termos da série para que sua soma seja qualquer número dado de antemão. Esse surpreendente resultado, que discutiremos a seguir, foi descrito e demonstrado por Riemann em um de seus trabalhos.

5.23. Teorema. *Se uma dada série* $\sum a_n$ *é condicionalmente convergente, seus termos podem ser reordenados de maneira que a série convirja para qualquer número* S *que se prescreva.*

Demonstração. Com a mesma notação do Teorema 5.19, como $T_n \to \infty$, vemos, por (5.6), que o mesmo ocorre com p_n ou q_n. Mas S_n converge; logo, por (5.7), ambos p_n e q_n tendem a infinito. Agora é fácil ver como reordenar os termos da série para que sua soma seja S: da seqüência $a_1, a_2, \ldots$ vamos tirando elementos positivos, na ordem em que aparecem, e somando-os até obtermos um número maior do que S; em seguida vamos adicionando a esse resultado elementos negativos até obtermos uma soma menor do que S; e voltamos a adicionar elementos positivos, depois negativos, e assim por diante. Como a série original converge, $a_n \to 0$, de sorte que, dado qualquer $\varepsilon > 0$, existe N tal que $n > N \Rightarrow |a_n| < \varepsilon$. Ora, o reordenamento descrito produz uma série

$$a'_1 + a'_2 + a'_3 + \ldots + a'_n + \ldots,$$

cujas reduzidas S'_j têm a seguinte propriedade: existe J tal que, sendo $j > J$, S'_j incorpora todos os elementos da série original com índices que vão de 1 até $N+1$, de forma que o último elemento da série original que aparece em S'_j tem índice $n_j > N$; logo, tem valor absoluto menor do que ε. E foi esse elemento que fez a soma S'_j ultrapassar o número S, seja para a direita ou para a esquerda, de sorte que $|S'_j - S| < |a_{n_j}|$. Assim, podemos concluir que

$$j > J \Rightarrow |S'_j - S| < \varepsilon,$$

e isso completa a demonstração do teorema.

Deste último teorema e do Teorema 5.19 segue facilmente o corolário que enunciamos a seguir.

5.24. Corolário. *Uma condição necessária e suficiente para que uma série seja comutativamente convergente é que ela seja absolutamente convergente.*

Os resultados sobre séries aqui discutidos são os mais freqüentemente usados. Porém, muitos outros existem, principalmente testes de convergência, mas que não serão tratados aqui.

Exercícios

Verifique, em cada um dos exercícios seguintes, se a série dada é convergente; e, em caso afirmativo, se absoluta ou condicionalmente.

1. $\sum_{n=1}^{\infty} \frac{\cos 3n}{n^2+1}$; **2.** $\sum_{n=1}^{\infty} \frac{(-1)^n n}{n^2+1}$; **3.** $\sum_{n=1}^{\infty} \frac{(-1)^n \sqrt{n}}{n+1}$

4. $\sum_{k=1}^{\infty} \frac{\cos k - \operatorname{sen} k}{k\sqrt{k}}$; **5.** $\sum_{n=1}^{\infty} \frac{2+\cos n}{\sqrt{n}(2+\sqrt{n})}$; **6.** $\sum_{n=1}^{\infty} n! e^{-n} \operatorname{sen} \frac{1}{n}$;

7. $\sum_{n=2}^{\infty} \frac{(-1)^n}{\log n}$; **8.** $\sum_{n=1}^{\infty} \frac{(-1)^n n^2}{\sqrt{(n!)}} \operatorname{sen} \frac{1}{3n}$; **9.** $\sum_{n=1}^{\infty} \frac{[2^n - (-3)^n]}{(2n)! - n!}$;

10. $\sum_{k=1}^{\infty} \frac{k! \operatorname{sen} k}{3 \cdot 5 \ldots (2k-1)}$; **11.** $\sum_{n=1}^{\infty} \frac{(n!)^2}{(2n)!} \cos n$; **12.** $\sum_{n=1}^{\infty} \frac{(2n)!(\cos n)}{(n!)^3}$.

5.7 Notas históricas e complementares

A origem das séries infinitas

A possibilidade de representar funções por meio de séries infinitas, particularmente séries de potências, foi percebida desde o início do desenvolvimento do Cálculo no século XVII, tendo-se constituído em um dos mais poderosos estímulos a esse desenvolvimento.

Mas as séries infinitas são conhecidas desde a antigüidade. A primeira a ocorrer na História da Matemática é uma série geométrica de razão $1/4$, que intervém no cálculo da área da parábola, feito por Arquimedes. Seguindo a tradição grega de evitar o infinito, pelas dificuldades lógicas que esse conceito poderia acarretar, Arquimedes evita somar todos os termos da referida série; ele observa que a soma de uma certa quantidade à reduzida de ordem n produz uma quantidade independente de n, que é a soma da série.[1]

Depois dessa ocorrência de uma série geométrica num trabalho de Arquimedes, as séries infinitas só voltariam a aparecer na Matemática cerca de 1500 anos mais tarde, no século XIV. Nessa época havia um grupo de matemáticos na Universidade de Oxford que estudava a cinemática, ou fenômeno do movimento. Foi esse estudo que levou à reconsideração das séries infinitas. E foi então que se descobriu que o termo geral de uma série pode tender a zero sem que a série seja convergente. Isto ocorreu em conexão com a série harmônica e a descoberta foi feita por Nicole Oresme, de quem falaremos logo adiante.

[1]Veja nosso artigo na *Revista Matemática Universitária*, Nº 4, Dezembro de 1986.

A divergência da série harmônica

A divergência da série harmônica é um fato notável, que jamais seria descoberto experimentalmente. De fato, se fôssemos capazes de somar cada termo da série em um segundo de tempo, como um ano tem aproximadamente $365,25 \times 24 \times 60 \times 60 = 31\,557\,600$ segundos, nesse período de tempo seríamos capazes de somar a série até $n = 31\,557\,600$, obtendo para a soma um valor pouco superior a 17; em 10 anos a soma chegaria a pouco mais de 20; em 100 anos, a pouco mais de 22. Como se vê, esses números são muito pequenos para indicar divergência da série; não somente isso, mas depois de 100 anos já estaríamos somando algo muito pequeno, da ordem de 3×10^{-9}. É claro também que é impossível efetuar essas somas para valores tão grandes de n.

Vamos fazer mais um exercício de imaginação. Hoje em dia temos computadores muito rápidos, e a tecnologia está produzindo máquinas cada vez mais rápidas. Mas isso tem um limite, pois, como sabemos, nenhum sinal físico pode ser transmitido com velocidade superior à da luz. Portanto, nenhum computador poderá efetuar uma soma em tempo inferior a 10^{-23} segundos, que é o tempo gasto pela luz para percorrer distância igual ao diâmetro de um elétron. Pois bem, com tal computador, em um ano, mil anos e um bilhão de anos, respectivamente, poderíamos somar termos em números iguais a

$$315576 \times 10^{25}, \quad 315576 \times 10^{28} \quad \text{e} \quad 315576 \times 10^{34}.$$

E veja os resultados aproximados que obteríamos para a soma da série harmônica, em cada um desses casos, respectivamente:

$$70,804, \quad 77,718 \quad \text{e} \quad 91,5273.$$

Imagine, finalmente, que esse computador estivesse ligado desde a origem do universo, há 16 bilhões de anos. Ele estaria hoje obtendo o valor aproximado de 94,2999 para soma da série harmônica, um número ainda muito pequeno para fazer suspeitar que a série diverge.

— Mas como se chega ao número 94,2999, se o (idealizado) computador mais rápido que se possa construir deveria ficar ligado durante 16 bilhões de anos?

Sim, não há como fazer essa soma, mas existem métodos que permitem substituir a soma S_n dos n primeiros termos da série por uma expressão matemática que aproxima S_n e que pode ser calculada numericamente; e os matemáticos sabem disso há mais de 300 anos!...[2]

Nicole Oresme e a série de Suiseth

Nicole Oresme foi um destacado intelectual em vários ramos do conhecimento, como Filosofia, Matemática, Astronomia, Ciências Físicas e Naturais. Além de professor universitário, Oresme era conselheiro do rei, principalmente na área de finanças públicas; e nessa função revelou-se um homem de larga visão, recomendando medidas monetárias que tiveram grande sucesso na prática. Ao lado de tudo isso, Oresme foi também bispo

[2] O leitor curioso pode ver a explicação desses métodos em nosso artigo na *Revista Matemática Universitária*, N° 19, Dezembro de 1995.

de Lisieux.

Oresme mantinha contato com o grupo de pesquisadores de Oxford e contribuiu no estudo de várias das séries estudadas nessa época. Uma dessas séries é a seguinte:

$$S = \frac{1}{2} + \frac{2}{4} + \frac{3}{8} + \ldots = \sum_{n=1}^{\infty} \frac{n}{2^n}.$$

Essa série foi considerada, por volta de 1350, por Richard Suiseth, um dos matemáticos de Oxford. Ela surge a propósito de um movimento que se desenvolve durante o intervalo de tempo [0, 1] da seguinte maneira: a velocidade permanece constante e igual a 1 durante a primeira metade do intervalo, de zero a 1/2: dobra de valor no segundo subintervalo (de duração 1/4), triplica no terceiro subintervalo (de duração 1/8), quadruplica no quarto subintervalo (de duração 1/16) etc. Como se vê, a soma da série assim construída é a soma dos produtos da velocidade pelo tempo em cada um dos sucessivos sub-intervalos de tempo e representa o espaço total percorrido pelo móvel.

Suiseth achou o valor 2 para a soma através de um longo e complicado argumento verbal. Mais tarde, Oresme, deu uma explicação geométrica bastante interessante para a soma da série. Observe que essa soma é igual à área da figura formada com uma infinidade de retângulos verticais, como ilustra a Fig. 5.2a. O raciocínio de Suiseth, combinado com a interpretação geométrica de Oresme, se traduz simplesmente no seguinte: a soma das áreas dos referidos retângulos verticais é igual à soma das áreas dos retângulos horizontais da Fig. 5.2b. Ora, isso é o mesmo que substituir o movimento original por uma sucessão infinita de movimentos, todos com velocidade igual à velocidade original: o primeiro no intervalo de tempo [0, 1]; o segundo no intervalo de tempo [1/2, 1]; o terceiro no intervalo [3/4, 1]; e assim por diante. Vê-se assim que o espaço percorrido (soma das áreas dos retângulos da Fig. 5.2b) é agora dado pela soma da série geométrica

$$S = 1 + \frac{1}{2} + \frac{1}{4} + \frac{1}{8} + \ldots = \sum_{n=0}^{\infty} \frac{1}{2^n}.$$

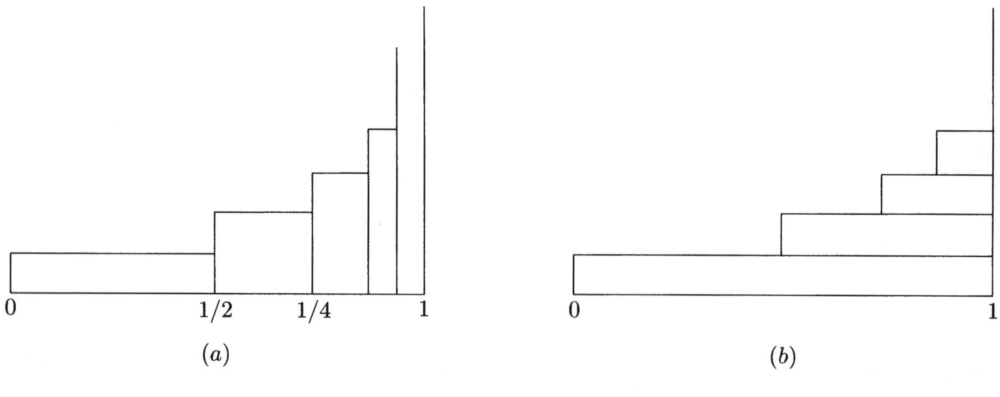

Figura 5.2

Isso permite obter a soma da série original, pois sabemos somar uma série geométrica; no caso desta última o valor é 2. Hoje em dia a maneira natural de somar a série de

Suiseth é esta:

$$S=\sum_{n=1}^{\infty}\frac{n}{2^n}=\sum_{n=1}^{\infty}\frac{1+(n-1)}{2^n}=\sum_{n=1}^{\infty}\frac{1}{2^n}+\sum_{n=2}^{\infty}\frac{n-1}{2^n}$$

$$=1+\frac{1}{2}\sum_{n=2}^{\infty}\frac{n-1}{2^{n-1}}=1+\frac{1}{2}\sum_{n=1}^{\infty}\frac{n}{2^n}=1+\frac{S}{2},$$

donde $S=2$. Deixamos ao leitor a tarefa de interpretar esse procedimento em termos do raciocínio de Suiseth e Oresme.

As séries infinitas, como dissemos acima, tiveram um papel importante no desenvolvimento do Cálculo, desde o início desse desenvolvimento no século XVII. Mas foi no século XIX que as idéias de convergência e somas infinitas atingiram plena maturidade, e isso devido, principalmente, ao trabalho de Cauchy, de que falaremos a seguir.

Cauchy e as séries infinitas

Augustin-Louis Cauchy é a figura mais influente da Matemática na França de sua época. Como professor da Escola Politécnica ele escreveu vários livros didáticos, bastante inovadores, por isso mesmo tiveram grande influência por várias décadas. O primeiro desses livros é o *Cours d'Analyse* de 1821, cujo capítulo VI é dedicado às séries, e contém quase todos os resultados que discutimos no presente capítulo. É também aí que aparece o critério de convergência que viria ser chamado "de Cauchy", formulado nos seguintes termos:

"... para que a série $u_0,\ u_1,\ u_2, \ldots u_n,\ u_{n+1}$, &c... *seja convergente, é necessário e suficiente que valores crescentes de n façam convergir indefinidamente a soma* $s_n = u_0+u_1+u_2+$ &c... $+\,u_{n-1}$ *para um valor fixo s: em outras palavras, é necessário e suficiente que, para valores infinitamente grandes do número n, as somas* $s_n,\ s_{n+1},\ s_{n+2}$, &c... *difiram da soma s, e por conseqüência entre elas, por quantidades infinitamente pequenas.*"

O pouco mais que Cauchy escreve em seguida sobre esse critério nada acrescenta de substancial, apenas esclarece ser [...necessário e suficiente] "*que, para valores crescentes de n, as somas das quantidades* $u_n,\ u_{n+1},\ u_{n+2}$, &c... *tomadas, a partir da primeira, tantas quantas se queiram, resultem sempre em valores numéricos inferiores a todo limite prescrito.*"

Ao contrário de Bolzano, Cauchy sequer acena com uma demonstração — parece julgá-la desnecessária —, limitando-se a usar esse critério para provar que a série harmônica é divergente e que a série alternada $\sum(-1)^n/n$ é convergente. No primeiro caso ele observa que

$$S_{2n}-S_n=\frac{1}{n+1}+\frac{1}{n+2}+\ldots+\frac{1}{2n}>\frac{1}{2},$$

donde conclui que a série é divergente. No segundo caso o raciocínio é o seguinte, supondo $m>n$: se $m-n$ for ímpar,

$$|S_n-S_m|=\frac{1}{n+1}-\left(\frac{1}{n+2}-\frac{1}{n+3}\right)-\ldots-\left(\frac{1}{m-1}-\frac{1}{m}\right);$$

e se $m - n$ for par,

$$|S_n - S_m| = \frac{1}{n+1} - \left(\frac{1}{n+2} - \frac{1}{n+3}\right) - \ldots - \left(\frac{1}{m-2} - \frac{1}{m-1}\right) - \frac{1}{m}$$

Em qualquer desses casos, $|S_n - S_m| < 1/n$, o que prova a convergência desejada. É fácil verificar que esse último raciocínio se aplica também à série alternada $\sum(-1)^n a_n$, onde (a_n) é uma seqüência nula não crescente. Aliás, a convergência dessa série já era sabida de Leibniz, o que explica atribuir-se a ele o teste dado no Teorema 5.21.

Essas são as únicas aplicações em que Cauchy utiliza seu critério de convergência, podendo-se então dizer que tal critério não teria feito falta alguma a Cauchy. Sua importância só se faria sentir mais tarde, no final do século, no trato de importantes problemas de aproximação, em equações diferenciais e cálculo de variações.

Embora, como dissemos, o trabalho de Cauchy tenha tido influência decisiva no desenvolvimento e consolidação do estudo da convergência das séries no século XIX, esse desenvolvimento vinha desabrochando desde o final do século anterior. E a esse respeito devemos mencionar aqui o importante trabalho de um ilustre autor português, José Anastácio da Cunha. As séries infinitas são discutidas no capítulo IX ("livro" IX) de sua obra "Princípios Mathematicos", onde se pode identificar uma verdadeira antecipação de muitas das idéias de Cauchy e seus contemporâneos, inclusive o "critério de convergência de Cauchy".[3]

[3]Veja o artigo de J. F. Queiró na *Revista Matemática Universitária*, Nº 14, Dezembro de 1992.

Capítulo 6

Funções, limite e continuidade

O leitor vem se familiarizando com a idéia de função desde o ensino médio. Tendo em conta a importância desse conceito no Cálculo e na Análise, vamos retomá-lo neste capítulo, começando com alguns aspectos de sua evolução histórica a partir do século XVII. Embora a idéia de função possa ser identificada em obras do século XIV, foi só a partir do século XVII que ela teve grande desenvolvimento e utilização. Isso porque, nessa época surgiu a Geometria Analítica, e muitos problemas matemáticos puderam ser convenientemente formulados e resolvidos em termos de variáveis ou incógnitas que podiam ser representadas em eixos de coordenadas.

6.1 Conceitos básicos

Uma das questões que ocupou a atenção dos matemáticos do século XVII foi o problema de traçar a reta tangente a uma dada curva (Fig. 6.1). Nesse problema intervêm várias grandezas, como a ordenada do ponto de tangência T, os comprimentos da tangente OT, da subtangente OA, da normal TN e da subnormal AN. E as investigações que sobre isso se faziam giravam em torno de equações envolvendo essas várias grandezas, as quais eram encaradas como diferentes variáveis ligadas à curva, em vez de serem vistas como funções separadas de uma única variável independente. Mas, aos poucos, uma dessas variáveis — no caso, a abscissa de T — foi assumindo o papel do que hoje chamamos a *variável independente*.

A palavra "função" foi introduzida por Leibniz em 1673, justamente para designar qualquer das várias variáveis geométricas associadas com uma dada curva. Só aos poucos é que o conceito foi-se tornando independente de curvas particulares e passando a significar a dependência de uma variável em termos de outras. Mas, mesmo assim, por todo o século XVIII, o conceito de função permaneceu quase só restrito à idéia de uma variável (dependente) expressa por alguma fórmula em termos de outra ou outras variáveis (independentes).

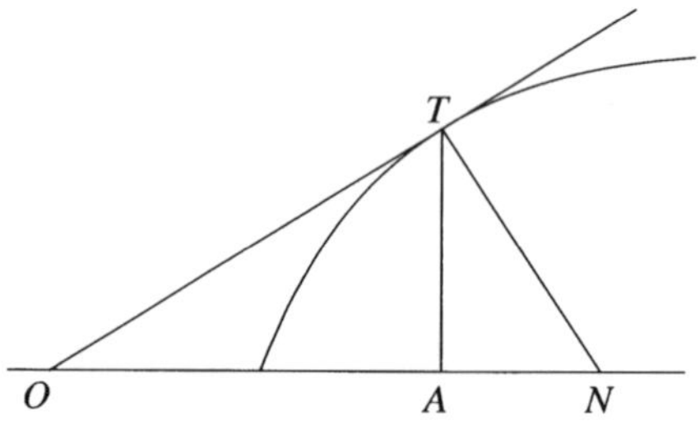

Figura 6.1

Ao lado da definição de função surgia o conceito de continuidade. Euler entendia por contínua a função que fosse dada por uma única expressão analítica, e por descontínua quando fosse dada por expressões diferentes em diferentes partes de seu domínio de definição. Mas isso resultava em interpretações contraditórias. Por exemplo, por um lado, a expressão

$$y = \frac{2}{\pi} \int_0^{\infty} \frac{x^2}{x^2 + t^2} dt$$

estaria definindo y como função contínua de x por ser dada por uma única expressão analítica. Acontece que essa integral pode ser facilmente calculada com a substituição $t = xs$, resultando em (faça o gráfico)

$$y = x \quad \text{se } x \geq 0 \quad \text{e} \quad y = -x \quad \text{se } x \leq 0.$$

Agora, de acordo com Euler, a função seria descontínua por ser dada por diferentes expressões analíticas em diferentes partes de seu domínio, uma clara contradição com a interpretação anterior.

O exemplo de função que acabamos de dar, em termos do processo infinito de integração, mostra que as idéias de função e continuidade então adotadas eram inadequadas, coisa que se tornou ainda mais evidente com o tratamento de funções por outro processo infinito, o das "séries trigonométricas". Essas séries já haviam sido utilizadas em meados do século XVIII por Daniel Bernoulli no estudo das vibrações de uma corda esticada, mas quem mais se valeu dessas séries foi o físico-matemático Joseph Fourier em seus estudos sobre propagação do calor em sólidos. Com efeito, Fourier realizou muitas investigações sobre esse fenômeno, partindo de uma equação a derivadas parciais, chamada "equação do calor". O procedimento de Fourier, que ficou consagrado até os dias de hoje, consistia em obter soluções particulares da equação, com as quais se montava uma série infinita com coeficientes a determinar. Estes eram encontrados pela imposição de certas condições à solução do problema, dentre as quais as chamadas "condições iniciais". Isso resultava em certas funções serem conhecidas pelo seu desenvolvimento nas tais séries trigonométricas. Eis um exemplo simples de tal função:

$$f(x) = \sum_{n=1}^{\infty} \frac{(-1)^{n+1}}{n} \operatorname{sen} nx.$$

Observe que os termos dessa série são funções regulares, bem comportadas. Isso fazia supor aos matemáticos da época que a soma infinita também fosse uma função bastante regular. O próprio Cauchy chegou a lidar com séries infinitas como se fosse assim. Acontece que a soma da série em pauta pode ser obtida em forma bem simples, e revela um fenômeno surpreendente: ela tem uma infinidade de pontos de descontinuidade, agora pontos onde ocorrem rupturas do gráfico da função. De fato, efetuada a soma (cujo procedimento não será considerado aqui), obtemos

$$f(x) = \frac{x}{2} \text{ se } -\pi < x < \pi; \quad f(-\pi) = f(\pi) = 0,$$

cujo gráfico, ilustrado na Fig. 6.2, é um segmento retilíneo que se repete periodicamente, com a aparência de uma serra, exibindo descontinuidades nos pontos $x = n\pi$. Como os termos da série inicial que define a função são todos eles funções contínuas e muito regulares, concluímos que foi o processo de soma infinita que fez surgir as descontinuidades do gráfico.

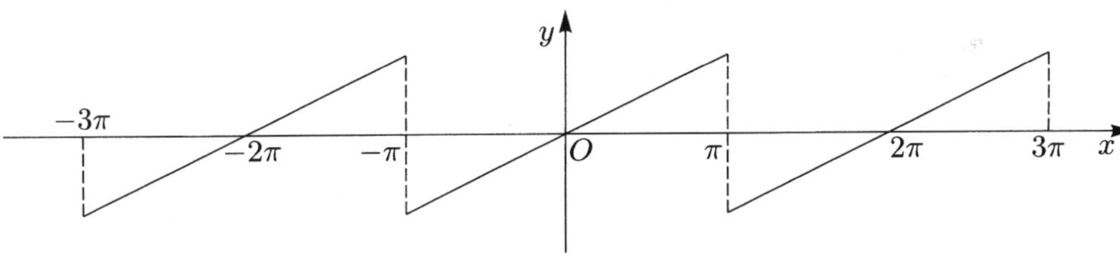

Figura 6.2

Exemplos de funções como esses dois que demos aqui deixam claro que os conceitos de função e continuidade então em voga eram mesmo inadequados. A definição mais geral de função que utilizamos hoje e que é dada logo a seguir, evoluiu principalmente dos trabalhos de Fourier e Dirichlet no século XIX, e sobre os quais falaremos mais em nota no final do capítulo.

6.1. Definição. *Uma função $f\colon D \mapsto Y$ é uma lei que associa elementos de um conjunto D, chamado o domínio da função, a elementos de um outro* *conjunto Y, chamado o contradomínio da função.*

Em geral, o contradomínio é um conjunto fixo, o mesmo para toda uma classe de funções sob consideração, não acontecendo necessariamente que todo elemento de Y provenha de algum elemento do domínio pela ação da função que esteja sendo considerada. Já com o domínio a situação é diferente, pois cada função tem seu domínio próprio, e a função age sobre todos os elementos de seu domínio.

Em nosso estudo estaremos interessados tão somente em funções cujos domínios sejam subconjuntos dos números reais, principalmente intervalos dos vários tipos considerados logo no início do Capítulo 4. O contradomínio será sempre o mesmo, o conjunto dos números reais.

Terminologia e notação

Costuma-se denotar com $f(x)$ o elemento que uma função f associa ao elemento x. Escreve-se:

$$f\colon\ x \in D \mapsto y = f(x),$$

significando com isso que y é a imagem de x pela f. Outro modo consiste em identificar a função com seu *gráfico*, que é o conjunto $f = \{(x, f(x)) : x \in D\}$. É muito comum dizer "seja a função $y = f(x)$", em cujo caso estamos usando o próprio símbolo $y = f(x)$ para denotar a função f, embora com certa impropriedade, pois $f(x)$ é o valor da função num valor particular de D. Portanto, quando essa notação é usada, deve-se entender que x denota qualquer valor no domínio D, por isso mesmo chama-se *variável* de domínio D, a chamada *variável independente*, enquanto que y é a *imagem de x pela função f*, a chamada *variável dependente.*

O conjunto de todos os valores da função,

$$I_f = \{y = f(x)\colon\ x \in D\},$$

é chamado a *imagem de D pela f*, e freqüentemente indicado por $f(D)$. De um modo geral, sendo A um subconjunto de D, define-se a imagem de A mediante a expressão

$$f(A) = \{f(x)\colon\ x \in A\}.$$

Para caracterizar uma função não basta prescrever a lei de correspondência f; é necessário também especificar seu domínio D. Freqüentemente as funções são dadas por fórmulas algébricas ou analíticas, como

$$f(x) = x^2 + 1; \quad f(x) = \int_{-\infty}^{x} e^{-t^2} dt; \quad f(x) = \sum_{n=1}^{\infty} \frac{1}{n^x}\ .$$

Mas nem sempre é assim; teremos oportunidade de lidar com funções dadas por leis bem gerais, que não se enquadram nessas categorias.

Muitas vezes o domínio de uma função não é mencionado, ficando subentendido tratar-se do maior conjunto para o qual a expressão que define a função faz sentido. Assim, nos dois primeiros exemplos acima, o domínio é o conjunto de todos os números reais, enquanto no último é o semi-eixo $x > 1$.

Uma função f com domínio D é dita *limitada à esquerda* ou *limitada inferiormente* se existe um número A tal que $A \leq f(x)$ para todo $x \in D$; e *limitada à direita* ou *limitada superiormente* se existe um número B tal que $f(x) \leq B$ para todo $x \in D$. Uma função que é limitada à direita e à esquerda ao mesmo tempo é dita, simplesmente, *limitada*; é claro que isso equivale a dizer que existe um número M tal que $|f(x)| \leq M$ para todo $x \in D$.

Diz-se que uma função g é *extensão* de uma função f, ou que f é restrição de g, se o domínio de f está contido no domínio de g e as duas funções coincidem no domínio de f. As operações sobre funções, como *adição, multiplicação, divisão*, etc., são definidas de maneira óbvia, em termos das mesmas operações sobre números. É claro que as funções sobre as quais se fazem essas operações devem ter o mesmo domínio; e se não for esse o caso, é necessário restringir os domínios ao conjunto interseção dos domínios das funções envolvidas. Por exemplo, embora a função $f(x) = x^2$ esteja definida para todo x real, o produto $g(x) = x^2\sqrt{x}$ é uma função com domínio $x \geq 0$, o mesmo da função $h(x) = \sqrt{x}$.

Vários tipos de função

Sejam f e g duas funções, com domínios D_f e D_g, respectivamente. Suponhamos que $g(D_g) \subset D_f$; assim, qualquer que seja $x \in D_g$, $g(x) \in D_f$ e podemos considerar $f(g(x))$. A função $h : x \mapsto f(g(x))$, com domínio D_g, é chamada *função composta* das funções f e g, freqüentemente indicada com o símbolo "fog". Por exemplo, $h(x) = \sqrt{x^2 - 1}$ é função composta das funções $f(x) = \sqrt{x}$ e $g(x) = x^2 - 1$. Como o domínio de f é o semi-eixo $x \geq 0$, o domínio de h é o conjunto dos números x tais que $|x| \geq 1$.

Diz-se que uma função $f\colon D \mapsto Y$ é *injetiva* ou *invertível* se

$$x \neq x' \Rightarrow f(x) \neq f(x').$$

Isso é o mesmo que afirmar: $f(x) = f(x') \Rightarrow x = x'$; e significa que cada elemento y da imagem de f provém de um único elemento x no domínio de f: $y = f(x)$. Isso nos permite definir a chamada *função inversa* da função f, freqüentemente indicada com o símbolo f^{-1} , que leva $y \in f(D)$ no elemento $x \in D$ tal que $f(x) = y$. É fácil ver então que $f^{-1}(f(x)) = x$ para todo x D e $f(f^{-1}(y)) = y$ para todo $y \in f(D)$.

Diz-se que uma função $f:\ D \mapsto Y$ é *sobrejetiva* se $f(D) = Y$. Uma função que é ao mesmo tempo injetiva e sobrejetiva tem inversa definida em todo o conjunto Y. Ela estabelece assim uma correspondência entre os elementos $x \in D$ e os elementos $y = f(x) \in Y$, que é chanada *correspondência biunívoca*, justamente por ser *unívoca* nos dois sentidos: cada elemento em D tem um e um só correspondente em Y pela f; e cada elemento de Y tem um e um só correspondente em D pela inversa f^{-1}. Uma função nessas condições é chamada uma *bijeção* ou *função bijetiva.* É claro que toda função injetiva é uma bijeção de D sobre $f(D)$.

Diz-se que uma função f definida num intervalo (limitado ou não) é *crescente* se $x < x' \Rightarrow f(x) < f(x')$; *decrescente* se $x < x' \Rightarrow f(x) > f(x')$; *não-decrescente* se $x < x' \Rightarrow f(x) \leq f(x')$ e *não-crescente* se $x < x' \Rightarrow f(x) \geq f(x')$. Em todos esses casos f é chamada *função monótona.*

Diz-se que f é uma *função par* se seu domínio D é simétrico em relação à origem (isto é, $x \in D \Leftrightarrow -x \in D$) e $f(-x) = f(x)$; f é *função ímpar* se o domínio é do mesmo tipo e $f(-x) = -f(x)$.

Dada uma função $f\colon\ D \mapsto Y$ e B um subconjunto de Y, define-se $f^{-1}(B)$ (mesmo que f não seja invertível) mediante

$$f^{-1}(B) = \{x \in D\colon\ f(x) \in B\}.$$

Então, $f^{-1}(Y) = D$ e $f^{-1}(B) = \phi$ se $B \cap f(D) = \phi$.

Exercícios

1. Considere a função $f(x) = \operatorname{sen}(1/x)$, definida para todo $x \neq 0$. Estude seu gráfico, notando particularmente o comportamento da função quando $|x|$ torna-se arbitrariamente grande ou próximo de zero. Determine os pontos onde f se anula.

2. Faça o gráfico das funções $f(x) = x\operatorname{sen}(1/x)$ e $g(x) = x^2\operatorname{sen}(1/x)$, que estão definidas para todo $x \neq 0$.

3. Considere a seguinte função, conhecida como *função de Dirichlet*: $f(x) = 1$ se x é racional e $f(x) = 0$ se x é irracional. Descreva a função $g(x) = f(\sqrt{x})$.

4. Se f é a função de Dirichlet, descreva o conjunto $\{x\colon\ f(x) \leq x\}$. Descreva também o conjunto $\{x\colon\ f(x) \leq x^2\}$.

5. Prove que toda função crescente (decrescente) é invertível e sua inversa é crescente (decrescente).

6. Defina convenientemente o domínio de cada uma das funções seguintes, de forma que elas sejam invertíveis, e calcule suas inversas:

$$a)\ f(x) = x^2 - 2x - 3; \qquad b)\ f(x) = -x^2 + x + 2;$$

$$c)\ f(x) = \sqrt{1 - x^2}; \qquad d)\ f(x) = -\sqrt{4 - x^2}.$$

7. Faça o gráfico da função $y = \dfrac{x}{\sqrt{x^2+1}}$. Prove que sua imagem é o intervalo $|y| < 1$. Prove que ela é injetiva, provando que $y = y' \Rightarrow x = x'$. Calcule sua inversa.

8. Prove que toda função com domínio simétrico em relação à origem decompõe-se de maneira única na soma de uma função par com uma função ímpar.

9. Se f é uma função com domínio D e A e B são subconjuntos de D, prove que $f(A \cup B) = f(A) \cup f(B)$ e $f(A \cap B) \subset f(A) \cap f(B)$. Dê um contra-exemplo para mostrar que $f(A \cap B)$ pode ser diferente de $f(A) \cap f(B)$. Prove que a última inclusão é a igualdade se f for injetiva.

10. Prove, de um modo geral, que quaisquer que sejam a função f com domínio D e $(A_i)_{i=1}^{\infty}$ uma seqüência enumerável de subconjuntos de D, valem as seguintes relações:

$$f(\cup_{i=1}^{\infty} A_i) = \cup_{i=1}^{\infty} f(A_i); \quad f(\cap_{i=1}^{\infty} A_i) \subset \cap_{i=1}^{\infty} f(A_i).$$

Prove ainda que esta última inclusão é a igualdade se f for injetiva.

11. Prove que se $f\colon D \mapsto Y$ é uma função qualquer e B um subconjunto de Y, então $f^{-1}(Y - B) = D - f^{-1}(B)$.

12. Sejam $f\colon D \mapsto Y$ uma função qualquer e A e B subconjuntos de Y. Prove que

$$f^{-1}(A \cup B) = f^{-1}(A) \cup f^{-1}(B); \quad f^{-1}(A \cap B) = f^{-1}(A) \cap f^{-1}(B).$$

13. Generalize o resultado anterior, provando que

$$f^{-1}(\cup_{i=1}^{\infty} A_i) = \cup_{i=1}^{\infty} f^{-1}(A_i) \quad \text{e} \quad f^{-1}(\cap_{i=1}^{\infty} A_i) = \cap_{i=1}^{\infty} f^{-1}(A_i),$$

onde $f\colon D \mapsto Y$ é uma função qualquer e $(A_i)_{i=1}^{\infty}$ é uma seqüência enumerável de subconjuntos de Y.

14. Prove que se $f\colon D \mapsto Y$ é injetiva e $A \subset D$, então $f^{-1}(f(A)) = A$. Mostre, por contra-exemplo, que isso não é necessariamente verdade se f não for injetiva.

15. Prove que se $f\colon D \mapsto Y$ é sobrejetiva e $B \subset Y$, então $f(f^{-1}(B)) = B$. Mostre, por contra-exemplo, que isso não é necessariamente verdade se f não for sobrejetiva.

16. Se f é uma função qualquer, seja $|f|$ a *função módulo*, assim definida: $|f|(x) = |f(x)|$. Dadas duas funções f e g, com o mesmo domínio, expresse

$$(\max\{f,\ g\})(x) = \max\{f(x),\ g(x)\} \quad \text{e} \quad (\min\{f,\ g\})(x) = \min\{f(x),\ g(x)\}.$$

em termos da função módulo.

17. Seja f uma função com domínio D. Por $\sup_D f$, $\sup\limits_{x\in D} f(x)$, ou simplesmente $\sup f$, designa-se o supremo do conjunto $f(D) = \{f(x)\colon\ x \in D\}$; e analogamente para $\inf_D f$, $\inf\limits_{x\in D} f(x)$, ou $\inf f$. Sendo f e g funções limitadas num domínio D, prove que

$$\sup(f+g) \le \sup f + \sup g \quad \text{e} \quad \inf(f+g) \ge \inf f + \inf g.$$

Dê exemplos mostrando que os sinais de desigualdade podem ser estritos ou não.

18. Seja f uma função limitada num domínio D. A *oscilação* de f em D, denotada por ω ou, mais precisamente, $\omega(f,\ D)$, é definida por $\omega = M - m$, onde $M = \sup f$ e $m = \inf f$. Prove que $\omega = \sup A$, onde $A = \{f(x) - f(y)\colon\ x \in D,\ y \in D\}$.

Sugestões e soluções

1. Essa função é estudada detalhadamente em nosso livro de Cálculo [1].

3. Nos pontos x da forma $(p/q)^2$, com p e q primos entre si, $g(x) = 1$; nos demais pontos, $g(x) = 0$.

8. $f(x) = \dfrac{f(x) + f(-x)}{2} + \dfrac{f(x) - f(-x)}{2}$.

9. Com referência à inclusão, se $y \in f(A \cap B)$, $y = f(x)$, com $x \in A \cap B$, logo $y \in f(A) \cap f(B)$. Pode acontecer que um certo y esteja em $f(A) \cap f(B)$ sem estar em $f(A \cap B)$. Para isso basta que y seja igual a $f(a)$ e igual a $f(b)$, com $a \in A$ e $b \in B$, sem que haja um $c \in A \cap B$ tal que $y = f(c)$. Dê um exemplo concreto dessa situação.

11. Observe que $x \in f^{-1}(Y - B) \Rightarrow f(x) \in Y$ e $f(x) \notin B$; e que isto implica $x \in D$ e $x \notin f^{-1}(B)$. Observe também que essas implicações são reversíveis.

16. $\max\{f,\ g\} = \dfrac{f + g + |f - g|}{2}$ e expressão análoga para $\min\{f,\ g\}$.

17. Observe que $(f + g)(D) = \{f(x) + g(x) :\ x \in D\} \subset f(D) + g(D)$ e aplique o resultado dos Exercícios 15 e 18 da p. 65. Ou, então, observe que, qualquer que seja $x \in D$,

$$\inf f + \inf g \le \inf f + g(x) \le f(x) + g(x) \quad \text{e} \quad f(x) + g(x) \le \sup f + g(x) \le \sup f + \sup g.$$

18. É claro que $\sup A \le \omega$. Por outro lado, dado qualquer $\varepsilon > 0$, existem x e y em D tais que $f(x) > M - \varepsilon/2$ e $f(y) < m + \varepsilon/2$, donde $f(x) - f(y) > \omega - \varepsilon$; e isso prova que $\omega \le \sup A$.

6.2 Limite e continuidade

Noções topológicas

Sempre que falarmos em "número" sem qualquer qualificação, entenderemos tratar-se de um número real. Como os números reais são representados por pontos de uma reta, através de suas abscissas, é costume usar a palavra "ponto" em lugar de "número"; assim, "ponto x" significa "número x".

Diz-se que um ponto x é *ponto interior* de um dado conjunto C, ou *ponto interno* a C, se esse conjunto contém um intervalo $(a,\ b)$, o qual, por sua vez, contém x, isto é, $x \in (a, b) \subset C$. Segundo essa definição, todos os elementos de um intervalo aberto são pontos interiores desse intervalo. O *interior* de um conjunto C é o conjunto de todos os seus pontos interiores. Assim, o intervalo (a, b) é seu próprio interior; é também o interior do intervalo fechado $[a, b]$.

Diz-se que um conjunto C é *aberto* se todo ponto de C é interior a C, isto é, se o conjunto coincide com seu interior. É esse o caso de um intervalo (a, b), do tipo que já vinha sendo chamado "aberto".

Já definimos "vizinhança ε" na p. 75. De um modo geral, *vizinhança* de um ponto é qualquer conjunto que contenha a internamente. Mas, a menos que o contrário seja dito explicitamente, "vizinhança" para nós significará sempre um intervalo aberto. Em particular, dado $\varepsilon > 0$, o intervalo $V_\varepsilon(a) = (a - \varepsilon, a + \varepsilon)$ é uma vizinhança de a, chamada naturalmente *vizinhança simétrica* de a, ou *vizinhança* ε de a. Às vezes interessa considerar uma vizinhança ε de a, excluído o próprio ponto a, a chamada *vizinhança perfurada*. Vamos denotá-la $V'_\varepsilon(a)$:

$$V'_\varepsilon(a) = V_\varepsilon(a) - \{a\} = \{x\colon 0 < |x - a| < \varepsilon\}.$$

Diz-se que um número a é *ponto de acumulação* de um conjunto C se toda vizinhança de a contém infinitos elementos de C. Isso equivale a dizer que (veja o Exercício 1 adiante) *toda vizinhança de a contém algum elemento de C diferente de a*; ou ainda, *dado $\varepsilon > 0, V'_\varepsilon(a)$ contém algum elemento de C.*

Um ponto de acumulação de um conjunto pode ou não pertencer ao conjunto; por exemplo, os extremos a e b de um intervalo aberto (a, b) são pontos de acumulação desse intervalo, mas não pertencem a ele. Todos os pontos do intervalo também são seus pontos de acumulação e pertencem a ele.

Um ponto x de um conjunto C diz-se *isolado* se não for ponto de acumulação de C. Isso é equivalente a dizer que existe $\varepsilon > 0$ tal que $V'_\varepsilon(x)$ não contém qualquer elemento de C. Chama-se *discreto* todo conjunto cujos elementos são todos isolados. Por exemplo, o conjunto

$$A = \left\{\frac{1}{2}, \frac{2}{3}, \frac{3}{4}, \ldots, \frac{n}{n+1} \ldots\right\}$$

é discreto, pois seus pontos são todos isolados. Seu único ponto de acumulação é o número 1, que não pertence ao conjunto.

Diz-se que um número x é *ponto aderente* a C, se qualquer vizinhança de x contém algum elemento de C. Isso significa que x pode ser um elemento de C ou não, mas se não for certamente será ponto de acumulação de C. O leitor deve tomar cuidado para não confundir ponto de aderência com ponto de acumulação. No caso de seqüências, um ponto de aderência (p. 96) pode ou não coincidir com um elemento da seqüência; e se não coincidir, será ponto de acumulação do conjunto de valores da seqüência.

O conjunto dos pontos aderentes a C é chamado o *fecho* ou *aderência* de C, denotado com o símbolo $\overline{C}$. Como se vê, $\overline{C}$ é a união de C com o conjunto C' de seus pontos de acumulação. Por exemplo, o fecho do conjunto A considerado há pouco é o conjunto

$$B = A \cup \{1\} = \left\{1, \frac{1}{2}, \frac{2}{3}, \frac{3}{4}, \ldots, \frac{n}{n+1}, \ldots\right\}$$

Diz-se que um conjunto é *fechado* quando ele coincide com seu fecho ($C = \overline{C} = C \cup C'$), ou seja, quando ele contém todos os seus pontos de acumulação: $C' \subset C$. É esse o caso de um intervalo $[a, b]$, do tipo que já vinha sendo chamado "fechado". É também fechado o conjunto B que acabamos de considerar.

Vamos introduzir uma noção referente a dois conjuntos A e B, que é utilizada com freqüência quando $A \subset B$, embora esta condição não seja necessária na definição que vamos dar. Diz-se que um conjunto A é *denso* num conjunto B se todo ponto de B que não pertencer a A é ponto de acumulação de A. Dito de outro modo, todo ponto de B ou já está em A ou é ponto de acumulação de A, de sorte que se juntarmos a A seus pontos de acumulação, o conjunto resultante conterá B. Em particular, A ser denso em $\mathbf{R}$ significa que todo número real é ponto de acumulação de A. Por exemplo, o conjunto $\mathbf{Q}$ é denso em $\mathbf{R}$; também é denso em $\mathbf{R}$ o conjunto dos números irracionais.

As definições de limite e continuidade

Historicamente, o conceito de limite é posterior ao de derivada. Ele surge da necessidade de calcular limites de razões incrementais que definem derivadas. E esses limites são sempre do tipo $0/0$. Por aí já se vê que os exemplos interessantes de limites devem envolver situações que só começam a aparecer no Cálculo depois que o aluno adquire familiaridade com funções mais complicadas, como as funções trigonométricas. Aliás, os primeiros limites interessantes a ocorrer no Cálculo são os das funções

$$\frac{\operatorname{sen} x}{x} \quad \text{e} \quad \frac{1 - \cos x}{x}, \tag{6.1}$$

com x tendendo a zero. Isso acontece no cálculo da derivada da função $y = \operatorname{sen} x$. Mais tarde, no estudo das integrais impróprias, surge a necessidade de considerar limites de funções como

$$\int_0^x \frac{\operatorname{sen} t}{\sqrt{1-t}} dt, \tag{6.2}$$

com x tendendo a 1.

Observe que, em todos esses casos e outros parecidos, a variável x deve aproximar um certo valor, *sem nunca coincidir com esse valor*; e que o valor do qual x se aproxima deve ser ponto de acumulação do domínio da função. Essas observações ajudam a bem compreender a definição que damos a seguir.

6.2. Definição. *Dada uma função f com domínio D, seja* a *um ponto de acumulação de D* (que pode ou não pertencer a D). *Diz-se que um número L é o limite de $f(x)$ com x tendendo a* a *se, dado qualquer $\varepsilon > 0$, existe $\delta > 0$ tal que*

$$x \in D, \quad 0 < |x - a| < \delta \Rightarrow |f(x) - L| < \varepsilon. \tag{6.3}$$

Para indicar isso escreve-se

$$\lim_{x \to a} f(x) = L, \quad \lim_{x \to a} f(x) = L, \quad f(x) \to L \text{ com } x \to a,$$

ou $\lim f(x) = L$*, omitindo a indicação "$x \to a$" quando for óbvia.*

A condição (6.3) pode ainda ser escrita das seguintes três maneiras equivalentes:

$$x \in V'_\delta(a) \cap D \Rightarrow |f(x) - L| < \varepsilon,$$

$$x \in V'_\delta(a) \cap D \Rightarrow L - \varepsilon < f(x) < L + \varepsilon,$$

$$x \in V'_\delta(a) \cap \Rightarrow f(x) \in V_\varepsilon(L).$$

A Definição 6.2 costuma ser chamada a *definição ε-δ* de limite, por razões óbvias. Há uma outra maneira equivalente de definir limite, a chamada *definição sequencial de limite*, caracterizada no Teorema 6.10 adiante.

A exclusão do ponto $x = a$ na definição de limite é natural, pois o limite L nada tem a ver com o valor $f(a)$, como vemos pelos muitos exemplos concretos, como em (6.1) e (6.2). O conceito de limite é introduzido para caracterizar o comportamento da função $f(x)$ nas proximidades do valor a, porém mantendo-se sempre diferente de a. Assim, podemos mudar o valor da função no ponto como quisermos, sem que isso mude o valor do limite, e é assim mesmo que deve ser. Agora, se a função já está definida em a, e seu valor aí coincide com seu limite, então ocorrerá a continuidade no ponto. É por isso mesmo que, quando a função ainda não está definida, mas tem limite num ponto a, costuma-se defini-la nesse ponto como sendo o valor do limite. É o que fazemos em exemplos como (6.1) e (6.2).

Sempre que nos referirmos ao limite de uma função com $x \to a$ deve-se entender que a é ponto de acumulação do domínio D da função, mesmo que isso não seja dito explicitamente. Entendemos também que a seja ponto de acumulação desse domínio, ao investigarmos se f é contínua no ponto a.

6.3. Definição. *Diz-se que a função f é contínua no ponto $x = a$ de D se existir o limite de $f(x)$ com x tendendo a a e esse limite for igual a $f(a)$; e diz-se que f é contínua em seu domínio, ou contínua, simplesmente, se ela for contínua em todos os pontos desse domínio.*

Propriedades do limite

6.4. Teorema. *Se uma função f com domínio D tem limite L com $x \to a$, então $|f(x)|$ tem limite $|L|$. Em particular, se f é contínua em $x = a$, então $|f(x)|$ também é contínua nesse ponto, isto é, $\lim_{x\to a} |f(x)| = |f(a)|$.*

Para a demonstração, observe que $||f(x)| - |L|| \leq |f(x) - L|$. Por hipótese, dado $\varepsilon > 0$, existe $\delta > 0$ tal que $x \in V'_\delta(a) \cap D \Rightarrow |f(x) - L| < \varepsilon$. Portanto, teremos também $x \in V'_\delta(a) \cap D \Rightarrow ||f(x)| - |L|| < \varepsilon$, como queríamos provar.

6.5. Teorema. *Se uma função f com domínio D tem limite L com $x \to a$, e se $A < L < B$, então existe $\delta > 0$ tal que $x \in V'_\delta(a) \cap D \Rightarrow A < f(x) < B$.*

Demonstração. Como na demonstração do Teorema 4.6 (p. qq), basta tomar $\varepsilon < \min\{L - A,\ B - L\}$; o δ que for determinado em correspondência a esse ε satisfará a condição do teorema, pelas mesmas razões explicadas na demonstração do Teorema 4.6.

6.6. Corolário. *Se uma função f com domínio D tem limite L com $x \to a$, então existe $\delta > 0$ tal que $f(x)$ é limitada em $V'_\delta(a) \cap D$.*

A demonstração é imediata, considerando, por exemplo, $A = L - 1$ e $B = L + 1$ no teorema anterior.

6.7. Corolário (permanência do sinal). *Se uma função f com domínio D tem limite $L \neq 0$ com $x \to a$, então existe $\delta > 0$ tal que, $x \in V'_\delta(a) \cap D \Rightarrow f(x) > L/2$ se $L > 0$ e $f(x) < L/2$ se $L < 0$; ou seja, $|f(x)| > |L|/2$ em ambos os casos.*

Para a demonstração, se $L > 0$ faça $A = L/2$ no teorema; e se $L < 0$ faça $B = L/2$. Este resultado é conhecido como o *teorema da permanência do sinal*, justamente porque, numa vizinhança do ponto a, a função permanece com o mesmo sinal de L. Porém, mais do que permanência do sinal, é importante observar que a função permanece afastada de zero, ou seja, $|f(x)| > |L|/2$ em $V'_\delta(a) \cap D$. Observe a utilização deste resultado na demonstração do item d) do teorema seguinte.

6.8. Teorema. *Se duas funções f e g com o mesmo domínio D têm limites com $x \to a$, então* (Nos limites indicados a seguir, é claro, $x \to a$.)

a) $f(x) + g(x)$ *tem limite e* $\lim[f(x) + g(x)] = \lim f(x) + \lim g(x)$;

b) sendo k constante, $kf(x)$ *tem limite e* $\lim[kf(x)] = k \cdot \lim f(x)$;

c) $f(x)g(x)$ *tem limite e* $\lim\, [f(x)g(x)] = \lim f(x) \cdot \lim g(x)$;

d) se, além das hipóteses feitas, $\lim g(x) \neq 0$, *então* $f(x)/g(x)$ *tem limite e* $\lim \dfrac{f(x)}{g(x)} = \dfrac{\lim f(x)}{\lim g(x)}$.

Demonstração. Vamos demonstrar apenas o item d), deixando os demais a cargo do leitor, já que as demonstrações de todos eles são inteiramente análogas às do Teorema 4.8 da p. 80.

Sendo $L \neq 0$ o limite de g, vamos provar que $1/g(x) \to 1/L$ com $x \to a$. O procedimento é o mesmo da demonstração dada para o item d) do Teorema 2.8. Dado qualquer $\varepsilon > 0$, sabemos que existe $\delta > 0$ tal que

$$x \in V'_\delta(a) \cap D \Rightarrow |g(x) - L| < \frac{\varepsilon L^2}{2}. \qquad (6.4)$$

Se necessário, diminuímos o δ de maneira a termos também, de acordo com o Corolário 6.7,

$$x \in V'_\delta(a) \cap D \Rightarrow |g(x)| > |L|/2. \qquad (6.5)$$

Então, com $x \in V'_\delta(a) \cap D$, teremos

$$\left|\frac{1}{g(x)} - \frac{1}{L}\right| = \frac{|g(x) - L|}{|Lg(x)|} < \frac{\varepsilon L^2}{2|Lg(x)|} < \frac{\varepsilon L^2}{2} \cdot \frac{2}{L^2} = \varepsilon,$$

e isso completa a demonstração.

Se $g(x)$ tende a zero e $f(x)$ tem limite diferente de zero, então o quociente $f(x)/g(x)$ pode tender a $\pm\infty$ (limites infinitos serão tratados mais adiante), tudo dependendo do comportamento particular de f e g. Quando $f(x)$ e $g(x)$ tendem ambas a zero, o quociente $f(x)/g(x)$ pode ter limites os mais variados, dependendo novamente do comportamento particular de f e g. Trata-se aqui de um tipo de "forma indeterminada", muito estudada no Cálculo, principalmente em conexão com a chamada "regra de l'Hôpital".

6.9. Corolário. *Se f e g são funções contínuas em $x = a$, então são também contínuas em $x = a$ as funções $f + g, fg$ e kf, onde k é uma constante qualquer; e é também contínua em $x = a$ a função f/g, desde que $g(a) \neq 0$.*

O teorema seguinte permite definir limite de uma função em termos de limite de seqüências, uma definição equivalente à Definição 6.2.

6.10. Teorema. *Uma condição necessária e suficiente para que uma função f com domínio D tenha limite L com $x \to a$ é que, para toda seqüência $x_n \in D - \{a\}, x_n \to a$, se tenha $f(x_n) \to L$. Em particular, f é contínua num ponto a se, e somente se, para toda seqüência $x_n \in D - \{a\}$, $x_n \to a$, se tenha $f(x_n) \to f(a)$.*

Comentário. O teorema afirma a equivalência de duas proposições A e B, que são:

Proposição A: dado qualquer $\varepsilon > 0$, existe $\delta > 0$ tal que $x \in V'_\delta(a) \cap D \Rightarrow f(x) \in V_\varepsilon(L)$.

Proposição B: $x_n \in D - \{a\}$, $x_n \to a \Rightarrow f(x_n) \to L$.

Demonstração. Vamos provar primeiro a parte mais fácil: a condição é necessária, ou seja, $A \Rightarrow B$. Supomos, então, que $f(x) \to L$ com $x \to a$. Seja $x_n \in D - \{a\}$, $x_n \to a$; devemos provar que $f(x_n) \to L$. Ora, dado qualquer $\varepsilon > 0$, existe $\delta > 0$ tal que $x \in V'_\delta(a) \cap D \Rightarrow f(x) \in V_\varepsilon(L)$. Com esse $\delta > 0$ determinamos N tal que $n > N \Rightarrow x_n \in V'_\delta(a)$; logo, $n > N \Rightarrow f(x_n) \in V_\varepsilon(L)$, e isso prova B.

Provaremos em seguida que a condição é suficiente, ou seja, que $B \Rightarrow A$. Raciocinaremos por absurdo, provando que a negação de A acarreta a negação de B. Vamos escrever essas negações em detalhe, já que elas são freqüentemente um tropeço para o aluno menos experiente.

Negação de A: existe um $\varepsilon > 0$ tal que, qualquer que seja $\delta > 0$, sempre existe $x \in V'_\delta(a) \cap D$ com $f(x) \notin V_\varepsilon(L)$.

Negação de B: existe uma seqüência $x_n \in D - \{a\}$, $x_n \to a$, tal que $f(x_n)$ não converge para L.

Como estamos negando A, existe um $\varepsilon > 0$ com o qual podemos tomar qualquer δ; tomemos então toda uma seqüência $\delta_n = 1/n$. Em correspondência a cada um desses δ_n, escolhemos e fixamos um $x_n \in V'_{1/n}(a) \cap D$ com $f(x_n) \notin V_\varepsilon(L)$. Dessa maneira produzimos a negação de B, como desejávamos, pois exibimos uma seqüência $x_n \in D, x_n \neq a$, $x_n \to a$, tal que $f(x)$ não converge para L. Isso completa a demonstração do teorema.

O teorema que acabamos de demonstrar permite deduzir o Teorema 6.8 do Teorema 4.8 (p. 80). Por exemplo, supondo que $f(x)$ e $g(x)$ tenham limites

F e G, respectivamente, com $x \to a$, vamos provar que o limite do produto é o produto dos limites. Seja $x_n \in D - \{a\}$ uma seqüência convergindo para a. Então, pela hipótese do Teorema 6.8, $f(x_n) \to F$ e $g(x_n) \to G$; e, pelo Teorema 4.8, $f(x_n)g(x_n) \to FG$, donde o Teorema 6.10 nos leva a concluir que $f(x)g(x) \to FG$, que é o item c) do Teorema 6.8.

6.11. Corolário. *Uma condição necessária e suficiente para que uma função f com domínio D tenha limite com $x \to a$ é que $f(x_n)$ tenha limite, qualquer que seja a seqüência $x_n \in D - \{a\}, x_n \to a$.*

Demonstração. Tendo em conta o Teorema 6.10, a única coisa que devemos provar é que o limite de $f(x_n)$ é o mesmo, qualquer que seja a seqüência $x_n \in D - \{a\}$, $x_n \to a$. Em outras palavras, basta provar que se tivermos duas seqüências, $x_n \in D - \{a\}$, $x_n \to a$ e $y_n \in D - \{a\}$, $y_n \to a$, então $f(x_n)$ e $f(y_n)$ têm o mesmo limite. Sejam L' e L'' esses limites, respectivamente. Devemos mostrar que $L' = L''$. Formemos a seqüência (z_n), onde $z_{2k} = x_k$ e $z_{2k-1} = y_k$. É claro que $z_n \to$ a (Exercício 3 da p. 83), logo, $f(z_n)$ converge para um certo número L. Mas $f(x_n)$ e $f(y_n)$ são subseqüências de $f(z_n)$, logo convergem para o mesmo limite L, donde $L' = L'' = L$, como queríamos demonstrar.

6.12. Teorema (critério de convergência de Cauchy). *Uma condição necessária e suficiente para que uma função $f(x)$ com domínio D tenha limite com $x \to a$ é que, dado qualquer $\varepsilon > 0$, exista $\delta > 0$ tal que*

$$x,\ y \in V'_\delta(a) \cap D \Rightarrow |f(x) - f(y)| < \varepsilon. \qquad (6.6)$$

Demonstração. Para provar que a condição é suficiente, seja $x_n \in D - \{a\}$ uma seqüência qualquer, convergindo para a. Então, em virtude de (6.6), dado qualquer $\varepsilon > 0$, existe N tal que

$$n, m > N \Rightarrow |f(x_n) - f(x_m)| < \varepsilon.$$

Pelo critério de convergência de Cauchy para seqüências (Teorema 4.25, p. 97) segue-se que $f(x_n)$ converge; e pelo Corolário 6.11, concluímos que $f(x)$ tem limite, como queríamos provar.

Deixamos ao leitor a tarefa de provar que a condição é necessária, que é a parte mais fácil.

6.13. Teorema (continuidade da função composta). *Sejam f e g funções com domínios D_f e D_g respectivamente, com $g(D_g) \subset D_f$. Se g é contínua em x_0 e f é contínua em $y_0 = g(x_0)$, então $h(x) = f(g(x))$ é contínua* *em* x_0.

Demonstração. Pela continuidade da função f, dado qualquer $\varepsilon > 0$, existe $\delta' > 0$ tal que

$$y \in V_{\delta'}(y_0) \cap D_f \Rightarrow |f(y) - f(y_0)| < \varepsilon.$$

Analogamente, pela continuidade da função g, existe $\delta > 0$ em correspondência a δ' tal que

$$x \in V_\delta(x_0) \cap D_g \Rightarrow |g(x) - g(x_0)| < \delta'.$$

É claro então que

$$x \in V(\delta) \cap D_g \Rightarrow |f(g(x)) - f(g(x_0))| < \varepsilon,$$

que completa a demonstração.

Exercícios

1. Prove que a é ponto de acumulação de um conjunto X se e somente se dado qualquer $\varepsilon > 0$ existe $x \in X$ tal que $x \in V'_\varepsilon(a)$.

2. Prove que o limite de uma função, quando existe, é único.

3. Verifique que a função de Dirichlet, $f(x) = 1$ se x é racional e $f(x) = 0$ se x é irracional, pode ser expressa como

$$f(x) = \lim_{n\to\infty}[\lim_{k\to\infty}(\cos n!\pi x)^{2k}].$$

4. Dê exemplo de uma função f que seja descontínua para todo x, enquanto $|f|$ seja sempre contínua.

5. Prove que a função $f(x) = x$ para x racional e $f(x) = -x$ para x irracional só é contínua em $x = 0$, mas $|f(x)|$ é contínua para todo x.

6. Prove, diretamente da Definição 6.2, que $f(x) = 1/x$ é contínua em todo o seu domínio $x \neq 0$.

7. Prove que $\sqrt{x}$ é uma função contínua em seu domínio $x \geq 0$.

8. Prove, diretamente da Definição 6.2, que $f(x) = x^2$ é uma função contínua em todo o seu domínio.

9. Prove que a função $f(x) = \text{sen}(1/x)$ não tem limite com $x \to 0$.

10. Prove que a função $f(x) = 1$ se $x > 0$ e -1 se $x < 0$ não tem limite com $x \to 0$.

11. Prove o Teorema 6.8 utilizando o Teorema 6.10.

12. Prove os três primeiros itens do Teorema 6.8 diretamente, sem utilizar o Teorema 6.10.

13. Dadas duas funções contínuas f e g, prove que $\max\{f, g\}$ e $\min\{f, g\}$ também são contínuas.

14. Prove, diretamente da Definição 6.2, que $\lim_{x\to 6} \frac{5}{x-1} = 1$.

15. Prove, diretamente da Definição 6.2, que $\lim_{x\to 1} \frac{x}{x+1} = \frac{1}{2}$.

16. Prove que um polinômio é uma função contínua em todo ponto $x = a$, o mesmo sendo verdade do quociente de dois polinômios, nos pontos que não anulam o denominador.

17. **(Critério de confronto ou da função intercalada.)** Sejam f, g e h três funções com o mesmo domínio D, sendo $f(x) \le g(x) \le h(x)$. Prove que se $f(x)$ e $h(x)$ têm o mesmo limite L com $x \to a$, então $g(x)$ também tem limite L com $x \to a$.

18. Prove que se $f(x)$ é contínua em $x = a$ e $f(x) \ge 0$, então $g(x) = \sqrt{f(x)}$ é contínua em $x = a$.

19. Sejam f uma função com domínio D, $E \subset D$ e a um ponto de acumulação de E. Prove que se $f(x) \to L$ com $x \to a$ em D, o mesmo é verdade com $x \to a$ em E. Dê um contra-exemplo, mostrando que uma função pode ter limite quando restrita a um sub-domínio E de D e não ter limite em seu domínio D.

20. Seja f uma função contínua em toda a reta, que se anula nos racionais. Prove que f é identicamente nula. Prove, em geral, que toda função contínua num domínio D, que seja nula num subconjunto denso de D, é identicamente nula.

Sugestões e soluções

2. Deve-se provar que é impossível haver dois limites distintos L e L'. Veja o Exercício 5 da p. 83.

6. Sendo $a \ne 0$, $|f(x) - f(a)| = \frac{|x-a|}{|ax|}$. Com $|x| > |a|/2$,

$$|f(x) - f(a)| < (2/a^2)|x - a|.$$

Dado qualquer $\varepsilon > 0$, basta tomar δ igual ao menor dos números $a^2\varepsilon/2$ e $|a|/2$ (esta última condição é necessária para garantir $|x| > |a|/2$. Prove isto também.) para termos $|x - a| < \delta \Rightarrow |f(x) - f(a)| < \varepsilon$.

7. Observe que, sendo $a > 0$,

$$|\sqrt{x} - \sqrt{a}| = \frac{|x-a|}{\sqrt{x} + \sqrt{a}} < \frac{|x-a|}{\sqrt{a}}.$$

Portanto, dado $\varepsilon > 0$, basta tomar $\delta = \varepsilon\sqrt{a}$ para satisfazer a condição (6.3). O caso $a = 0$ é mais simples ainda: $\sqrt{x} < \varepsilon \Leftrightarrow x < \varepsilon^2$.

8. Se $a \neq 0$, $|x^2 - a^2| = |x+a||x-a| \leq (|x|+|a|)|x-a| \leq 3|a||x-a|$, esta última desigualdade sendo verdadeira se restringirmos x de forma que $|x| < 2|a|$, o que é suficiente para acomodar $x = a$ no intervalo $(-2|a|, 2|a|)$, como bem mostra um gráfico simples. E, em conseqüência, $|x^2 - a^2| < \varepsilon$ se $|x - a| < \delta < \varepsilon/3a$. Para garantir a condição $|x| < 2|a|$, notamos que $|x| = |(x-a)+a| \leq |x-a|+|a| < \delta+|a|$; portanto, devemos tomar $\delta < 2|a|$, além de $\delta < \varepsilon/3a$. O caso $a = 0$ é mais fácil: $x^2 < \varepsilon \Leftrightarrow |x| < \sqrt{\varepsilon} = \delta$.

9. Utilize o Corolário 6.11, seja construindo uma seqüência $x_n \to 0$ tal que $f(x_n)$ não convirja, seja construindo duas seqüências $x_n \to 0$ e $y_n \to 0$ tais que $f(x_n)$ e $f(y_n)$ tenham limites distintos. Outro modo seria usar a desigualdade do triângulo para mostrar que a Definição 6.2 é violada com um $\varepsilon < 2$.

10. Proceda como no exercício anterior.

12. O procedimento é análogo ao da demonstração do Teorema 4.8 da p. 80.

13. Veja o Exercício 16 da p. 139.

14. É preciso provar que pode-se fazer $\dfrac{5}{x-1} - 1$ em módulo menor que qualquer $\varepsilon > 0$ prescrito, fazendo $|x - 6| < \delta$. Ora,

$$\left|\frac{5}{x-1} - 1\right| = \frac{|x-6|}{|x-1|}.$$

Como o x vai estar numa vizinhança δ de 6, podemos supor $\delta < 1$, garantindo $|x - 1| > 4$. Faça uma figura para ver que deve ser assim, embora tal fato precise ser provado. E para isto usamos a desigualdade do triângulo, assim:

$$|x-1| = |(x-6)+5| \geq 5 - |x-6| > 5 - \delta > 5 - 1 = 4.$$

Então,

$$\left|\frac{5}{x-1} - 1\right| < \frac{|x-6|}{4}.$$

Isto será menor do que ε se fizermos $|x - 6| < 4\varepsilon$, donde se vê que δ deve ser o menor dos números 4ε e 1.

15. O procedimento é análogo ao do exercício anterior. Esses dois exercícios servem para ilustrar a eficácia do Teorema 6.8, mediante o qual os resultados pedidos nos Exercícios 5, 10 e 11 dispensam todo esse trabalho de provar diretamente da definição de limite.

16. Use repetidamente o Teorema 6.8.

19. Como contra-exemplo considere a função $f(x) = \text{sen}(1/x)$, que não tem limite com $x \to 0$. Tome, por exemplo, $D' = \{1/n\pi,\ n = 1, 2, 3\ldots\}$.

6.3 Limites laterais e funções monótonas

As definições de limite e continuidade são gerais e abrangem também os casos chamados *limites à direita e à esquerda*, bem como *continuidade à direita* e *continuidade à esquerda*. Essas noções surgem quando lidamos com uma função f cujo domínio só tenha pontos à direita ou à esquerda, respectivamente, do ponto $x = a$, onde desejamos considerar o limite. Por exemplo, a função $y = \sqrt{x}$ tem domínio $x \geq 0$; podemos considerar seu limite com $x \to 0$ segundo a definição dada, porém isso resultará numa aproximação de $x = 0$ somente por valores positivos. Daí escrevermos, para enfatizar esse fato, "$x \to 0+$". Igualmente, o limite de $\sqrt{-x}$ com $x \to 0$, será um limite com "$x \to 0-$".

De um modo geral, sendo f uma função cujo domínio D só contenha pontos à direita de um ponto $x = a$, que seja ponto de acumulação de D, então o limite de $f(x)$ com $x \to a$, se existir, será um *limite à direita*. Ao contrário, se D só contiver pontos à esquerda de $x = a$, o limite de $f(x)$ com $x \to a$, se existir, será *um limite à esquerda*. Esses limites são indicados com os símbolos

$$\lim_{x \to a+} f(x) \quad \text{ou} \quad f(a+) \qquad \text{e} \qquad \lim_{x \to a-} f(x) \quad \text{ou} \quad f(a-),$$

respectivamente. Diz-se que f *é contínua à direita* (resp. *à esquerda*) em $x = a$ se f está definida nesse ponto, onde seu limite à direita (resp. à esquerda) é $f(a)$.

Se o domínio de f contiver pontos à direita e à esquerda de $x = a$, devemos restringir esse domínio aos pontos $x > a$ ou $x < a$ para considerarmos seus limites à direita e à esquerda respectivamente. Evidentemente, para que isso seja possível é preciso que $x = a$ seja ponto de acumulação dos domínios restritos. Diremos que $x = a$ é *ponto de acumulação à direita* do domínio D se ele é ponto de acumulação do domínio restrito a valores $x > a$; e *ponto de acumulação à esquerda* se é ponto de acumulação do domínio restrito a valores $x < a$. Por exemplo, a função $f(x) = x/|x|$, que é igual a $+1$ se $x > 0$ e a -1 se $x < 0$ tem limites laterais em $x = 0$:

$$\lim_{x \to 0+} \frac{x}{|x|} = f(0+) = 1 \quad \text{e} \quad \lim_{x \to 0-} \frac{x}{|x|} = f(0-) = -1.$$

Ela será *contínua à direita* em $x = 0$ se definirmos $f(0) = 1$; e será *contínua à esquerda* nesse mesmo ponto se pusermos $f(0) = -1$.

O teorema que consideramos a seguir é um resultado fundamental na teoria das funções monótonas, o análogo do Teorema 4.12 (p. 85) para seqüências monótonas. Foi para demonstrar esse teorema que Dedekind sentiu necessidade de uma fundamentação adequada dos números reais.

6.14. Teorema. *Seja f uma função monótona e limitada, definida num intervalo I, do qual $x = a$ é ponto de acumulação à esquerda ou à direita. Então $f(x)$ tem limite com $x \to a-$ ou $x \to a+$, respectivamente.*

Demonstração. Suponhamos, para fixar as idéias, que f seja função não decrescente e $x = a$ seja ponto de acumulação à esquerda. Neste caso, basta supor que f seja limitada superiormente. Seja L o supremo dos valores de $f(x)$, para todo $x \in I$, $x < a$. Provaremos que $f(a-) = L$. De fato, dado qualquer $\varepsilon > 0$, existe $\delta > 0$ tal que $L - \varepsilon < f(a - \delta) \leq L$. Mas f é não decrescente, de sorte que $f(a - \delta) \leq f(x)$ para $a - \delta < x$ e $x \in I$; logo,

$$x \in I, \ a - \delta < x < a \Rightarrow L - \varepsilon < f(x) \leq L,$$

que prova o resultado desejado.

As demonstrações nos outros casos são feitas por raciocínio análogo e ficam a cargo do leitor.

6.15. Teorema. *Uma condição necessária e suficiente para que uma função seja contínua num ponto a de seu domínio, que seja ponto de acumulação à direita e à esquerda desse domínio, é que os limites laterais da função existam nesse ponto e sejam ambos iguais a $f(a)$.*

A demonstração é fácil e fica para os exercícios.

Limites infinitos e limites no infinito

A definição de limite de uma função se estende aos casos em que, ou a função, ou a variável independente, ou ambas, tendem a valores infinitos. Dizer que uma variável tende a $+\infty$ significa dizer que ela fica maior do que qualquer número $k > 0$. Uma semi-reta do tipo $x > k$ é, por assim dizer, uma "vizinhança de $+\infty$". Analogamente, $x < k$, qualquer que seja k, em particular $k < 0$, é uma "vizinhança de $-\infty$".

As definições seguintes são bastante naturais e dispensam maiores comentários.

6.16. Definições. *Seja f uma função com domínio D e seja a um ponto de acumulação de D. Diz-se que $f(x)$ tende a $+\infty$ com $x \to a$ se, dado qualquer número $k > 0$, existe $\delta > 0$ tal que $x \in V'_\delta(a) \cap D \Rightarrow f(x) > k$. De modo análogo, diz-se que $f(x)$ tende a $-\infty$ com $x \to a$ se, dado qualquer $k > 0$, existe $\delta > 0$ tal que $x \in V'_\delta(a) \cap D \Rightarrow f(x) < -k$. Indicam-se esses limites, respectivamente, com os símbolos*

$$\lim_{x \to a} f(x) = +\infty \quad \text{e} \quad \lim_{x \to a} f(x) = -\infty.$$

Suponhamos agora que D seja ilimitado superiormente. Diz-se que $f(x)$ tem limite L com $x \to +\infty$ se, dado qualquer $\varepsilon > 0$, existe um número $k > 0$ tal que $x \in D$, $x > k \Rightarrow |f(x) - L| < \varepsilon$. Analogamente, sendo D ilimitado inferiormente, diz-se que $f(x)$ tem limite L com $x \to -\infty$ se, dado qualquer $\varepsilon > 0$, existe um número $k > 0$ tal que $x \in D$, $x < -k \Rightarrow |f(x) - L| < \varepsilon$. Esses limites são indicados, respectivamente, com os símbolos

$$\lim_{x \to +\infty} f(x) = L \quad \text{e} \quad \lim_{x \to -\infty} f(x) = L.$$

Definem-se também, de maneira óbvia,

$$\lim_{x \to a+} f(x) = +\infty, \quad \lim_{x \to a+} f(x) = -\infty, \quad \lim_{x \to a-} f(x) = +\infty,$$

$$\lim_{x \to a-} f(x) = -\infty, \quad \lim_{x \to +\infty} f(x) = +\infty, \quad \lim_{x \to +\infty} f(x) = -\infty,$$

$$\lim_{x \to -\infty} f(x) = +\infty, \quad \text{e} \quad \lim_{x \to -\infty} f(x) = -\infty.$$

Vários dos resultados anteriores sobre limites permanecem válidos com as noções de limites aqui introduzidas, às vezes com pequenas e óbvias adaptações; outros ainda podem ser formulados e estabelecidos com procedimentos análogos aos usados anteriormente. Veremos, a seguir, alguns desses resultados.

6.17. Teorema. *a) Toda função monótona e limitada, cujo domínio contenha um intervalo do tipo $[c, +\infty)$, possui limite com $x \to +\infty$; b) toda função monótona e limitada, cujo domínio contenha um intervalo do tipo $(-\infty, c]$, possui limite com $x \to -\infty$.*

Demonstração. Esse teorema é o análogo, para $x \to \pm\infty$, do Teorema 6.14, e a demonstração também é análoga. No caso a) suponhamos que f seja não-crescente, bastando então supor que f seja limitada inferiormente. Seja A o ínfimo de seus valores $f(x)$. Então, dado qualquer $\varepsilon > 0$, existe $k > 0$ tal que $A \le f(k) < A + \varepsilon$. Como f é não-crescente, $x > k \Rightarrow f(x) \le f(k)$, logo $x > k \Rightarrow A \le f(x) < A + \varepsilon$; isso conclui a demonstração no caso considerado. Deixamos ao leitor a tarefa de terminar a demonstração nos demais casos.

Para o próximo teorema notemos que aproximações laterais, consideradas na seção anterior, ocorrem também com os valores de uma função, e não apenas de sua variável independente. Isso pode ser ilustrado em exemplos simples como estes:

$$\lim_{x \to 0\pm} \sqrt[3]{x} = 0\pm; \quad \lim_{x \to 2\pm} (2 - x)^3 = 0\mp; \quad \lim_{x \to 0\pm} \frac{x - \operatorname{sen} x}{x} = 0+.$$

De um modo geral, $f(x) \to L+$ com $x \to a$ significa: *dado qualquer* $\varepsilon > 0$, *existe* $\delta > 0$ *tal que, sendo* D *o domínio de* f,

$$x \in V'_\delta(a) \cap D \Rightarrow L \leq f(x) < L + \varepsilon.$$

Para a definição de $f(x) \to L-$ basta trocar as últimas desigualdades por $L - \varepsilon < f(x) \leq L$.

6.18. Teorema. *Seja* f *uma função com domínio* $D, f(x) \neq 0$. *Se* $f(x) \to 0+$ *com* $x \to a$, *então* $1/f(x) \to +\infty$ *com* $x \to a$; *e se* $f(x) \to 0-$ *com* $x \to a$, *então* $1/f(x) \to -\infty$ *com* $x \to a$.

Demonstração. Pela hipótese, dado qualquer $k > 0$, existe $\delta > 0$ tal que $x \in V'_\delta(a) \cap D \Rightarrow 0 < f(x) < 1/k$, portanto $1/f(x) > k$. Isso prova a primeira parte. A segunda parte é análoga e fica a cargo do leitor.

6.19. Teorema. *Suponhamos que* $f(x) \to A$ *e* $g(x) \to B$ *com* $x \to +\infty$. *Então, com* $x \to +\infty$, *a)* $f(x) + g(x) \to A + B$; *b) sendo* k *constante,* $kf(x) \to kA$; *c)* $f(x)g(x) \to AB$; *d)* $f(x)/g(x) \to A/B$, *desde que* $B \neq 0$.

Este teorema é análogo ao Teorema 6.8; a demonstração também é análoga e fica a cargo do leitor.

6.20. Teorema. a) *Se* $f(x) \to +\infty$ *com* $x \to a$, *e se* $g(x) > k$, *então* $f(x) + g(x) \to +\infty$ *com* $x \to a$. *Além disso, se* $k > 0$, $f(x)g(x) \to +\infty$ *com* $x \to a$.

A demonstração fica a cargo do leitor.

Os teoremas acima são ilustrações de vários resultados envolvendo limites no infinito ou limites infinitos. Deixamos ao leitor a tarefa de verificar a validade de resultados análogos, seja com a variável independente ou com os valores das funções tendendo a $-\infty$.

Convém observar que muitos resultados válidos para limites finitos não são válidos no caso de limites infinitos. Por exemplo, se duas funções tendem a $+\infty$, sua diferença pode ter limite $+\infty$, $-\infty$ ou qualquer valor finito. Esse é um dos casos de forma indeterminada, do tipo $\infty - \infty$, estudada no Cálculo. Outros tipos de formas indeterminadas são ∞/∞, 0^0, 1^∞ e ∞^0. Não vamos nos deter na consideração dessas formas, por serem elas bastante estudadas no Cálculo.

As descontinuidades de uma função

Do mesmo modo que só consideramos continuidade de uma função em pontos de acumulação de seu domínio, a noção de descontinuidade será igualmente considerada nesses pontos.

Sendo a um ponto de acumulação do domínio D de uma função f, dizemos que f é descontínua em $x = a$ se, ou f não tem limite com $x \to a$, ou esse limite existe e é diferente de $f(a)$, ou f não está definida em $x = a$. Analogamente definimos *descontinuidade à direita* e *descontinuidade à esquerda.*

De acordo com essa definição, estamos admitindo que um ponto possa ser descontinuidade de uma função, mesmo que ele não pertença ao domínio de f. A rigor, não deveria ser assim, só deveriamos admitir descontinuidades em pontos pertencentes ao domínio da função. Mas é natural considerar o que se passa nas proximidades de pontos de acumulação do domínio de uma função, mesmo que tais pontos não pertençam ao domínio. Assim, as funções

$$\frac{\operatorname{sen} x}{x}, \quad \frac{|x|}{x}, \quad \frac{1}{x} \quad \text{e} \quad \operatorname{sen}\frac{1}{x}, \tag{6.7}$$

são todas contínuas em seus domínios (iguais a $R - \{0\}$); e, embora $x = 0$ não pertença a esse domínio, é natural considerar o que acontece com essas funções quando x tende a zero.

Assim, a primeira das funções em (6.7) seria classificada como descontínua em $x = 0$ simplesmente por não estar aí definida, pois tem limite 1 quando $x \to 0$. Atribuindo-lhe o valor 1 em $x = 0$, ela ficará definida e será contínua em toda a reta; por isso mesmo dizemos que esse tipo de descontinuidade é *removível.* (Faça o gráfico desta função.) A segunda tem limites laterais diferentes com $x \to 0$; ela será contínua à direita se pusermos $f(0) = 1$ e contínua à esquerda se definirmos $f(0) = -1$. A terceira função tende a $\pm\infty$ com $x \to 0$ pela direita ou pela esquerda, respectivamente. Finalmente, a quarta função não tem limite com $x \to 0$. (Esboce seu gráfico.) Não há, pois, como remover a descontinuidade, mesmo lateralmente, no caso das duas últimas funções.

As descontinuidades de uma função costumam ser classificadas em três tipos: *removível*, de *primeira espécie* e de *segunda espécie.* A descontinuidade *removível* é aquela que pode ser eliminada por uma conveniente definição da função no ponto considerado, como no primeiro exemplo de (6.7). Como se vê, ela nem é bem uma descontinuidade, pois a função tem limite no ponto considerado, apenas não está adequadamente definida nesse ponto. A descontinuidade é de *primeira espécie* ou do tipo salto quando a função possui, no ponto considerado, limites à direita e à esquerda, mas esses limites são distintos. É esse o caso da segunda função em (6.7). Finalmente, a descontinuidade é de *segunda espécie* quando a função tende a $\pm\infty$ no ponto considerado (terceiro exemplo em (6.7)), ou não tem limite nesse ponto (quarto exemplo em (6.7)).

O teorema seguinte é um resultado interessante sobre as funções monótonas limitadas.

6.21. Teorema. *Os pontos de descontinuidade de uma função monótona f num intervalo I (limitado ou não) só podem ser do tipo salto; e formam um conjunto no máximo enumerável.*

Demonstração. Que as descontinuidades só podem ser do tipo salto é imediato, pois a função possui limites laterais em cada ponto.

Seja D o conjunto dos pontos de descontinuidade da função, a qual supomos ser não-decrescente. Inicialmente supomos também que I seja um intervalo fechado $[a, b]$. Se $x_1, x_2, \ldots, x_n$ $(x_1 < x_2 < \ldots < x_n)$ são pontos de descontinuidade nesse intervalo, então

$$f(a) \leq f(x_1-), \quad f(x_{i+1}-) - f(x_i+) \geq 0, \quad \text{e} \quad f(x_n+) \leq f(b).$$

Assim, os *saltos* de f nos pontos x_i, definidos como sendo[1]

$$s_f(x_i) = f(x_i+) - f(x_i-),$$

são tais que

$$\begin{aligned}\sum_{i=1}^{n} s_f(x_i) &= [-f(x_1-) + f(x_1+)] + [-f(x_2-) + f(x_2+)] + \ldots \\ &+ [-f(x_n-) + f(x_n+)] \\ &= -f(x_1-) - \sum_{i=1}^{n-1}[f(x_{i+1}-) - f(x_i+)] + f(x_n+) \\ &\leq f(x_n+) - f(x_1-) \leq f(b) - f(a).\end{aligned}$$

Isso prova que para todo inteiro $m > 0$ só pode haver um número finito de pontos de descontinuidade em $[a, b]$ onde $s_f(x_i) > 1/m$; em outras palavras, o conjunto $D_m = \{x \in [a, b] : \ s_f(x) > 1/m\}$ é finito. Ora, qualquer ponto de descontinuidade da função em $[a, b]$ está num desses conjuntos D_m, cuja união é o conjunto D de todos os pontos de descontinuidade em $[a, b]$; portanto, esse conjunto D é no máximo enumerável, pelo mesmo argumento usado para provar a enumerabilidade do conjunto dos números racionais (p. 34). Isso completa a demonstração no caso $I = [a, b]$.

Se I for um intervalo aberto em pelo menos uma de suas extremidades e/ou

[1]A notação $[f(x)]$ é também freqüentemente usada para denotar o salto de f no ponto x. Repare que f pode não ser definida nesse ponto x.

não limitado, podemos exprimí-lo como união enumerável de intervalos fechados. Por exemplo,

$$(a,\, b) = \cup_{j=r}^{\infty}[a + 1/j,\, b - 1/j], \quad (a,\, +\infty) = \cup_{j=r}^{\infty}[a + 1/j,\, j],$$

onde r é um número inteiro suficientemente grande para que $[a + 1/r,\, b - 1/r]$ e $[a + 1/r,\, r]$ continuem a ser intervalos. Em vista disso e do Teorema 2.1 da p. 34, chegamos à mesma conclusão de que o conjunto D é enumerável.

O caso de uma função não-crescente é análogo e fica por conta do leitor. Nos dois exemplos seguintes exibimos funções não-decrescentes, com infinitos pontos de descontinuidade.

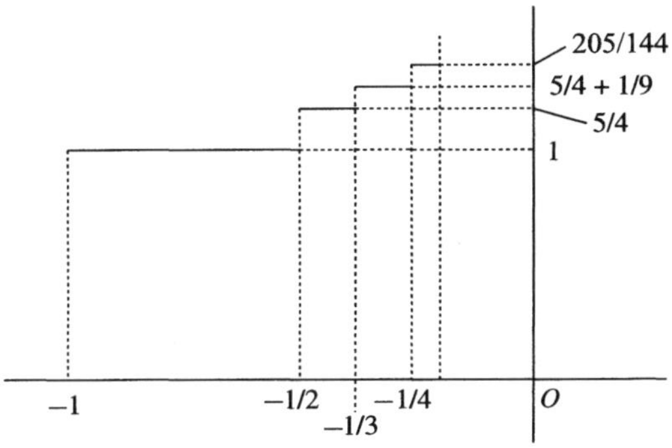

Figura 6.3

6.22. Exemplo. Consideremos a seqüência $r_n = -1/n$ e seja f a função

$$f(x) = \sum_{r_n < x} \frac{1}{n^2},$$

onde o somatório, como se indica, estende-se a todos os índices n tais que $r_n < x$. Assim,

$$f(x) = 0 \ \text{ para } \ x \leq -1; \quad f(x) = 1 \ \text{ para } \ -1 < x \leq -1/2;$$

$$f(x) = 1 + 1/4 \ \text{ para } \ -1/2 < x \leq -1/3;$$

$$f(x) = 1 + 1/4 + 1/9 \ \text{ para } \ -1/3 < x \leq -1/4;$$

e assim por diante. Como se vê, f é contínua em todos os pontos $x \neq r_n$ e contínua à esquerda em todos os pontos $x = r_n$. Seu gráfico tem o aspecto indicado na Fig. 6.3. Deixamos ao leitor a tarefa de verificar, como exercício, que

$$\lim_{x \to 0-} f(x) = \sum_{n=1}^{\infty} \frac{1}{n^2} = f(y) \ \text{ para } \ y \geq 0. \tag{6.8}$$

O leitor deve notar que funções como essa podem ser construídas com qualquer seqüência crescente r_n que tenha limite zero ou outro qualquer valor, e qualquer série convergente de termos positivos $\sum a_n$, pondo, simplesmente,

$$f(x) = \sum_{r_n < x} a_n.$$

6.23. Exemplo. Seja (r_n) uma seqüência densa na reta, por exemplo, uma seqüência obtida pela enumeração dos números racionais. Vamos construir uma função crescente e limitada, definida em toda a reta, e que tenha saltos em todos esses números r_n. Para isso escrevemos

$$f(x) = \sum_{r_n < x} \frac{1}{n^2} \tag{6.9}$$

Como se vê, estamos somando sobre todos os índices n para os quais r_n é menor do que x. Como a série $\sum 1/n^2$ é convergente, é claro que a soma em (6.9) é convergente. É claro também que a função aqui definida é crescente, pois

$$x < y \Rightarrow f(y) - f(x) = \sum_{x \le r_n < y} \frac{1}{n^2} > 0.$$

Deixamos para os exercícios a tarefa de verificar que

$$f(-\infty) = \lim_{x \to -\infty} f(x) = 0, \quad f(+\infty) = \lim_{x \to +\infty} f(x) = \sum_{n=1}^{\infty} \frac{1}{n^2}, \tag{6.10}$$

bem como a de provar que a função aqui definida é contínua em todo $x \neq r_n$; é contínua pela esquerda e descontínua pela direita em todo $x = r_n$, onde seu salto é $1/n^2$. O leitor deve deter-se num exame atento dessa função, tentar e verificar a impossibidade de construir seu gráfico, para bem entender que está diante de um exemplo de função que é interessante e bastante geral. Finalmente, cabe observar que esse é um exemplo extremo de função monótona descontínua, pois as descontinuidades da função já formam um conjunto enumerável e denso na reta, não sendo possível, pelo teorema anterior, ampliá-lo ainda mais.

Exercícios

1. Faça as demonstrações do Teorema 6.14 nos casos omitidos.

2. Demonstre o Teorema 6.15.

3. Defina cada uma das quatro expressões contidas em $\lim_{x \to \pm\infty} f(x) = \pm\infty$.

4. Faça a demonstração do Teorema 6.17 nos casos omitidos.

5. Faça a demonstração da segunda parte do Teorema 6.18.

6. Demonstre os Teoremas 6.19 e 6.20.

7. Suponha que $f(x) \to +\infty$ e $g(x) \to B$ com $x \to a$. Prove que $f(x)g(x) \to +\infty$ se $B > 0$ e $f(x)g(x) \to -\infty$ se $B < 0$.

8. Prove que $f(x) = x^3 - 7x^2 + 2x - 9 \to +\infty$ com $x \to +\infty$.

9. Prove que todo polinômio $p(x) = x^n + a_{n-1}x^{n-1} + \ldots + a_1x + a_0$ tende a $+\infty$ com $x \to \pm\infty$ se n for par; e se n for ímpar, $p(x)$ tende a $-\infty$ com $x \to -\infty$ e a $+\infty$ com $x \to +\infty$.

10. Estude os limites de um polinômio

$$p(x) = a_nx^n + a_{n-1}x^{n-1} + \ldots + a_1x + a_0, \; a_n \neq 0,$$

com $x \to \infty$. Mostre, em particular, no caso n ímpar, que se $a_n > 0$, $\lim p(x) = \pm\infty$ com $x \to \pm\infty$ (havendo correspondência de sinais); e se $a_n < 0$, $\lim p(x) = \mp\infty$ com $x \to \pm\infty$.

11. Prove que $\lim\limits_{x\to\pm\infty} \dfrac{6x^2 - 5x + 1}{2x^2 + 7x - 8} = 3$, $\lim\limits_{x\to\pm\infty} \dfrac{x^2 - x + 1}{x^3 + 5} = 0$, $\lim\limits_{x\to-\infty} \dfrac{x^3 + 7x - 4}{x + 1} = +\infty$.

12. Dados os polinômios $p(x) = a_nx^n + \ldots + a_1x + a_0$ e $q(x) = b_mx^m + \ldots + b_1x + b_0$, onde $a_nb_m \neq 0$, estude os limites de $p(x)/q(x)$ com $x \to +\infty$ e $x \to -\infty$. Prove que esses limites são iguais a a_n/b_m se $n = m$; são ambos nulos se $n < m$; ambos iguais a $+\infty$ se $n > m, n - m$ é par e $a_nb_m > 0$. Examine estas e todas as demais possibilidades.

13. Seja f uma função crescente e limitada num intervalo (a, b). Estabeleça as desigualdades $f(a+) < f(x) < f(b-)$.

14. **(Critério de convergência de Cauchy)** Prove que uma condição necessária e suficiente para que uma função f tenha limite finito com $x \to +\infty$ é que, dado qualquer $\varepsilon > 0$, exista $k > 0$ tal que

$$x, \, y > k \Rightarrow |f(x) - f(y)| < \varepsilon.$$

Enuncie e prove propriedade análoga com $x \to -\infty$.

15. Prove a relação (6.8).

16. Prove as relações (6.10)

17. Prove que a função (6.9) é contínua em $x \neq r_n$ para todo n.

18. Prove que a função (6.9) é contínua pela esquerda em $x = r_N$ e descontínua pela direita, com salto $[f(x_N)] = 1/N^2$.

19. No somatório em (6.9) troque $r_n < x$ por $r_n \leq x$ e prove que a nova função obtida é contínua pela direita e descontínua pela esquerda em todo ponto $x = r_n$, onde o salto ainda é $1/n^2$.

20. Seja f uma função monótona num intervalo $[a,\, b]$, cuja imagem é todo um intervalo $[c,\, d]$. Prove que f é contínua.

Sugestões e soluções

6. Para provar a parte c) do Teorema 6.19, veja a demonstração da parte c) do Teorema 4.8 da p. 80; para a parte d), veja o item d) do Teorema 6.8.

8. Aplique o Teorema 6.20, notando que $f(x) = x^3(1 - 7/x + 2/x^2 - 9/x^3)$ e que a expressão entre parênteses tende a 1 com $x \to +\infty$, logo, é maior do que qualquer k, $0 < k < 1$ para $|x|$ maior do que um certo N.

9. Pode-se usar o mesmo procedimento do exercício anterior. Outro modo de resolver o problema é o seguinte:

$$\begin{aligned}
|p(x)| &= \left| x^n \left(1 + \frac{a_{n-1}}{x} + \ldots + \frac{a_1}{x^{n-1}} + \frac{a_0}{x^n} \right) \right| \\
&\geq |x^n| \left(1 - \left| \frac{a_{n-1}}{x} + \ldots + \frac{a_1}{x^{n-1}} + \frac{a_0}{x^n} \right| \right) \\
&\geq |x^n| \left[1 - \left(\left| \frac{a_{n-1}}{x} \right| + \ldots + \left| \frac{a_1}{x^{n-1}} \right| + \left| \frac{a_0}{x^n} \right| \right) \right].
\end{aligned}$$

Tomando x suficientemente grande, podemos fazer $|a_i/x^{n-i}| \leq 1/2n$, $0 \leq i \leq n-1$, de sorte que $|p(x)| \geq |x^n|/2$.

14. Transfira o problema para $\zeta = 0$ com a transformação $\zeta = 1/x$.

15. Para provar a segunda das relações, referente ao limite com $x \to +\infty$, devemos provar que, dado qualquer $\varepsilon > 0$, existe X tal que

$$x > X \Rightarrow \sum_{n=1}^{\infty} \frac{1}{n^2} - \sum_{r_n < x} \frac{1}{n^2} < \varepsilon.$$

Da convergência da série $\sum 1/n^2$ segue-se que existe N tal que essa soma, a partir de $n = N+1$, é $< \varepsilon$. Tomemos X tal que $r_1, \ldots, r_N$ sejam todos $< X$. Então, sendo $x > X$, a segunda soma na diferença acima inclui todos os termos correspondentes a $n = 1, \ldots, N$; logo,

$$\sum_{n=1}^{\infty} \frac{1}{n^2} - \sum_{r_n < x} \frac{1}{n^2} < \sum_{n=1}^{\infty} \frac{1}{n^2} - \sum_{n=1}^{n} \frac{1}{n^2} < \varepsilon.$$

16. Observe que, sendo $h > 0$,

$$f(x+h) - f(x) = \sum_{x<r_n<x+h} \frac{1}{n^2} \quad \text{e} \quad f(x) - f(x-h) = \sum_{x-h\leq r_n<x} \frac{1}{n^2}.$$

17. Com $h > 0$, $f(r_N + h) - f(r_N) = \sum_{r_N\leq r_n<r_N+h} \frac{1}{n^2}$ e $f(r_N) - f(r_N - h) = \sum_{r_N-h\leq r_n<r_N} \frac{1}{n^2}$.

6.4 Funções contínuas em intervalos fechados

O primeiro teorema que vamos demonstrar nesta seção, o assim chamado *Teorema do Valor Intermediário*, tem uma visualização geométrica muito evidente. Em linguagem corrente ele afirma que o gráfico de uma função contínua definida num intervalo, ao passar de um lado a outro do eixo dos x, necessariamente tem de cortar esse eixo. Até o final do século XVIII esse resultado foi aceito como evidente, sem que ninguém pensasse em demonstrá-lo, uma atitude muito de acordo com o espírito da época. Foi Bolzano o primeiro matemático a fazer uma tentativa séria de demonstrar esse teorema, de maneira puramente analítica, num trabalho de 1817, trabalho esse que mais tarde seria visto como um dos marcos principais do início do rigor na Análise das primeiras décadas do século XIX. Vamos apresentar esse teorema em sua versão mais geral, como enunciamos a seguir.

6.24. Teorema do Valor Intermediário. *Seja f uma função contínua num intervalo $I = [a, b]$, com $f(a) \neq f(b)$. Então, dado qualquer número d compreendido entre $f(a)$ e $f(b)$, existe $c \in (a, b)$ tal que $f(c) = d$. Em outras palavras, $f(x)$ assume todos os valores compreendidos entre $f(a)$ e $f(b)$, com x variando em (a, b).*

Demonstração. Vamos fazer a demonstração supondo que $f(a) < f(b)$. O caso oposto se reduz a esta considerando a função $g(x) = -f(x)$. Suporemos também que $d = 0$, notando que o caso geral se reduz a este para a função $g(x) = f(x) - d$.

Faremos a demonstração pelo método de bisseção, como na demonstração do Teorema de (Bolzano-Weierstrass, p. 96). Seja l o comprimento de I. Começamos dividindo esse intervalo ao meio, obtendo dois novos intervalos, digamos, $[a, r]$ e $[r, b]$. Se $f(r) = 0$, o teorema estará demonstrado. Se $f(r) > 0$, escolhemos o intervalo $[a, r]$; e se $f(r) < 0$, escolhemos o intervalo $[r, b]$. Em qualquer desses dois casos, teremos um novo intervalo, que denotaremos $I_1 = [a_1, b_1] \subset I$, de comprimento $l/2$, e tal que $f(a_1) < 0$ e $f(b_1) > 0$. (O leitor deve usar lápis e papel para acompanhar a demonstração.) Novamente dividimos este intervalo ao meio e repetimos o procedimento anterior; com isso, ou encontramos uma raiz de $f(x) = 0$, ou teremos um novo intervalo $I_2 = [a_2, b_2] \subset I_1$, de comprimento $l/4$, com $f(a_2) < 0$ e $f(b_2) > 0$. Prosseguindo assim, sucessivamente, ou esse processo termina com o encontro de uma raiz de $f(x) = 0$, ou obtemos uma família (I_n) de intervalos encaixados, $I_n = [a_n, b_n]$, de comprimento $l/2^n$ e tal que $f(a_2) < 0$ e $f(b_2) > 0$. Portanto, pelo teorema dos intervalos encaixados (Teorema 4.22, p. 95), a interseção desses intervalos reduz-se a um único ponto $c \in I$, o qual é o limite tanto de a_n como de b_n. Daqui, da continuidade de f, e do fato de ser $f(a_n) < 0 < f(b_n)$, segue-se que

$$0 \geq \lim f(a_n) = f(c) = \lim f(b_n) \geq 0;$$

donde, $f(c) = 0$, como queríamos demonstrar.

Guiados pela intuição, podemos ser levados a pensar que toda função que goze da propriedade do valor intermediário seja contínua. No século XIX chegou-se mesmo a acreditar, erroneamente, nesse fato, como nos conta Lebesgue na p. 96 de [7]. Um contra-exemplo é dado pela função $f(x)$=sen$(1/x)$ se $x \neq 0$, e $f(0)$ igual a qualquer valor do intervalo $[-1, +1]$ (faça o gráfico desta função). Assim definida, f satisfaz a propriedade do valor intermediário em qualquer intervalo $[-a, a]$, mas não é contínua em $x = 0$. Neste exemplo a função só é descontínua num único ponto; entretanto, existem funções descontínuas em todos os pontos e que, não obstante, gozam da propriedade do valor intermediário em qualquer intervalo, como nos mostra Lebesgue.

6.25. Exemplo. O Teorema do Valor Intermediário tem importantes aplicações, tanto de natureza teórica como prática. Por exemplo, ele permite provar que todo polinômio $p(x) = x^n + a_{n-1}x^{n-1}x + \ldots + a_1x + a_0$, de grau ímpar, tem pelo menos uma raiz real. Para isso lembramos o Exercício 8 atrás, segundo o qual $p(x)$ muda de sinal com x passando de uma certa vizinhança de $-\infty$ a uma vizinhança de $+\infty$. Mais precisamente, existem vizinhanças V_- de $-\infty$ e V_+ de $+\infty$, tais que $p(x)$ é negativo em V_- e positivo em V_+. Em conseqüência, existem números $a \in V_-$, $b \in V_+$, $a < b$, tais que $p(a) < 0 < p(b)$. Daqui e do teorema do valor intermediário segue-se que existe c, $a < c < b$, tal que $p(c) = 0$. (É claro que pode haver mais de um número c nessas condições; o que podemos garantir, em geral, é a existência de pelo menos um.) Em contrapartida, um polinômio de grau par, como $p(x) = x^2+1$, pode nunca se anular.

O teorema seguinte é mais uma aplicação do Teorema do Valor Intermediário.

6.26. Lema. *Toda função contínua num intervalo limitado e fechado $I = [a,\, b]$ é limitada nesse intervalo.*

Demonstração. Seja f a referida função. Raciocinando por absurdo, suponhamos que ela não seja limitada. Dividimos o intervalo I ao meio, obtendo dois novos intervalos fechados, digamos, $[a,\, r]$ e $[r,\, b]$. Em um destes f não será limitada. Seja $I_1 = [a_1,\, b_1] \subset I$ esse novo intervalo. Ele tem comprimento $l/2$, e nele f não é limitada. Repetimos o procedimento com $[a_1,\, b_1]$, obtendo um novo intervalo $I_2 = [a_2,\, b_2] \subset I_1$, de comprimento $l/4$, e no qual f não é limitada. Prosseguindo assim, sucessivamente, obtemos uma família de intervalos encaixados $I_n = [a_n,\, b_n]$, de comprimento $l/2^n$, onde f não é limitada. Portanto, pelo teorema dos intervalos encaixados Teorema 4.22, p. 95), a interseção desses intervalos reduz-se a um único ponto $c \in I$.

Finalmente, dado $\varepsilon = 1$, existe $\delta > 0$ tal que

$$x \in V_\delta(c) \Rightarrow f(c) - 1 < f(x) < f(c) + 1.$$

Como $|f(c) \pm 1| \leq |f(c)| + 1$, isso significa que $|f(x)| < |f(c)| + 1$ em $V_\delta(c)$; portanto, f é limitada em $V_\delta(c)$. Mas, sendo n suficientemente grande, $V_\delta(c) \supset I_n$, o que nos leva a um absurdo, pois f não é limitada em I_n. Assim, temos de afastar a hipótese inicial e concluir que f é limitada em I.

6.27. Teorema. *Toda função contínua num intervalo limitado e fechado $I = [a,\, b]$ assume valores máximo e mínimo nesse intervalo.*

Demonstração. Seja f a referida função e seja M seu supremo em I. Raciocinando por absurdo, suponhamos que $|f(x)| < M$ em I. Então, $1/(M - f(x))$ é uma função positiva e contínua em I; e, pelo lema anterior, ela tem supremo M' em I, isto é,

$$\frac{1}{M - f(x)} \leq M', \quad \text{donde} \quad f(x) \leq M - \frac{1}{M'}.$$

Isto contradiz o fato de que M é o supremo de f e nos leva a concluir que existe algum $x_0 \in I$ tal que $f(x_0) = M$, provando que f efetivamente assume valor máximo em I.

Para provar que f assume valor mínimo, considere a função $g(x) = -f(x)$, que também é contínua em I; portanto, pelo que acabamos de demonstrar, existe um ponto $x'_0 \in I$ tal que

$$x \in I \Rightarrow g(x) \leq g(x'_0), \quad \text{donde} \quad x \in I \Rightarrow f(x) \geq f(x'_0),$$

o que completa a demonstração do teorema.

Observações. As hipóteses de que o intervalo I seja limitado e fechado são essenciais. Veja estes contra-exemplos: $f(x) = 1/x$ com domínio o intervalo $(0, 1]$ não é limitada porque o domínio não é fechado; a função $f(x) = x^2$ não é limitada em $[1, \infty)$ porque este domínio não é limitado.

Por outro lado, uma função pode assumir valores máximo e mínimo mesmo que seu domínio não seja limitado ou fechado.

6.28. Teorema. *Seja f é uma função contínua num intervalo limitado e fechado $I = [a, b]$. Então $f(I)$ também é um intervalo limitado e fechado $[m, M]$ (que pode se reduzir a um ponto), onde m e M são os valores mínimo e máximo, respectivamente, da função f.*

Demonstração. Como f é contínua, ela assume valores mínimo e máximo em I, isto é, existem pontos c e d em I, tais que $f(c) = m$ e $f(d) = M$. (Não sabemos se $c < d$ ou $d < c$.) Pelo Teorema do Valor Intermediário, $f(x)$ assume todos os valores entre m e M, com x variando no intervalo de extremos c e d. Portanto, a imagem desse intervalo de extremos c e d já é o intervalo $[m, M]$; logo, $f(I) = [m, M]$, pois $m \leq f(x) \leq M$ qualquer que seja $x \in I$.

6.29. Teorema. *A imagem de qualquer intervalo por uma função contínua f é um intervalo (que pode se reduzir a um ponto).*

Demonstração. (O teorema se refere a um intervalo qualquer, não apenas limitado e fechado, como no teorema anterior.) Observe que para provar que um conjunto J é um intervalo, como (a, b), $[a, b)$, $(-\infty, b]$, ou qualquer outro tipo de intervalo, basta provar que J contém qualquer intervalo $[a, b]$, com $A < a < b < B$, onde $A = \inf J$ e $B = \sup J$ (não estando excluídas as possibilidades de ser $A = -\infty$ e/ou $B = +\infty$). Provado isso, é fácil ver que $J \supset (A, B)$, pois $(A, B) = \cup[a_n, b_n]$, onde (a_n) e (b_n) são seqüências decrescente e crescente, respectivamente, $a_n \to A$ e $b_n \to B$. Isso prova que J é um dos quatro intervalos de extremos A e B, isto é, $[A, B]$, (A, B), $[A, B)$ ou $(A, B]$.

Seja I um intervalo qualquer, contido no domínio da função f; e seja $J = f(I)$. Supomos que J não se reduza a um único ponto, quando nada temos a demonstrar. Então, dados quaisquer dois pontos distintos y_1 e y_2 em J, eles serão imagens de pontos em I, digamos, x_1 e x_2, com $x_1 \neq x_2$: $y_1 = f(x_1)$ e $y_2 = f(x_2)$. Para fixar as idéias, suponhamos $x_1 < x_2$. (O leitor deve verificar que a hipótese $x_2 < x_1$ leva ao mesmo raciocínio). Pelo teorema do valor intermediário, todos os valores entre y_1 e y_2 são assumidos pela função f em valores compreendidos entre x_1 e x_2, de sorte que $J \supset f([x_1, x_2]) \supset [y_1, y_2]$. Finalmente, dado qualquer intervalo fechado $[a, b]$ com $A < a < b < B$, tomamos, no raciocínio anterior, y_1, $y_2 \in J$, $A \leq y_1 < a$ e $b < y_2 \leq B$, e teremos $J \supset f([x_1, x_2]) \supset [y_1, y_2] \supset [a, b]$, como queríamos provar.

Como exemplos da situação descrita no teorema, $y = senx$ leva $(0, 2\pi)$ em $[-1, 1]$ e $[0, 3\pi/2)$ em $(-1, 1]$ $y = \text{tg}(\pi x - \pi/2)$ leva $(0, 1)$ em $(-\infty, \infty)$; $y = 1/(x^2 + 1)$ leva $[0, \infty)$ em $(0, 1]$.

Veremos, a seguir, outro resultado importante, demonstrado como conseqüência do Teorema do Valor Intermediário.

6.30. Teorema. *Toda função f, contínua e injetiva num intervalo I, é crescente ou decrescente. Sua inversa g, definida em $J = f(I)$, também é contínua.*

Demonstração. Se f não fosse crescente ou decrescente, existiriam números x_1, x_2 e x_3 em I tais que $x_1 < x_2 < x_3$ e $f(x_1) < f(x_2) > f(x_3)$, ou $f(x_1) > f(x_2) < f(x_3)$. Na hipótese de ser $f(x_1) < f(x_2) > f(x_3)$, se $f(x_3) > f(x_1)$ (faça um gráfico para acompanhar o raciocínio), pelo Teorema do Valor Intermediário, deveria existir um número x' entre x_1 e x_2 tal que $f(x') = f(x_3)$, contradizendo a injetividade de f; e se fosse $f(x_3) < f(x_1)$, pelo mesmo teorema, deveria existir x' entre x_2 e x_3 tal que $f(x_1) = f(x')$, novamente contradizendo a injetividade de f. O raciocínio, no caso $f(x_1) > f(x_2) < f(x_3)$, é análogo. Concluímos, então, que f é estritamente crescente ou decrescente, como queríamos provar.

Quanto à função inversa, já sabemos que ela tem o mesmo caráter de monotonicidade que a função f (Exercício 5 da p. 138). Suponhamos, para fixar as idéias, que f seja estritamente crescente, de forma que g também é. Vamos provar que g é contínua em qualquer valor $b \in J = f(I)$. Seja $a = g(b)$, de sorte que $f(a) = b$. Se a for interior ao intervalo I (faça um gráfico para acompanhar o raciocínio), dado qualquer $\varepsilon > 0$, seja $\varepsilon' > 0$, $\varepsilon' \leq \varepsilon$, tal que $V_{\varepsilon'}(a) \subset I$. Ora, $f(V_{\varepsilon'}(a)) = (b - \delta_1, b + \delta_2) \subset J$. Seja agora δ o menor dentre δ_1 e δ_2 , de sorte que $g(V_\delta(b)) \subset V_{\varepsilon'}(a) \subset V_\varepsilon(a)$, e isso prova a continuidade da função g no ponto b. Um raciocínio análogo se aplica no caso em que b é um dos extremos do intervalo J. A demonstração no caso de função estritamente decrescente g é também análoga e fica a cargo do leitor.

O teorema que acabamos de demonstrar é muito interessante, pois nos diz que as funções crescentes e as decrescentes são as únicas funções contínuas definidas em intervalos que são invertíveis. Isso nos leva, naturalmente, a perguntar: será que são essas as únicas funções (definidas em intervalos) invertíveis? A resposta é negativa, como vemos pelo seguinte contra-exemplo: seja f assim definida no intervalo $I = [0, 1]$: $f(x) = x$ se x for racional e $f(x) = 1 - x$ se x for irracional. Faça o gráfico dessa função e verifique que ela é invertível, mas não é monótona em qualquer subintervalo de I; em conseqüência, não é contínua em seu domínio, apenas no ponto $x = 1/2$ (Exercício 17 adiante).

O método de bisseção utilizado na demonstração dos Teoremas 6.24 e 6.26 é muito útil para implementar esquemas numéricos de computação. Com uma simples calculadora científica é possível calcular raízes polinomiais com boas aproximações. (Veja o Exercício 2 adiante.)

Exercícios

1. Faça a demonstração do Teorema 6.24 no caso $f(a) > f(b)$.

2. Prove que a equação $x^4 + 10x^3 - 8 = 0$ tem pelo menos duas raízes reais. Use uma calculadora científica para determinar uma dessas raízes com aproximação de duas casas decimais.

3. Prove que um polinômio de grau ímpar tem um número ímpar de raízes reais, contando as multiplicidades.

4. Prove que se n é par, $p(x) = x^n + a_{n-1}x^{n-1} + \ldots + a_1x + a_0$ assume um valor mínimo m. Em conseqüência, prove que $p(x) = a$ tem pelo menos duas soluções distintas se $a > m$ e nenhuma se $a < m$.

5. Prove que se um polinômio de grau n tiver r raízes reais, contando as multiplicidades, então $n - r$ é par.

6. Prove que todo número $a > 0$ possui raízes quadradas, uma positiva e outra negativa.

7. Prove que todo número $a > 0$ possui uma raiz n-ésima positiva; e se n for par, possuirá também uma raiz n-ésima negativa.

8. Seja f uma função contínua num intervalo, onde ela é sempre diferente de zero. Prove que f é sempre positiva ou sempre negativa.

9. Sejam f e g funções contínuas num intervalo $[a, b]$, tais que $f(a) < g(a)$ e $f(b) > g(b)$. Prove que existe um número c entre a e b, tal que $f(c) = g(c)$. Faça um gráfico para entender bem o que se passa.

10. Seja f uma função contínua no intervalo $[0, 1]$, com valores nesse mesmo intervalo. Prove que existe $c \in [0, 1]$ tal que $f(c) = c$. Interprete este resultado geometricamente.

11. Nas mesmas hipóteses do exercício anterior, prove que existe $c \in [0, 1]$ tal que $f(c) = 1 - c$. Interprete este resultado geometricamente.

12. Seja f uma função contínua no intervalo $[0, 1]$, com $f(0) = f(1)$. Prove que existe um número $c \in [0, 1/2]$ tal que $f(c) = f(c + 1/2)$. Este exercício tem uma interpretação física muito interessante: se f representa a temperatura num determinado instante, ao longo de qualquer curva fechada simples sobre a superfície terrestre — em particular o equador terrestre —, e x representa a distância ao longo dessa curva a partir de um certo ponto, o resultado anunciado significa que existem dois pontos, c e $c + 1/2$, onde a temperatura tem o mesmo valor.

13. Complete a demonstração do Teorema 6.30, provando que g é contínua em b, na hipótese de que b seja uma das extremidades do intervalo J. Faça também a demonstração completa do teorema no caso em que f (e, conseqüentemente, também g) é uma função decrescente.

14. Sejam f e g funções crescentes num intervalo I, onde $f(x) \leq g(x)$. Prove que $f^{-1}(y) \geq g^{-1}(y)$ para todo $y \in f(I) \cap g(I)$.

15. Prove que a imagem de um intervalo aberto por uma função contínua injetiva é um intervalo aberto. Dê exemplos em que o intervalo-domínio é limitado, mas sua imagem é ilimitada.

16. Dê exemplo de uma função cujo domínio não seja nem fechado nem limitado, mas que tenha valores máximo e mínimo.

17. Prove que $f(x) = x$ se x for racional, e $f(x) = 1 - x$ se x for irracional, é contínua em $x = 1/2$ e somente neste ponto.

18. Considere a função f assim definida: $f(x) = -x$ se x for racional e $f(x) = 1/x$ se x for irracional. Faça o gráfico dessa função e mostre que ela é uma bijeção descontínua em todos os pontos.

Sugestões

2. Lembre-se de que quando um polinômio com coeficientes reais tiver uma raiz complexa, ele terá também a complexa conjugada como raiz. Verifique que há uma raiz entre zero e 1 e determine esta raiz pelo método de bisseção.

6. Suponhamos $a \neq 1$, já que o caso $a = 1$ é trivial. Se $a > 1$, $f(x) = x^2$ é tal que $f(1) < f(a)$; logo, pelo teorema do valor intermediário, existe um número entre 1 e a, designado por $\sqrt{a}$, tal que $f(\sqrt{a}) = a$. Se $a < 1$, $f(1) > a > f(a)$, e novamente existe um número $\sqrt{a}$ entre a e 1 tal que $f(\sqrt{a}) = a$. E o caso de raiz negativa?

10. Considere a função $g(x) = f(x) - x$, se já não for $f(0) = 0$ ou $f(1) = 1$.

11. Use o Exercício 9 com $g(x) = 1 - x$.

12. Considere a função $g(x) = f(x) - f(x + 1/2)$ no intervalo $[0, 1/2]$.

6.5 Notas históricas e complementares

O início do rigor na Análise Matemática

O desenvolvimento da teoria das funções que apresentamos neste capítulo é obra do século XIX. E só foi possível depois de um longo período (de cerca de século e meio) de desenvolvimento dos métodos e técnicas do Cálculo, desde o início dessa disciplina no século XVII.

Até o início do século XIX as idéias fundamentais do Cálculo, como os conceitos de limite, derivada e integral, não tinham uma fundamentação lógica adequada. Os matemáticos sabiam disso e até foram muito criticados em seu trabalho. A mais contundente e bem fundamentada dessas críticas partiu do conhecido bispo e filósofo inglês George Berkeley, numa publicação de 1734. Houve também respostas a essas críticas, bem como, durante todo o século XVIII, tentativas de encontrar uma fundamentação adequada para o Cálculo, embora sem maiores conseqüências. A mais importante dessas tentativas foi a que empreendeu Lagrange no final do século, e que está associada às séries de funções.

No século XVIII ainda não havia muita motivação para o estudo dos fundamentos. Os matemáticos desse século tinham muito mais do que se ocupar em termos de explorar as idéias do Cálculo, desenvolver novas técnicas e usá-las na formulação e solução de problemas aplicados, em Mecânica, Hidrodinâmica, Elasticidade, Acústica, Balística, Ótica, Transmissão do Calor e Mecânica Celeste. Em conseqüência disso, não havia uma separação nítida entre o Cálculo e suas aplicações, entre a Análise Matemática e a Física Matemática; e ficava diminuída, ao menos em parte, a importância do rigor, pois muitas vezes os resultados empíricos já eram um teste do valor desses métodos. Assim, por exemplo, um problema físico que se traduzia numa equação diferencial, como o movimento de um pêndulo ou as vibrações de uma corda esticada, já tinha garantidas, por razões físicas, a existência e a unicidade da solução. Isso está exemplificado na produção científica dos mais importantes matemáticos do século, dentre os quais destacam-se Leonhard Euler e Joseph-Louis Lagrange.

Não obstante o pouco que se fez, durante todo o século XVIII, em termos de rigor na Análise Matemática, foi em meados desse século que surgiu um dos problemas que se tornou o mais fértil no desenvolvimento da Análise no século seguinte, e que consiste em expressar uma dada função em série infinita de senos e cossenos. Mais especificamente, dada uma função periódica f, de período 2π, determinar os coeficientes a_n e b_n de forma que

$$f(x) = \frac{a_0}{2} + \sum_{n=1}^{\infty}(a_n \cos nx + b_n \operatorname{sen} nx). \tag{6.11}$$

Esse problema surgiu primeiro em 1753, em situação particular, num trabalho de Daniel Bernoulli em seu estudo da corda vibrante, em que se punha a questão de expressar a função que dava o perfil inicial da corda como série de senos. As vibrações de uma corda esticada já haviam sido estudadas por Jean le Rond d'Alembert em 1747; e logo em seguida por Euler, depois por Daniel. Tratava-se de determinar uma função de duas variáveis satisfazendo uma equação diferencial parcial, a chamada *equação das ondas*. Euler achava que o perfil inicial da corda pudesse ser inteiramente arbitrário. d'Alembert achava que só podiam ser admitidas funções dadas por uma expressão analítica, como um polinômio ou mesmo uma série de potências; ou em termos das funções transcendentes familiares, como as funções trigonométricas, a exponencial ou o logaritmo. Isso porque ele entendia a derivação como operação que transformava as funções umas nas outras segundo um formalismo algébrico bem determinado: x^n em nx^{n-1}, $\operatorname{sen} x$ em $\cos x$, etc. Como derivar $f(x)$ se ela fosse dada por uma lei qualquer?

O modo como Bernoulli tratou o problema diferia bastante dos modos adotados por d'Alembert e Euler. O importante a notar aqui é que essas investigações acabaram envolvendo seus autores numa controvérsia inconclusiva. Cada um mantinha sua própria opinião e nada podiam decidir, justamente porque lhes faltavam idéias precisas dos conceitos de função e derivada.

Vimos, no início do capítulo, como o conceito de função foi evoluindo gradualmente. Também o conceito de continuidade teve uma evolução gradual. De começo significava a permanência da mesma expressão analítica que definia a função, ao passo que "descontinuidade" significava, não a "ruptura" do gráfico da função, mas da expressão analítica ou lei que definisse a correspondência entre a variável dependente e a variável independente (ou variáveis independentes). Como a derivada era concebida como uma *operador algébrico*, as funções admitidas numa equação diferencial, como a da corda vibrante, só poderiam ser aquelas dotadas de "expressões analíticas", como insistia d'Alembert. Isso excluía a possibilidade de um perfil mais geral, do tipo ilustrado na Fig. 6.4, como pretendia Euler, adotando assim um conceito de função que ia além da simples idéia de uma variável dada em termos de outra (ou outras) mediante uma fórmula ou expressão analítica. E ambos, d'Alembert e Euler, não concordavam com a possibilidade sugerida por Bernoulli de que uma função arbitrária pudesse admitir um desenvolvimento do tipo (6.11), em termos de funções periódicas tão particulares como os termos da série.

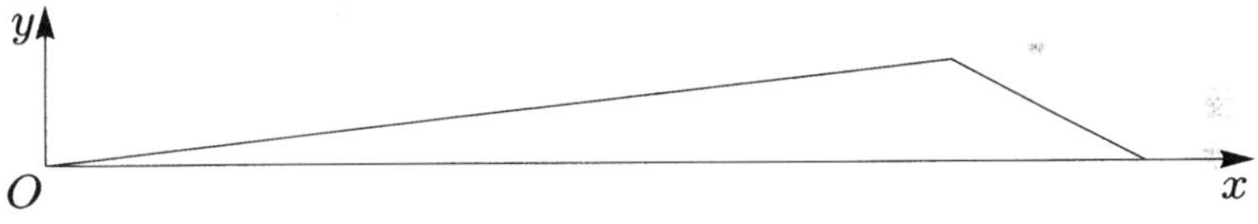

Figura 6.4

A questão posta por Bernoulli permaneceu dormente por cerca de meio século até que fosse retomada pelo eminente físico-matemático Jean-Baptiste Joseph Fourier em seus estudos sobre propagação do calor. Nesses estudos surge várias vezes a necessidade de desenvolvimentos do tipo (6.11). E a possibilidade desse desenvolvimento, em toda a sua generalidade, apresenta-se, no início do século XIX, como um problema central da Análise Matemática.

A forma mais completa dos trabalhos de Fourier sobre propagação do calor encontra-se em seu livro *Théorie Analytique de la Chaleur*, publicado em 1822 (traduzido em inglês pela Editora Dover). Fourier acreditava que funções "arbitrárias" pudessem ser desenvolvidas em séries do tipo (6.11); e pensou haver demonstrado esse resultado. Eis um exemplo concreto, já apresentado no início do capítulo:

$$f(x) = \sum_{n=1}^{\infty} \frac{(-1)^{n+1}}{n} \operatorname{sen} nx, \tag{6.12}$$

onde a função f, soma da série, resulta ser

$$f(x) = \frac{x}{2} \quad \text{se} \quad -\pi < x < \pi; \quad f(-\pi) = f(\pi) = 0; \tag{6.13}$$

e f é definida em toda a reta como função periódica de período 2π. Esse é um exemplo que contrasta com os pontos de vista tanto de Euler como de d'Alembert, pois vista em sua representação (6.12) ela seria, para ambos, *analítica*; ao passo que, para eles, (6.13) seria outra função, obtida pela junção das translações de $f(x) = x/2$ com domínio $(-\pi, \pi)$.

Exemplos como esse deixavam clara a insuficiência dos antigos conceitos de função e continuidade de meados do século XVIII para lidar com os problemas trazidos ao cenário matemático pelos estudos de Fourier. O próprio Fourier já tem uma idéia bem mais ampla desse conceito. Eis como ele o descreve na p. 430 da versão inglesa (da Editora Dover) de seu livro:

> *Em geral a função $f(x)$ representa uma sucessão de valores ou ordenadas arbitrárias. (...) Não supomos essas ordenadas sujeitas a uma lei comum; elas sucedem umas às outras de qualquer maneira, e cada uma é dada como se fosse uma grandeza única.*

Isso equivale praticamente à definição que adotamos hoje em dia, segundo a qual *uma função f é uma correspondência que atribui, segundo uma lei qualquer, um valor y a cada valor x da variável independente.*

Situações novas como as apresentadas por Fourier evidenciavam a necessidade de uma adequada fundamentação dos métodos usados no trato dos problemas. Era preciso aclarar de vez o significado de "derivar" ou "integrar" uma função, fosse ela dada por uma "fórmula" ou não. "Derivar" não podia significar apenas aplicar uma "lei algébrica" a uma "fórmula", assim como "integrar" não podia mais ser apenas "achar uma primitiva". Essas maneiras de encarar as operações do Cálculo eram, a partir de então, insuficientes.

Como já dissemos, no final do capítulo anterior, Cauchy foi o protagonista principal do novo programa de tornar rigorosos os métodos da Análise. Ele estava a par do trabalho de Fourier e dos novos problemas que tinham de ser investigados. No prefácio de seu *Cours d'Analyse* Cauchy enuncia claramente seus altos padrões de rigor:

> *Quanto aos métodos, procurei dar-lhes todo o rigor que se exige em Geometria, de maneira a jamais recorrer a razões tiradas da generalidade da Álgebra. Tais razões, embora muito freqüentemente admitidas, sobretudo na passagem das séries convergentes às séries divergentes e de grandezas reais a expressões imaginárias, a meu ver só podem ser consideradas como induções próprias a sugerir a verdade, mas que pouco têm a ver com a tão festejada exatidão as ciências matemáticas. Deve-se mesmo observar que elas tendem a atribuir às fórmulas algébricas validade universal, quando a maior parte dessas fórmulas só valem sob certas condições e para certos valores das grandezas envolvidas. Determinando essas condições e esses valores, e fixando de maneira precisa o sentido da notação de que me sirvo, faço desaparecer toda incerteza.*

O ponto de partida de Cauchy em sua fundamentação da Análise foi a definição de continuidade: "*...a função f(x) será contínua em x num intervalo* (estamos usando a palavra "intervalo"para simplificar o enunciado de Cauchy) *de valores dessa variável se, para cada valor de* x *nesse intervalo, o valor numérico da diferença* $f(x+\alpha) - f(x)$ *decresce indefinidamente com* α. *Em outras palavras,* $f(x)$ *é contínua se um acréscimo infinitamente pequeno de* x *produz um acréscimo infinitamente pequeno de* $f(x)$."

Essa definição está muito próxima da que usamos hoje em dia, em termos de ε e δ. Aliás, essa simbologia também é devida a Cauchy, que a usa em várias demonstrações, embora ela só se universalize a partir da década de sessenta, com as preleções de Weierstrass em Berlim.

Devemos mencionar ainda o trabalho de Bolzano, já citado no final do Capítulo 4. Publicado em 1817, ele traz praticamente a mesma definição de continuidade de Cauchy, num enunciado até mais próximo de nossa definição atual. Ei-la: "*uma função* $f(x)$ *varia segundo a lei da continuidade para todos os valores de* x *situados num intervalo* (novamente usamos a palavra "intervalo" para simplificar) *se a diferença* $f(x+\omega)-f(x)$ *pode tornar-se menor que qualquer valor dado, se se pode sempre tomar* ω *tão pequeno quanto se queira.*"

O objetivo de Bolzano era provar o Teorema do Valor Intermediário. De momento cabe ressaltar o mérito desse seu trabalho, onde ele revela as mesmas preocupações com o rigor que vimos em Cauchy, e que estavam na ordem do dia. Aliás, na introdução ele menciona que no ano anterior (1816) Gauss publicara duas demonstrações do Teorema Fundamental da Álgebra, quando sua demonstração do mesmo teorema, dada em 1799, continha uma falha de rigor, como ele mesmo (Gauss) reconhecia, por fundamentar uma verdade puramente analítica num fato geométrico, falha essa que está ausente nas duas novas demonstrações mencionadas.

Devemos observar que Cauchy, não obstante seus inegáveis méritos e influência que teve no desenvolvimento da Análise Matemática, nisso foi muito beneficiado pelas posições que ocupava, pela freqüência com que publicava e, particularmente, por trabalhar no mais importante centro europeu da época, que era Paris. Outros matemáticos seus contemporâneos havia, de maior visão que ele, e Gauss certamente era um desses, indubitavelmente o maior matemático do século. Mas tinha um estilo todo diferente, antes recolhido em si, publicava pouco ("pauca sed matura"); e Göttingen, o centro a que pertencia, ainda não rivalizava com Paris.

O Teorema do Valor Intermediário

Já tivemos oportunidade de mencionar que o objetivo principal de Bolzano, com seu trabalho de 1817, foi demonstrar o Teorema do Valor Intermediário por meios puramente analíticos.

Cauchy, após enunciar o teorema do valor intermediário no texto de seu *Cours d'Analyse* oferece, como "demonstração", o que não passa de uma simples 'justificativa", baseada na "visualização geométrica". De fato, supondo que b seja um valor compreendido entre $f(x_0)$ e $f(X)$, para mostrar que existe x entre x_0 e X tal que $f(x) = b$, ele simplesmente argumenta que "*a curva que tem por equação* $y = f(x)$ *deve encontrar uma ou várias vezes a reta que tem por equação* $y = b$ *no intervalo compreendido entre as ordenadas que correspondem às abscissas* x_0 e X", apelando simplesmente para o fato de que o gráfico de f é uma curva contínua... Todavia, uma verdadeira "demonstração analítica"é dada na "Nota III"no final de seu livro.

Como já observamos, o teorema do valor intermediário é evidente, quando interpretado geometricamente. E por isso mesmo era aceito e usado no século XVIII, sem questionamento. As duas argumentações de Cauchy, mencionadas acima — a "justificativa" e a "demonstração analítica-- refletem muito bem a utilização do teorema no cálculo aproximado de raízes de polinômios. E revelam também a familiaridade que Cauchy certamente possuía com os trabalhos desses matemáticos do século XVIII.

Weierstrass e os fundamentos da Análise

Karl Weierstrass estudou direito por quatro anos na Universidade de Bonn, passando em seguida para a Matemática. Abandonou os estudos antes de se doutorar, tornando-se professor do ensino secundário (Gymnasium) em Braunsberg, de 1841 a 1854. Durante todo esse tempo, isolado do mundo científico, trabalhou intensamente e produziu importantes trabalhos de pesquisa que o tornaram conhecido de alguns dos mais eminentes matemáticos da época. Um desses trabalhos, publicado em 1854, tanto impressionou Richelot, professor em Königsberg, que este conseguiu persuadir sua Universidade a conferir a Weierstrass um título honorário de doutor. O próprio Richelot foi pessoalmente à pequena cidade de Braunsberg para a apresentação do título a Weierstrass, saudando-o como "o mestre de todos nós". Weierstrass deixou Braunsberg e passou por vários postos do ensino superior, terminando professor titular da Universidade de Berlim, de onde sua fama se espalhou por toda a Europa. Tornou-se um professor muito procurado, que mais transmitia suas idéias através dos cursos que ministrava do que por trabalhos publicados; e dessa maneira exerceu grande influência sobre dezenas de matemáticos que freqüentavam suas preleções.

A partir de 1856, Weierstrass ministrou diversas disciplinas sobre teoria das funções, às vezes a mesma disciplina repetidas vezes, e vários de seus alunos, que mais tarde se tornariam matemáticos famosos, fizeram notas dessas disciplinas, como Adolf Hurwitz, Moritz Pasch e Herman Amandus Schwarz. E muitas das idéias e resultados obtidos por Weierstrass estão contidos nessas notas ou simplesmente foram divulgados por esses seus alunos, por cartas ou em seus próprios trabalhos científicos. Nas Notas das aulas de Weierstrass aparecem as primeiras noções topológicas, em particular a definição de "vizinhança" de um ponto, a definição de continuidade em termos de desigualdade envolvendo ε e δ, e vários resultados sobre funções contínuas em intervalos fechados. Em particular, o chamado "Teorema de Bolzano-Weierstrass" está entre esses resultados, o qual Weierstrass formulou originalmente para conjuntos infinitos e limitados, e não para seqüências, como vimos no Capítulo 2 (p. 66). O teorema diz que *todo conjunto numérico infinito e limitado possui ao menos um ponto de acumulação.* O leitor não terá dificuldades em provar o teorema nesta versão com os mesmos argumentos usados na demonstração da outra versão dada na p. 67. Weierstrass, através de suas preleções, exerceu decisiva influência na modernização da Análise.

Carl Friedrich Gauss

Gauss nasceu em Brunswick, de pais pobres; e teve suas qualidades de gênio reconhecidas bem cedo. Graças à proteção do duque de Brunswick pôde estudar e cursar a Universidade de Göttingen, onde, a partir de 1807 e pelo resto de sua vida, seria Professor de Astronomia e Diretor do Observatório.

Ao lado de Arquimedes e Newton, Gauss é considerado um dos três maiores matemáticos de todos os tempos. Sua produção científica se espalha por todos os domínios da Matemática e da Ciência Aplicada, como Astronomia, Geodésia, e mesmo Eletricidade e Magnetismo.

As preocupações de Gauss com os fundamentos da Análise, e com o rigor na Matemática de um modo geral, são anteriores às de Cauchy, e revelam mesmo uma sensibilidade mais apurada. Sua primeira demonstração do Teorema Fundamental da Álgebra, de 1799, não satisfez a si próprio, por apoiar-se na intuição geométrica, por isso mesmo ele daria várias outras demonstrações do mesmo teorema. E nessa mesma época, vinte anos antes de Cauchy, Gauss já define corretamente o limite superior de uma seqüência e demonstra que a série $\sum a_n \cos nx$ converge se a_n tende a zero. Em 1813 ele publicou um alentado trabalho sobre a série hipergeométrica,

$$F(a,\, b,\, c;\, x) = \sum_{i=1}^{\infty} \frac{(a)_n (b)_n}{n!(c)_n} x^n,$$

onde o símbolo $(r)_n$ significa $r(r+1)(r+2)\ldots(r+n-1)$. Juntamente com Adrien-Marie Legendre , Niels Abel e Gustav Jacobi , deixou marcantes contribuições à teoria das funções elípticas.

Por várias razões Gauss não teve em sua época tanta influência como Cauchy. Como já dissemos, só publicava trabalhos muito bem acabados, que nada deixassem por fazer; e encontrava-se afastado de Paris, que era a meca científica da época. A isso deve-se acrescentar que não tinha pendores para o ensino. Confessava mesmo que não gostava de ensinar, e teve poucos alunos.

Conversando com o professor do ensino médio

O conhecimento da evolução dos conceitos de função e continuidade desenvolvidos neste capítulo, inclusive as explanações feitas nas notas históricas, são importantes para o bom preparo de professores do ensino médio.

Os conceitos de função e continuidade do século XVIII eram vagos e imprecisos. E tiveram pouca importância porque nunca foram utilizados de maneira significativa. Os matemáticos de então lidavam com funções desenvolvidas em séries infinitas de tipo particular, as séries de potências, que estudaremos no Capítulo 9. Eles tratavam essas séries como se elas fossem "polinômios infinitos"; derivavam e integravam tais séries termo a termo, e isso não acarretava qualquer problema porque, como veremos, elas eram muito bem comportadas e admitiam operações desse tipo.

Bem diferentes são as séries trigonométricas, estas sim é que deram origem a funções descontínuas de maneira totalmente nova. Já demos um exemplo simples disso no início do capítulo e nas fórmulas (6.12) e (6.13) atrás. Mas todas essas questões referentes às séries de potências e às séries trigonométricas só foram devidamente esclarecidas na segunda metade do século XIX.

Como já dissemos, a primeira aplicação importante do conceito de continuidade foi feita por Bolzano em 1817 para demonstrar, de maneira puramente analítica, o Teorema do Valor Intermediário: *Uma função contínua num intervalo fechado passa por todos os valores compreendidos entre seu máximo e seu mínimo.* Ora, esta é uma propriedade tão evidente na visualização geométrica que grandes matemáticos do século XVIII, como Lagrange e Euler, ao que parece, nunca se preocuparam em demonstrá-la (analiticamente).

Outras propriedades importantes das funções contínuas estão contidos nos teoremas da Seção 6.4, onde estudamos as funções contínuas em intervalos fechados. São apenas intervalos (mesmo os que não são fechados) os domínios de funções cuja continuidade cabe examinar. É de surpreender, pois, que ainda haja autores de livros do ensino médio que falem em descontinuidade no caso de funções cujos domínios são conjuntos com um número finito de pontos, um verdadeiro desatino!

Por aí já se vê o quão necessária é uma disciplina de Análise nos currículos de licenciatura. Os professores e autores de livros precisam entender muito bem a gênese dos conceitos de função e continuidade — e a razão por que foram criados — para bem se prepararem para o que devem ensinar e como ensinar.

Devemos observar também que, embora ainda no século XIX muitos matemáticos acreditassem ser possível dentificar continuidade com a noção *global* de não-ruptura do gráfico da função, a definição que deu certo e frutificou foi a definição *local*, isto é, em cada ponto, em termos de épsilons e deltas (Definição 6.3), que é difícil até mesmo para alunos que se iniciam na universidade. Portanto, o professor do ensino médio que quiser ensinar o que é continuidade não deve enveredar por esses caminhos; antes, deve contentar-se com a noção contida na visualização geométrica de não-ruptura do gráfico da função definida num intervalo, já que aí reside a concepção mais rudimentar e visual do conceito de continuidade.

Capítulo 7

O cálculo diferencial

No presente capítulo fazemos uma apresentação rigorosa dos conceitos e teoremas fundamentais do Cálculo Diferencial, uma tarefa que não costuma ser feita nas disciplinas introdutórias de Cálculo; isso por duas razões: por um lado o professor não dispõe de uma teoria dos números reais, sobretudo a propriedade do supremo, ou algo equivalente, como a propriedade dos intervalos encaixados. E sem isso fica impossível demonstrar rigorosamente os teoremas da Seção 6.4 que são necessários às demonstrações que faremos logo adiante. Em segundo lugar, o objetivo primordial de um curso de Cálculo é desenvolver logo os métodos e técnicas da disciplina, não só para prover os pre-requisitos de outras disciplinas, mas também para familiarizar o aluno com funções mais sofisticadas e várias de suas propriedades, o que muito facilita o estudo da Análise.

Portanto, no presente capítulo cuidaremos de estabelecer, de forma rigorosa, os resultados básicos do Cálculo Diferencial, e não os métodos e técnicas que são objeto de um curso preliminar de Cálculo. Por isso mesmo é muito conveniente que o leitor, ao estudar os tópicos deste capítulo, faça, ao mesmo tempo, um re-estudo dos referidos métodos e técnicas da derivada. E para isso ele deve se valer de um texto de Cálculo, em particular nossos livros [1] e [2].

7.1 A derivada e a diferencial

Diz-se que uma função f, definida num intervalo aberto I, é derivável em $x_0 \in I$ se existe e é finito o limite da *razão incremental*

$$\frac{f(x) - f(x_0)}{x - x_0} \tag{7.1}$$

com $x \to x_0$. Esse limite é, por definição, a *derivada* da função f no ponto x_0. Para indicar esse limite usam-se as notações

$$f'(x_0), \quad (Df)(x_0) \quad \text{e} \quad \frac{df}{dx}(x_0),$$

esta última sendo o quociente de diferenciais, como explicaremos logo adiante. Em Mecânica, onde freqüentemente se consideram funções do tempo t, como $s(t)$, $x(t)$, etc., é comum a notação da derivada com a letra encimada por um ponto, como

$$\dot{s}(t), \quad \dot{s}, \quad \dot{x}(t), \quad \dot{x}, \text{ etc.}$$

Pondo $x = x_0 + h$, podemos escrever a derivada das seguintes maneiras:

$$f'(x_0) = \lim_{x \to x_0} \frac{f(x) - f(x_0)}{x - x_0} = \lim_{h \to 0} \frac{f(x_0 + h) - f(x_0)}{h}.$$

Essa é a derivada no sentido ordinário, o ponto x_0 sendo *interior* ao domínio da função. As noções de *derivadas laterais, à direita* e *à esquerda*, são introduzidas de maneira análoga:

$$f'(x_0+) = \lim_{h \to 0+} \frac{f(x_0 + h) - f(x_0)}{h}, \qquad f'(x_0-) = \lim_{h \to 0-} \frac{f(x_0 + h) - f(x_0)}{h}.$$

Essas definições se aplicam mesmo que x_0 seja extremo esquerdo ou direito, respectivamente, de um intervalo onde f seja definida. Como exemplo, considere a função $f(x) = (\sqrt{x})^3$, que está definida somente para $x \geq 0$; portanto, não é derivável no sentido ordinário em $x = 0$. No entanto, existe e é zero sua derivada à direita nesse ponto, pois $f(h) - f(0) = h\sqrt{h}$.

A derivada de uma função f é, por sua vez, uma função do ponto onde é calculada. Podemos, pois, considerar sua derivada, que é chamada a *derivada segunda* de f e indicada com as notações f'', $D^2 f$, $d^2 f/dx^2$, $\ddot{s}(t)$, $\ddot{x}(t)$. De um modo geral, podemos considerar a *derivada de ordem* n ou *derivada* n*-ésima*, definida recursivamente como a derivada da derivada de ordem $n-1$ e indicada com as notações $f^{(n)}$, $D^{(n)} f$, $d^n f/dx^n$. Uma função com derivadas contínuas até a ordem n é chamada *função de classe* C^n.

O leitor deve notar que muitos dos resultados envolvendo derivadas ordinárias permanecem válidos para as derivadas laterais, com pequenas e óbvias modificações. É fácil ver também que *uma função* f *é derivável em* x_0*, no sentido ordinário, se e somente se suas derivadas laterais nesse ponto existem e são iguais.* (Exercício 1 adiante.)

No pressuposto de que a função f seja derivável, a diferença

$$\frac{f(x) - f(x_0)}{x - x_0} - f'(x_0) = \eta$$

tende a zero com $x \to x_0$, de sorte que

$$f(x) = f(x_0) + [f'(x_0) + \eta](x - x_0)$$

tende a $f(x_0)$ com $x \to x_0$. Isso prova o teorema que enunciamos a seguir.

7.1. Teorema. *Toda função derivável num ponto x_0 é contínua nesse ponto.*

Reta tangente

Voltemos à razão incremental (7.1), que representa o declive da reta secante PQ, onde $P = (x_0, f(x_0))$ e $Q = (x, f(x))$, como ilustra a Fig. 7.1. Quando $x \to x_0$, o ponto Q se aproxima do ponto P e $f'(x_0)$ é o valor limite do declive da reta secante. Isto sugere a definição de *reta tangente* à curva $y = f(x)$ no ponto P como aquela que passa por esse ponto e tem declive $f'(x_0)$. Sua equação, em coordenadas (x, Y), é então dada por

$$Y - f(x_0) = f'(x_0)(x - x_0), \quad \text{ou} \quad Y = f(x_0) + f'(x_0)(x - x_0). \tag{7.2}$$

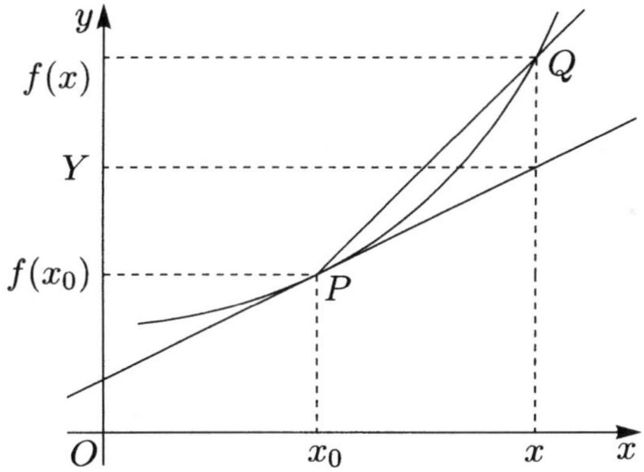

Figura 7.1

É interessante examinar a natureza do contato dessa reta com a curva $y = f(x)$. Para isso, observamos que a diferença de ordenadas da curva e da reta, correspondentes à mesma abscissa x, isto é, $f(x) - Y$, tende a zero com $x \to x_0$. Mas não é só isso; também tende a zero o quociente dessa diferença por $x - x_0$, isto é,

$$\frac{f(x) - Y}{x - x_0} = \frac{f(x) - f(x_0)}{x - x_0} - f'(x_0) = \eta$$

que tende a zero com $x \to x_0$. Vemos assim que a diferença de ordenadas $f(x) - Y$, ou *distância* entre a curva e a reta tangente ao longo de uma paralela ao eixo Oy (Fig. 7.2), tende a zero "mais depressa" que $x - x_0$. Em vista disso dizemos que o contato da curva com a reta tangente no ponto P considerado é de *ordem superior à primeira.* (Veja a noção de "ordem de grandeza" na p. 39 de [2].)

Outro modo de introduzir a reta tangente consiste em definir essa reta como sendo, dentre as retas do feixe pelo ponto P, aquela que tem com a curva um contato de ordem superior à primeira. Sendo a função derivável, vamos mostrar que essa condição de fato determina a reta tangente univocamente como sendo aquela de equação (7.2). De fato, o referido feixe de retas é dado por

$$Y = f(x_0) + m(x - x_0), \tag{7.3}$$

onde m é um parâmetro variável (Fig. 7.3). A condição de que essa reta tenha com a curva contato de ordem superior à primeira,

$$\frac{f(x) - Y}{x - x_0} = \frac{f(x) - f(x_0)}{x - x_0} - m \to 0 \tag{7.4}$$

implica $m = f'(x_0)$.

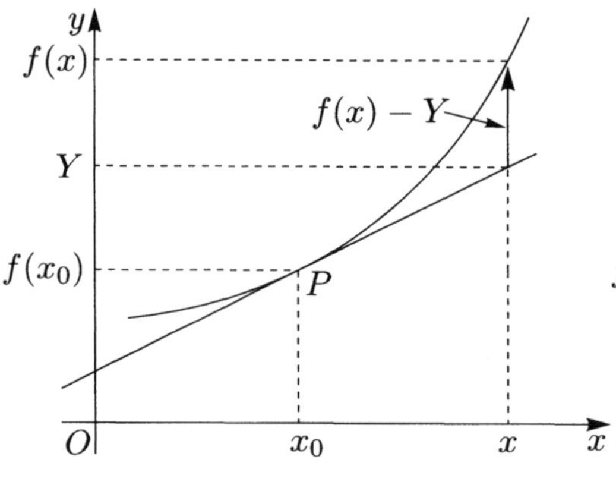

Figura 7.2

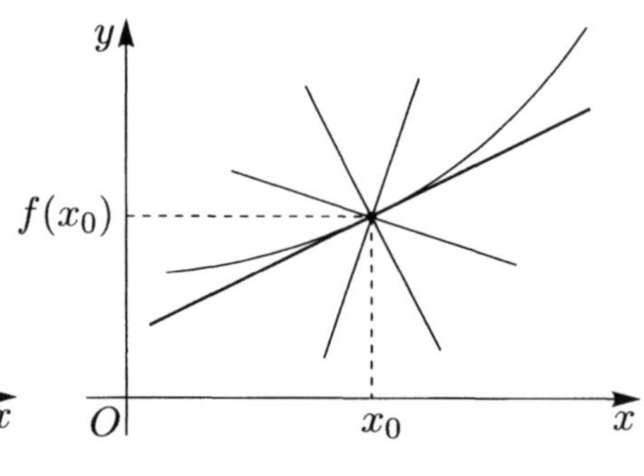

Figura 7.3

Diz-se que a função f é *diferenciável* em $x = x_0$ se existe uma reta do feixe (7.3) que tenha com a curva $y = f(x)$ contato de ordem superior à primeira no ponto $P = (x_0, f(x_0))$. É imediato, por (7.4), que isso implica f derivável em $x = x_0$. Portanto, derivabilidade e diferenciabilidade são aqui conceitos equivalentes (o que, todavia, não é verdade em várias dimensões).

A diferencial

A *diferencial* da função f no ponto x_0 é definida como sendo o produto $dy = f'(x_0)\Delta x$, onde $\Delta x = x - x_0$. De acordo com esta definição, a diferencial da função identidade, $x \mapsto x$, é Δx, isto é, $dx = \Delta x$, de sorte que, em geral, $dy = f'(x_0)dx$. Daqui segue também que a derivada é o quociente das diferenciais: $f'(x_0) = dy/dx$. Mais precisamente, $f'(x_0) = (df/dx)(x_0)$, onde $df = dy = f'(x_0)dx$.

Pondo $\Delta y = f(x) - f(x_0)$, é fácil ver que $\Delta y - dy = f(x) - Y$, de sorte que essa diferença $\Delta y - dy$ *é de ordem superior à primeira* com $x \to x_0$ (Fig. 7.4), significando isso que Δy aproxima dy, tanto melhor quanto mais próximo estiver x de x_0.

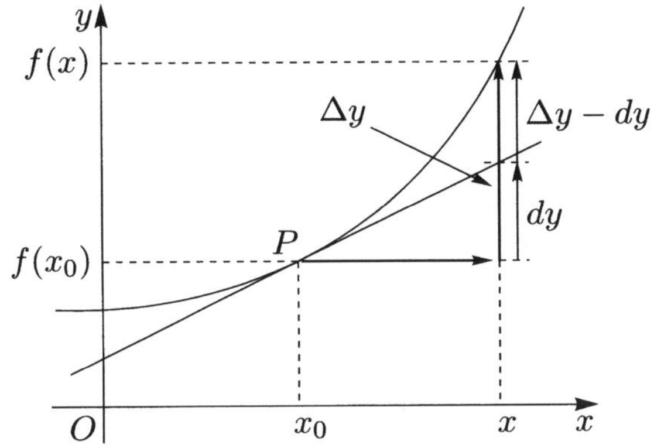

Figura 7.4

Prova-se, sem dificuldade, que se f e g são deriváveis num ponto x, o mesmo é verdade de $f + g$ e $[f(x) + g(x)]' = f'(x) + g'(x)$. É igualmente imediato verificar que $(\alpha f)' = \alpha f'$, onde α é uma constante. As derivadas do produto e do quociente exigem mais trabalho e são consideradas a seguir.

Regras operacionais

7.2. Teorema. *Se f e g são deriváveis num ponto x, então o mesmo é verdade de fg e $(f(x)g(x))' = f(x)g'(x) + f'(x)g(x)$. Se, ainda, $g(x) \neq 0$, então*

$$\left(\frac{f(x)}{g(x)}\right)' = \frac{g(x)f'(x) - f(x)g'(x)}{g(x)^2}.$$

Demonstração. No caso do produto, observamos que a razão incremental se escreve:

$$\frac{f(x+h)g(x+h) - f(x)g(x)}{h}$$

$$= \frac{[f(x+h)g(x+h) - f(x+h)g(x)] + [f(x+h)g(x) - f(x)g(x)]}{h}$$

$$= f(x+h) \cdot \frac{g(x+h)-g(x)}{h} + \frac{f(x+h)-f(x)}{h} \cdot g(x).$$

Agora é só fazer $h \to 0$ para obtermos o resultado desejado.

Quanto ao quociente, consideremos primeiro o caso em que $f = 1$, ou seja, $1/g$. Temos de considerar a razão incremental

$$\frac{1}{h}\left(\frac{1}{g(x+h)} - \frac{1}{g(x)}\right) = -\frac{g(x+h)-g(x)}{h} \frac{1}{g(x+h)g(x)},$$

cujo limite, com $h \to 0$, produz o resultado desejado. O caso de um quociente geral f/g pode ser tratado como produto: $f/g = f \cdot 1/g$.

7.3. Teorema (regra da cadeia). *Consideremos uma função composta* $f o g$ *(p. 137), definida num intervalo* I*, de sorte que* $g(I) \subset D_f$*. Suponhamos que* g *seja derivável num ponto* $x \in I$ *e* f *derivável em* $y = g(x)$*. Então a função composta* $f(g(x))$ *é derivável no ponto* x *e* $[f(g(x))]' = f'(g(x))g'(x)$.

Demonstração. Como f é derivável no ponto y,

$$\frac{f(y+k)-f(y)}{k} = f'(y) + \eta(k),$$

onde $\eta(k) \to 0$ com $k \to 0$. Pondo $\eta(0) = 0$, podemos escrever essa equação na forma

$$f(y+k) - f(y) = k[f'(y) + \eta(k)],$$

que é agora verdadeira mesmo para $k = 0$. Seja $k = g(x+h) - g(x)$. Então,

$$\begin{aligned} \frac{f(g(x+h)) - f(g(x))}{h} &= \frac{f(y+k)-f(y)}{h} = \frac{[f'(y)+\eta(k)]k}{h} \\ &= [f'(g(x)) + \eta(k)]\frac{g(x+h)-g(x)}{h}. \end{aligned}$$

Da continuidade de g no ponto x segue-se que $k \to 0$ com $h \to 0$. Assim, basta fazer h tender a zero para obtermos o resultado desejado.

Dos resultados até aqui obtidos seguem facilmente as regras de derivação que o leitor já conhece de seu primeiro curso de Cálculo: a derivada de uma constante é zero, $(x^n)' = nx^{n-1}$ para n inteiro qualquer, e também as conhecidas regras de derivação de polinômios e funções racionais.

Derivada da função inversa

Vimos, no Teorema 6.30 (p. 165), que as únicas funções contínuas em intervalos que também são invertíveis são as funções crescentes e as decrescentes. Estamos interessados em funções deriváveis e invertíveis; portanto, contínuas, crescentes ou decrescentes. O teorema seguinte é um resultado de grande importância prática no cálculo de derivadas de certas funções em termos das derivadas de suas inversas, como o leitor já deve saber de seu curso de Cálculo.

7.4. Teorema (derivada da função inversa). *Seja $y = f(x)$ uma função derivável num intervalo aberto $I = (a, b)$, com $f'(x)$ sempre positiva ou sempre negativa nesse intervalo. Então sua inversa $x = g(y)$ é derivável no intervalo $J = f(I)$ e*

$$g'(y) = \frac{1}{f'(x)} = \frac{1}{f'(g(y))}.$$

Demonstração. Sejam $y_0 \in J$, $y \in J$, $x_0 = g(y_0)$ e $x = g(y)$. Então

$$\frac{g(y) - g(y_0)}{y - y_0} = \frac{x - x_0}{f(x) - f(x_0)} = \left[\frac{f(x) - f(x_0)}{x - x_0}\right]^{-1}$$

Observe que J é um intervalo aberto (Exercício 15 da p. 167), de forma que podemos fazer y variar em toda uma vizinhança de y_0, com o que x estará variando em toda uma vizinhança de x_0; e fazendo $y \to y_0$, x tenderá a x_0 (pois g é contínua, como vimos no Teorema 6.30), donde o resultado desejado.

Exercícios

1. Prove que uma função f é derivável no sentido ordinário num ponto $x = x_0$ se e somente se existem e são iguais suas derivadas laterais nesse ponto.

2. Estabeleça, diretamente da definição de derivada, as seguintes regras de derivação: $(x^n)' = nx^{n-1}$; $(1/x)' = -1/x^2$; $(\sqrt{x})' = 1/2\sqrt{x}$.

3. Use o método de indução para provar que a derivada n-ésima de $1/x$ é $(-1)^n/x^{n+1}$.

4. Nos cursos de Cálculo aprende-se que $(\operatorname{sen} x)' = \cos x$ e $(\cos x)' = -\operatorname{sen} x$. Prove, por indução, que $(\operatorname{sen} x)^{(2n)} = (-1)^n \operatorname{sen} x$ e $(\cos x)^{(2n)} = (-1)^n \cos x$.

5. Prove que f é derivável em $x = a$ se e somente se qualquer que seja a seqüência (x_n), $x_n \to a \Rightarrow \dfrac{f(x_n) - f(a)}{x_n - a}$ converge.

6. Prove que se f é uma função monótona num intervalo, suas derivadas laterais num ponto a, quando existem, são não-negativas se f for não-decrescente e não positivas se f for não-crescente.

7. Mostre que a função $f(x) = x \operatorname{sen}(1/x)$ se $x \neq 0$ e $f(0) = 0$ não é derivável em $x = 0$. Faça um gráfico e interprete esse resultado geometricamente. (Veja o Exemplo 4 da p. 126 de [1].)

8. Dê exemplo de uma função f que não tenha derivada num ponto $x = a$, e de uma seqüência $x_n \to a$ tal que $\dfrac{f(x_n) - f(a)}{x_n - a}$ converge.

9. Mostre que a função $f(x) = x^2 \text{sen}\,(1/x)$ se $x \neq 0$ e $f(0) = 0$, é derivável em todos os pontos, inclusive em $x = 0$, mas $f'(x)$ é descontínua nesse ponto. Faça um gráfico e interprete esse resultado geometricamente. (Veja o Exemplo 5 da p. 127 de [1].) Observe, em particular, que em qualquer vizinhança da origem, a tangente à curva nesse ponto atravessa a curva infinitas vezes. Este exemplo mostra ainda que a derivada num ponto nem sempre é o limite da derivada calculada fora desse ponto.

10. Sejam f uma função derivável em $x = a$, x_n e y_n seqüências que convergem para a, $x_n < a < y_n$. Prove que $f'(a) = \lim \dfrac{f(x_n) - f(y_n)}{x_n - y_n}$. Dê um contra-exemplo mostrando que esse limite pode existir sem que f seja derivável em $x = a$.

11. Dê exemplo de uma função derivável num ponto $x = a$ e de duas seqüências x_n e y_n, com $a < x_n < y_n$, de forma que não exista o limite do quociente

$$\frac{f(x_n) - f(y_n)}{x_n - y_n}.$$

12. Supondo que f e g sejam funções de classe C^n num mesmo domínio, prove que fg também é de classe C^n e que vale a seguinte *Fórmula de Leibniz*:

$$(fg)^{(n)} = \sum_{r=0}^{n} \binom{n}{r} f^{(n-r)} g^{(r)}.$$

Sugestões

8. Tome a função do exercício anterior e $a = 0$.

10. Observe que

$$\frac{f(x_n) - f(y_n)}{x_n - y_n} = \frac{f(x_n) - f(a)}{x_n - a}\alpha_n + \frac{f(a) - f(y_n)}{a - y_n}\beta_n,$$

onde

$$\alpha_n = \frac{x_n - a}{x_n - y_n} > 0 \quad \text{e} \quad \beta_n = \frac{a - y_n}{x_n - y_n} > 0,$$

donde $\alpha_n + \beta_n = 1$. Além disso,

$$\frac{f(x_n) - f(a)}{x_n - a} = f'(a) + \varepsilon_n \quad \text{e} \quad \frac{f(a) - f(y_n)}{a - y_n} = f'(a) + \varepsilon'_n,$$

onde $\varepsilon_n \to 0$ e $\varepsilon'_n \to 0$.

11. $f(x) = x^2 \cos(\pi/x)$, $x_n = 1/n$, $y_n = 1/(n+1)$.

7.2 Máximos e mínimos locais

Seja f uma função com domínio D. Diz-se que um ponto $a \in D$ é de *máximo local* de f se existe $\delta > 0$ tal que $x \in V_\delta(a) \cap D \Rightarrow f(x) \leq f(a)$; *a é ponto de mínimo local* se existe $\delta > 0$ tal que $x \in V_\delta(a) \cap D \Rightarrow f(x) \geq f(a)$. Máximo e mínimo locais são ditos *estritos* quando ocorrem as desigualdades estritas $f(x) < f(a)$ e $f(x) > f(a)$, respectivamente.

Como se vê, máximo e mínimo locais são máximo e mínimo da função restrita a uma vizinhança conveniente de um ponto. Quando usamos esse qualificativo "local", usamos também o qualificativo "absoluto" para designar o máximo e o mínimo da função em todo o seu domínio D, daí designarmos *máximo* e *mínimo absolutos* ao máximo e mínimo da função em D. É claro que quando fazemos considerações de natureza local, envolvendo máximo ou mínimo, como no teorema seguinte, o caráter local desses conceitos é suficiente.

7.5. Teorema. *Se f é uma função derivável num ponto $x = c$, onde ela assume valor máximo ou mínimo, então $f'(c) = 0$.*

Demonstração. No caso de máximo, notamos que, para $|h|$ suficientemente pequeno, $f(c+h) - f(c) \leq 0$, de sorte que a razão incremental

$$\frac{f(c+h) - f(c)}{h}$$

é ≤ 0 se $h > 0$ e ≥ 0 se $h < 0$. Em conseqüência, o limite dessa razão com $h \to 0$ só pode ser zero, donde $f'(c) = 0$. O raciocínio é análogo no caso em que c é ponto de mínimo.

A recíproca desse teorema não é verdadeira: pode muito bem acontecer que $f'(a)$ seja zero sem que $x = c$ seja ponto de máximo ou de mínimo; é esse o caso da função $y = x^3$, a qual tem derivada nula em $x = 0$, sem que esse ponto seja de máximo ou de mínimo. Outro ponto que se deve notar, no caso em que a função tenha por domínio um intervalo, é que a derivada não é necessariamente zero em pontos de máximo ou de mínimo que sejam extremos do intervalo. Assim, $f(x) = x \cos x$, no intervalo $[0, \pi/4]$, tem mínimo em $x = 0$ e máximo em $x = \pi/4$, mas sua derivada não se anula nesses pontos, sendo positiva em todo o intervalo. (Faça o gráfico dessa função.)

Pelo teorema anterior, vemos que os pontos de máximo e de mínimo de uma função definida num intervalo fechado e derivável nos pontos internos, devem ser procurados entre os pontos onde sua derivada se anula — os chamados *pontos críticos* da função — e nos extremos do intervalo.

Teorema do Valor Médio

O teorema que trataremos a seguir é uma conseqüência simples do anterior e tem evidente conteúdo geométrico. Ele nos servirá como lema para a demonstração do teorema seguinte, que, pelas suas várias conseqüências, é o resultado central do Cálculo Diferencial.

7.6. Teorema (de Rolle). *Se f é uma função contínua num intervalo $[a,\ b]$, derivável nos pontos internos, com $f(a) = f(b)$, então sua derivada se anula em algum ponto interno, isto é, $f'(c) = 0$ para algum $c \in (a,\ b)$.*

Demonstração. Pode ser que f seja constante, em cujo caso f' se anula em todos os pontos internos. Se não for constante, terá que assumir valores maiores ou menores do que $f(a) = f(b)$. Por outro lado, sendo contínua num intervalo fechado, f assume um valor máximo e um valor mínimo. Então, se f assumir valores maiores do que $f(a)$, ela assumirá seu máximo num ponto interno c; e se assumir valores menores do que $f(a)$, assumirá seu mínimo num ponto interno c. Em qualquer caso, $f'(c) = 0$ pelo teorema anterior.

7.7. Teorema do Valor Médio. *Se f é uma função contínua num intervalo $[a,\ b]$ e derivável nos pontos internos, então existe um ponto interno $c \in (a,\ b)$ tal que*

$$f(b) - f(a) = f'(c)(b - a). \tag{7.5}$$

Demonstração. Consideremos a função

$$F(x) = f(x) - f(a) - \frac{f(b) - f(a)}{b - a}(x - a),$$

cujo gráfico está ilustrado na Fig. 7.5, figura esta que é construída a partir da Fig. 7.6. Repare que F se anula em $x = a$ e $x = b$. Aplicando a esta função F o Teorema de Rolle, obtemos o resultado desejado na forma

$$\frac{f(b) - f(a)}{b - a} = f'(c).$$

Geometricamente, isso significa que *existe um número c entre a e b, tal que a reta tangente à curva $y = f(x)$ no ponto* $(c,\ f(c))$ é paralela à reta que passa pelos pontos $(a,\ f(a))$ e $(b,\ f(b))$ (Fig. 7.6).

Observe que a fórmula (7.5) é válida com a e b substituídos por dois números quaisquer x_1 e x_2 do intervalo $[a, b]$, não importa qual desses dois números é o menor, isto é,

$$f(x_1) - f(x_2) = f'(c)(x_1 - x_2), \tag{7.6}$$

onde c é um número conveniente entre x_1 e x_2.

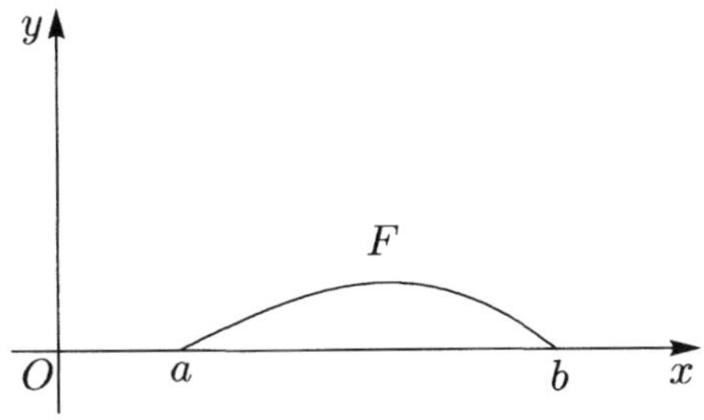

Figura 7.5

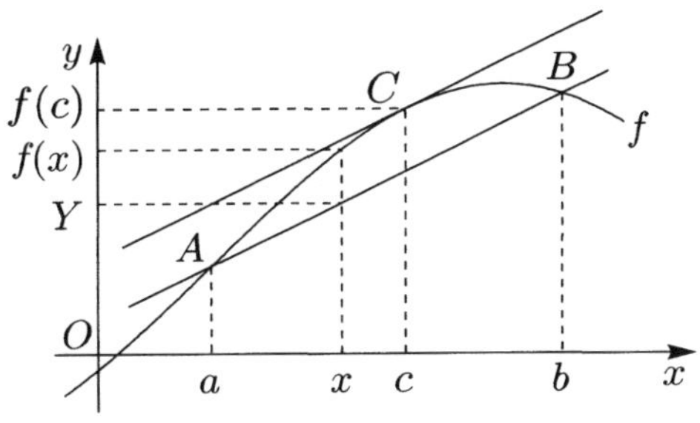

Figura 7.6

O Teorema do Valor Médio tem importantes conseqüências. Ele nos permite saber, por exemplo, se uma função é crescente ou decrescente, conforme sua derivada seja positiva ou negativa, respectivamente. Assim, se uma função tem derivada positiva em todo um intervalo (a, b), de (7.6) obtemos

$$x_1 < x_2 \Rightarrow f(x_1) < f(x_2),$$

donde f é função crescente; e se a derivada for negativa em (a, b),

$$x_1 < x_2 \Rightarrow f(x_1) > f(x_2)$$

e f é decrescente.

Exercícios

1. Seja f uma função com derivada crescente (decrescente) em todo um intervalo. Prove que qualquer tangente ao gráfico de f só toca esse gráfico no ponto de tangência.

2. Seja f uma função com $f(0) = 0$ e f' crescente em $(0, \infty)$. Prove que a função $g(x) = f(x)/x$ também é crescente em $(0, \infty)$.

3. Considere a função $f(x) = |x|^3 \operatorname{sen}^2(1/x)$ se $x \neq 0$ e $f(0) = 0$. Verifique que $f'(0) = 0$ e que f' é contínua em toda a reta. (Este exemplo mostra que uma função pode ter ponto de mínimo — no caso, $x = 0$ — sem ser decrescente logo à esquerda e crescente logo à direita desse ponto.)

4. Seja f uma função contínua num ponto a, derivável numa vizinhança $V'_\delta(a)$, tal que $f'(x)$ tenha limite finito com $x \to a$. Prove que f é derivável em $x = a$ e que $f'(a) = \lim_{x\to a} f'(x)$. (Observe que a derivada f' pode existir em toda uma vizinhança de $x = a$ e ser descontínua nesse ponto. É esse o caso da função $f(x) = x^2 \operatorname{sen}(1/x)$ se $x \neq 0$ e $f(0) = 0$ no ponto $x = 0$.)

5. Seja f uma função tal que $f(x)$ e $f'(x)$ tenham limites finitos com $x \to \infty$. Prove que o limite de f' é zero. Mostre, por um contra-exemplo, que f pode ter limite sem que f' o tenha. Interprete isso geometricamente.

6. Prove que um ponto crítico $x = a$ de uma função f é de mínimo se a derivada f' é negativa logo à esquerda e positiva logo à direita de $x = a$, isto é, se existe $\delta > 0$ tal que $a - \delta < x < a < y < a + \delta \Rightarrow f'(x) < 0 < f'(y)$. Enuncie e prove propriedade análoga para o caso de máximo.

7. Prove que se $f'(a) = 0$ e $f''(a) < 0$, então $x = a$ é ponto de máximo; e é de mínimo se $f''(a) > 0$. Prove também que num ponto crítico de máximo, $f''(a) \leq 0$; e num ponto crítico de mínimo, $f''(a) \geq 0$.

8. Seja f uma função definida num intervalo $[a, b]$. Prove que se $x = a$ for ponto de máximo, então $f'(a+) \leq 0$, desde que essa derivada exista. Enuncie e demonstre propriedade análoga no caso de mínimo; e também propriedades análogas no extremo $x = b$.

9. Prove que se a derivada de uma função f tem limite L com $x \to \infty$, então $L = \lim_{x\to\infty}[f(x)/x]$.

Sugestões

1. Supondo que a tangente no ponto $(a,\ f(a))$ passe pelo ponto $(b,\ f(b))$, com $a < b$,

$$f'(a) = \frac{f(b) - f(a)}{b - a} = f'(c),$$

onde $a < c < b$.

2. Pelo Teorema do Valor Médio, $g(x) = f(x)/x = f'(c)$, onde c é um número entre zero e x. Como f' é crescente, $f'(c) < f'(x)$. Termine mostrando que $g'(x) > 0$.

5. $f(x + 1) - f(x) = f'(c),\ \ x < c < x + 1$. $f(x) = (1/x) \operatorname{sen} x^2$ é um contra-exemplo.

9. Considere a identidade

$$\frac{f(x)}{x} = \left[\frac{f(x) - f(a)}{x - a} + \frac{f(a)}{x - a}\right]\frac{x - a}{x}.$$

Sendo $a < x$, existe c no intervalo $(a,\ x)$ tal que o primeiro termo no colchete é igual a $f'(c)$. Como o limite de f' é L, dado $\varepsilon > 0$ existe K suficientemente grande tal que $a > K \Rightarrow f'(c) = L + \eta$, onde $\eta < \varepsilon$. O K deve ser suficientemente grande para que se tenha também $|f(a)/(x-a)| < \varepsilon$ e $|a/x| < \varepsilon$. Termine a demonstração.

7.3 Notas históricas e complementares

As origens do Cálculo

As idéias do Cálculo surgiram aos poucos, nas obras de vários matemáticos do século XVII. Foram amadurecendo gradualmente, adquirindo forma mais acabada nos trabalhos de Newton e Leibniz. Esses dois sábios vieram mais tarde, na segunda metade do século, e realizaram, independentemente um do outro, o trabalho de sistematização das idéias e métodos, centrados no chamado "Teorema Fundamental", de que falaremos no Capítulo 8.

Isaac Newton nasceu na aldeia de Woolsthorpe, na Inglaterra. Enquanto menino e jovem Newton não manifestou nada de excepcional em seus estudos. Seu exame de ingresso na Universidade de Cambridge até revelou deficiência em seus conhecimentos de Geometria. Ao terminar os estudos de graduação, a Universidade fechou-se devido a uma epidemia de peste que grassava por toda parte. Assim, Newton passou os anos de 1665 e 1666 recolhido em sua aldeia natal. Mais tarde ele contaria que foram nesses dois anos ("biennium mirabilissimum") que se sentiu no auge de sua criatividade, tendo-se dedicado à Matemática e à Filosofia ("Natural Philosophy", ou seja, "Ciências Naturais") mais do que em qualquer outra época desde então. Foi nesse período que Newton teve as grandes idéias que o celebrizaram, em teoria da Gravitação, em Ótica e no Cálculo.

Dotado de uma personalidade complexa, Newton sempre relutou em publicar, ou mesmo divulgar entre seus pares suas descobertas científicas, aparentemente por receio de críticas. Segundo Augustus De Morgan, "durante toda a sua vida ele foi dominado por um temor mórbido de oposição". Em 1669 Newton foi designado professor em Cambridge, na cátedra até então ocupada por seu mestre, Isaac Barrow. Seu livro *Princípios Matemáticos de Filosofia Natural* (conhecido como *Principia*, do título em latim), certamente a maior obra científica de todos os tempos, só foi publicada em 1687, por insistência de alguns amigos e colegas, dentre eles o astrônomo Edmond Halley, que fez uma revisão completa da obra e pagou os custos de sua publicação.

O primeiro documento de Newton sobre o Cálculo é um manuscrito de 1666, que teve circulação muito limitada, tanto na época em que foi composto, como após sua morte. Só muito recentemente é que foi publicado, como parte da edição das mais de 5.000 páginas de manuscritos deixados por Newton. (Veja [4], p. 191).

Gottfried Wilhelm Leibniz nasceu e criou-se num ambiente acadêmico; seu pai e seu avô matermo eram professores universitários. Desde cedo manifestou grande interesse pelo estudo. Passava longas horas na biblioteca do pai e aos 12 anos de idade já lia correntemente o latim e impressionava por sua vasta erudição.

Leibniz era dotado de extraordinária versatilidade. Inicialmente estudou direito e humanidades, doutorando-se em Filosofia aos 21 anos. Logo em seguida entrou para o serviço diplomático, e em 1672 seguiu em missão para Paris, onde viveu durante quatro anos, até 1676. Foi esse um período muito fértil de sua vida intelectual, durante o qual se dedicou seriamente ao estudo da Matemática e concebeu sua própria versão do Cálculo. Em 1776 retornou à Alemanha, onde se tornou bibliotecário e conselheiro real em Hanover.

Leibniz foi um gênio universal. Sua obra toca praticamente todos os campos do conhecimento, dominando a vida intelectual e exercendo influência marcante no pensamento filosófico de seu tempo e a partir de então. Quando em Paris dedicou-se à construção de uma máquina de calcular, observando que "não é digno e próprio que o intelecto se ocupe com um trabalho de cálculo que pode ser efetuado por máquinas". Durante toda sua vida se empenhou na procura de uma linguagem ou "lógica simbólica", que pudesse padronizar e mecanizar os cálculos numéricos e os processos do raciocínio suscetíveis de tal mecanização. O que hoje em dia se passa na Informática com a utilização da lógica simbólica e linguagens formais é, em certo sentido, uma concretização das antevisões de Leibniz. E, como procuraremos mostrar adiante, foi a feliz escolha da notação apropriada o fator mais decisivo do sucesso de seu Cálculo sobre o de Newton.

O cálculo fluxional de Newton

Vamos dar uma pequena mostra do método de Newton, descrevendo como ele resolveu o problema da determinação da tangente a uma curva dada por uma equação $f(x,\, y) = 0$. Newton considerava as variáveis x e y como *fluentes*, ou seja, grandezas que "fluem" com o passar do tempo. Isso equivale a considerá-las funções do tempo. Assim, o deslocamento de um ponto P sobre a curva pode ser descrito em termos dos deslocamentos de suas projeções sobre os eixos; e a velocidade de P é a composição das velocidades de x e y, denotadas pelos símbolos $\dot{x}$ e $\dot{y}$, chamados as *fluxões* de x e y, respectivamente. Durante um incremento "infinitamente pequeno" de tempo, denotado po "o", os deslocamentos x e y sofrem incrementos "infinitesimais" $\dot{x}o$ e $\dot{y}o$, respectivamente. Assim devemos ter, não somente $f(x,\, y) = 0$, mas também $f(x + \dot{x}o,\, y + \dot{y}o) = 0$.

Vejamos como isso funciona num exemplo concreto dado pelo próprio Newton. Dada a relação entre fluentes, $f(x, a, y)$, encontrar a relação entre as fluxões (ou seja, em linguagem de hoje, achar o declive da reta tangente no ponto P). O exemplo ilustrativo é o da equação

$$f(x,\, y) = x^3 - ax^2 + axy - y^3 = 0.$$

Expandindo $f(x+\dot{x}o,\, y+\dot{y}o) = 0$, eliminando os termos que perfazem $f(x,\, y)$ e dividindo tudo pelo infinitésimo 0, obtemos

$$3x^2\dot{x} - 2ax\dot{x} + a\dot{x}y - 3y^2\dot{y} + \ldots = 0,$$

onde os três pontos representam os termos que ainda contém 0 como fator. Esses são desprezados por Newton por serem "infinitamente pequenos". O resultado é

$$\frac{\dot{y}}{\dot{x}} = \frac{3x^2 - 2ax + ay}{3y^2 - ax},$$

que, em notação moderna, é simplesmente $dy/dx = -f_x/f_y$.

O cálculo formal de Leibniz

Faremos agora uma descrição sucinta de alguns aspectos do cálculo de Leibniz, remetendo o leitor interessado ao capítulo 9 de [4] para uma explanação mais detalhada.

Quando de sua estada em Paris (no período de 1672 a 1676), Leibniz entrou em contato com Christiaan Huygens , nessa época um dos cientistas mais renomados da Europa. Esse relacionamento muito o estimulou para dedicar-se com afinco a seus estudos e pesquisas em Matemática. Em particular, Huygens aconselhou-o a ler uma publicação de Blaise Pascal sobre certos problemas geométricos. E foi na leitura dessa publicação que Leibniz encontrou inspiração para uma de suas idéias fundamentais na criação do Cálculo, a de "triângulo característico".

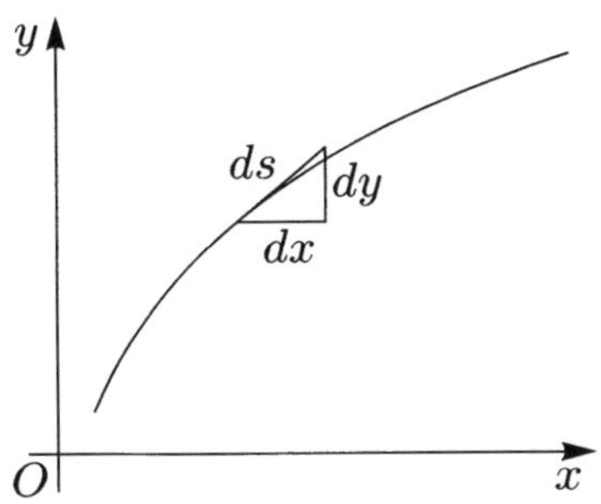

Figura 7.7

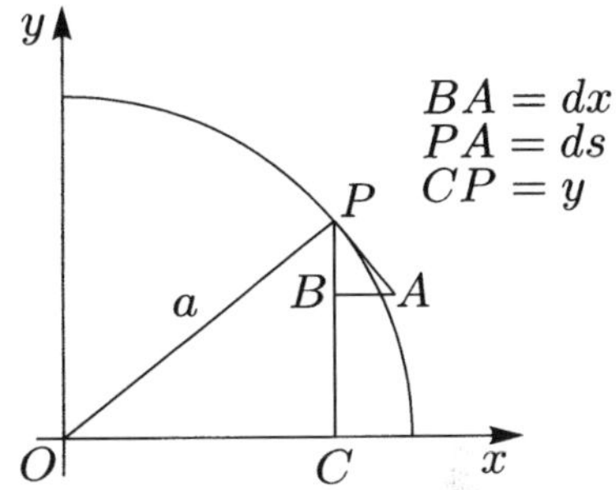

Figura 7.8

Dada uma curva qualquer, o *triângulo característico* num ponto genérico P da curva é o triângulo retângulo formado pelos elementos infinitesimais dx, dy e ds, como indica a Fig. 7.7. Leibniz explorou a semehança desse triângulo com outros triângulos para obter, com relativa facilidade, resultados importantes de quadratura. Por exemplo, consideremos o triângulo característico no caso de um quadrante de circulo de raio a. Com referência à Fig. 7.8, a semelhança dos triângulos PAB e OPC permite escrever $y\,ds = a\,dx$. Como $2\pi y\,ds$ é a área infinitesimal de uma zona do hemisfério é prontamente dada (em notação de hoje) por

$$\int 2\pi y ds = 2\pi a \int dx = 2\pi a^2.$$

Uma outra idéia importante no Cálculo de Leibniz é um fato muito simples ligado a séries numéricas. Dadas duas séries

$$a_0, a_1,\ a_2,\ a_3, \ldots \quad \text{e} \quad d_1,\ d_2,\ d_3, \ldots,$$

onde $d_j = a_j - a_{j-1}$, é claro que $a_j - a_0 = d_1 + d_2 + \ldots + d_j$. Em palavras, a série dos $d's$ é construída fazendo as diferenças dos elementos consecutivos da série dos $a's$; e esta é obtida a partir das somas dos elementos da série dos $d's$. Ora, adição e subtração são operações inversas uma da outra. Leibniz transpôs essas idéias para o domínio geométrico de curvas no plano, o que lhe permitiu identificar a invertibilidade das operações de quadratura (integração) e diferenciação, ou seja, o Teorema Fundamental do Cálculo. (veja o capítulo 9 de [4].)

O cálculo de Leibniz, na sua origem, é mais complicado que o de Newton. Seu formalismo, porém, é sua grande virtude. Os símbolos "d" para a diferencial e "$\int$" para a integral foram introduzidos pelo próprio Leibniz em 1675. As notações dx, dy, ds para elementos "infinitesimais" têm a grande conveniência de "sugerir" os próprios resultados. Por exemplo, no caso de uma função composta y de z e x, a regra da cadeia assume a forma que "era de se esperar":

$$\frac{dy}{dx} = \frac{dy}{dz} \cdot \frac{dz}{dy} .$$

No caso da integral, essa regra nos conduz naturalmente à "integração por substituição":

$$\int f(z)dz = \int f(z(x))z'(x)dx.$$

A regra $d(yz) = ydz + zdy$ segue facilmente de

$$d(yz) = (y + dy)(z + dz) - yz,$$

desprezando o termo $dy\,dz$. Analogamente,

$$d\left(\frac{y}{z}\right) = \frac{y + dy}{z + dz} - \frac{y}{z} = \frac{zdy - ydz}{z^2} ,$$

onde zdz é desprezado.

Newton e Leibniz

Os trabalhos de Newton sobre o Cálculo são anteriores aos de Leibniz, mas as publicações de Leibniz sobre o mesmo assunto são anteriores às de Newton, tendo ocorrido em 1684 e 1686, no periódico *Acta Eruditorium*, fundado pelo próprio Leibniz. Devido a isso, e à suspeita de que em suas visitas à Inglaterra, em 1673 e 1676, Leibniz teria sabido das descobertas de Newton, vários seguidores deste acusaram Leibniz de plagiar Newton. Hoje não há mais dúvidas de que essas alegações eram falsas, mas na época elas tiveram um efeito bastante negativo no desenvolvimento da Matemática na Inglaterra.

No continente europeu, Leibniz teve seguidores entusiastas e competentes, como os Bernoulli (os irmãos Jacques e Jean; Daniel e Nicolaus, filhos de Jean), Euler, d'Alembert e muitos outros, o que deu notável impulso ao desenvolvimento do Cálculo. Além disso, outro fator decisivo para esse desenvolvimento foi a própria notação criada por Leibniz, muito mais adequada na descoberta e na maneira de exprimir os resultados que a de Newton. Na Inglaterra, ao contrário, devido à atitude dos próprios matemáticos ingleses, que se recusavam a seguir a escola de Leibniz, e também à menor qualificação deles, houve uma verdadeira paralisia do desenvolvimento, com conseqüências negativas para a matemática inglesa durante todo o século XVIII.

O problema dos fundamentos

Como vimos há pouco, o raciocínio de Newton envolve passagens em que ele divide os dois membros de uma equação pelo infinitésimo o (evidentemente, supondo-o diferente de zero), depois despreza termos com o fator o (evidentemente, supondo esse infinitésimo igual a zero). O mesmo tipo de procedimento estava sempre presente no Cálculo de Leibniz, cujos "infinitésimos" eram denotados dx, dy, dz, etc.: e que às vezes eram cancelados como fatores diferentes de zero, outras vezes eram desprezados como equivalentes a zero. É claro que essas eram operações contraditórias, mas que iriam dominar o Cálculo por muito tempo, até que surgissem trabalhos decisivos para a fundamentação lógica da disciplina no começo do século XIX.

Newton e seus seguidores tinham consciência dessas dificuldades e tentaram resolvê-las. Na teoria de Newton, as fluxões $\dot{x}$ e $\dot{y}$ não denotavam velocidades, mas quantidades indeterminadas, pois não havia lei específica da dependência temporal das fluentes x e y. O que importava era a razão dos deslocamentos infinitesimais $\dot{y}o$ e $\dot{x}o$, que resultava na razão de fluxões $\dot{y}/\dot{x}$. Essa razão era explicada como razão "primeira" ou "ultima". Por "razão última" entendia-se a razão atingida por $\dot{y}o/\dot{x}o$ no momento em que numerador e denominador atingiam o valor nulo com o próprio anulamento do intervalo de tempo o; e "razão primeira" significava o valor primeiro dessa razão no exato momento em que numerador e denominador começam a existir a partir do valor zero.

Como já mencionamos antes (pp. 103–4), George Berkeley foi um dos principais críticos das incoerências do novo Cálculo. Naturalmente, ele também sabia dos sucessos dos novos métodos; e até tentou explicar esse sucesso em termos de erros sucessivos que se anulavam mutuamente. (Veja as pp. 294-295 de [4].) As críticas de Berkeley foram bem acatadas e até estimularam os esforços para resolver o problema dos fundamentos. D'Alembert, que também era um espírito bastante crítico, tentou explicar as dificuldades apontadas por Berkeley em termos da idéia de limite, naturalmente já presente, tacitamente, nas "razões primeira e última" de Newton. Ele expôs seu pensamento no verbete "Diferencial", publicado no volume 4 da famosa *Encyclopédie*, editada por ele mesmo e Diderot. (Veja a p. 295 de [4].) Suas explicações são equivalentes à idéia intuitiva de limite que adotamos hoje em dia, como costuma ser apresentada em cursos introdutórios de Cálculo.

Capítulo 8

Teoria da integral

O objetivo do presente capítulo é mostrar como definir rigorosamente a integral como limite de somas de Riemann, e demonstrar que toda função contínua é integrável (Teorema 8.8 adiante). Esta é uma tarefa que dificilmente pode ser feita nos cursos de Cálculo, por exigir o conceito mais delicado de continuidade uniforme e o Teorema de Heine (Teorema 8.7 adiante). Por outro lado, há muito o que fazer naqueles cursos para desenvolver os métodos e técnicas do Cálculo Integral. Mas, do mesmo modo que nos cursos de Cálculo fica difícil lidar com os conceitos mais delicados da Análise, num curso desta disciplina não cabe reapresentar tudo que, por natureza, pertence aos cursos de Cálculo. Portanto, é natural que agora o leitor tenha de rever seus estudos anteriores sobre a integral, principalmente os aspectos mais práticos, para que possa tirar maior proveito do que se vai apresentar aqui.

8.1 Introdução

Enquanto a derivada é um conceito moderno, que surgiu no século XVII, a integral remonta ao tempo de Arquimedes há mais de dois milênios. De fato, Arquimedes calcula áreas e volumes de figuras geométricas por um procedimento que equivale aos métodos modernos do Cálculo Integral. Naquela época, entretanto, a Matemática era muito geométrica e não havia simbologia desenvolvida; portanto, faltavam recursos para o natural desabrochar de um "cálculo integral" sistematizado.

A situação, no século XVII, era bem diferente. Já no século anterior a simbologia se desenvolvera bastante, sobretudo com François Viéte. Depois, com os trabalhos de René Descartes , Pierre de Fermat e outros seus contemporâneos, a moderna notação da Geometria Analítica se difundiu e tornou possível a criação de métodos sistemáticos e unificados de tratamento do cálculo de áreas e volumes. Foi por isso que o Cálculo Integral, como ele é hoje conhecido, pode se desabrochar e desenvolver.

Esse desenvolvimento teve, no início, forte motivação geométrica. Os problemas que se punham eram os de calcular áreas, volumes e comprimentos de arcos. Depois de todo o desenvolvimento das técnicas do Cálculo, ocorrido até o início do século XIX, e com a procura de uma rigorosa fundamentação da Análise, é que os matemáticos acabaram descobrindo a possibilidade de definir a integral em termos puramente numéricos. Assim, o problema original se inverteu: enquanto, de início, o cálculo de áreas levava à integral, agora definimos primeiro a integral, em termos numéricos, para depois definir área em termos da integral.

8.2 A integral de Riemann

Nos cursos de Cálculo é costume trabalhar o conceito de integral como área sob o gráfico de uma função. Assim entendida, a integral tem limitações, uma das quais é que ela depende da noção de área. Acontece que necessitamos da integral para lidar com situações onde a idéia de área nem sempre aparece. É o que ocorre em problemas que envolvem os conceitos de trabalho e energia, comprimento de arcos, etc. Além disso há os requisitos de rigor. Depois que se descobriu, no século XIX, que a Geometria não estava bem fundamentada, e que ela poderia se apoiar na Aritmética, ficou evidente a conveniência de fundamentar a integral nos números e não nos conceitos geométricos. Essas razões todas justificam a introdução do conceito de integral como limite de uma soma.

Definição de integral

Como motivação — e apenas como motivação — vamos começar com a idéia de área. Em geometria elementar o conceito de área é desenvolvido a partir da área de um quadrado e depois estendida a todos os polígonos, a começar pelo retângulo, seguido do paralelogramo e do triângulo. Chega-se a um polígono qualquer decompondo-o em triângulos. Mas como estender essa noção a uma figura com perímetro curvo, como o círculo? Arquimedes resolveu esse problema no caso do círculo e outras figuras geométricas simples, como um segmento de parábola, aproximando essas figuras por uma seqüência infinita de polígonos. (Veja as notas históricas no final do capítulo.)

O procedimento que usaremos aqui não é muito diferente. Consideremos o problema de definir a área da figura delimitada pelo gráfico de uma função positiva f, pelo eixo dos x e por duas retas $x = a$ e $x = b$. Começamos considerando a soma das áreas de uma série de retângulos como os ilustrados na Fig. 8.1, obtidos da seguinte maneira: dividimos o intervalo $[a, b]$ em n

subintervalos iguais, de comprimentos $\Delta x = \dfrac{b-a}{n}$. Sejam

$$x_0 = a < x_1 < x_2 < \ldots < x_n = b$$

os pontos dessa divisão, a qual é chamada *partição* do intervalo $[a,\ b]$. Em cada um dos subintervalos da partição escolhemos pontos quaisquer (usaremos a letra grega ξ, que se lê "csi"): ξ_1 no primeiro desses subintervalos, ξ_2 no segundo, ξ_3 no terceiro, etc. Estes últimos pontos podem ser escolhidos arbitrariamente, podendo mesmo ser um dos extremos do subintervalo, como ilustra a própria Fig. 8.1. Dessa maneira formamos n retângulos, todos com base Δx e alturas dadas por

$$f(\xi_1),\ f(\xi_2),\ f(\xi_3), \ldots,\ f(\xi_n).$$

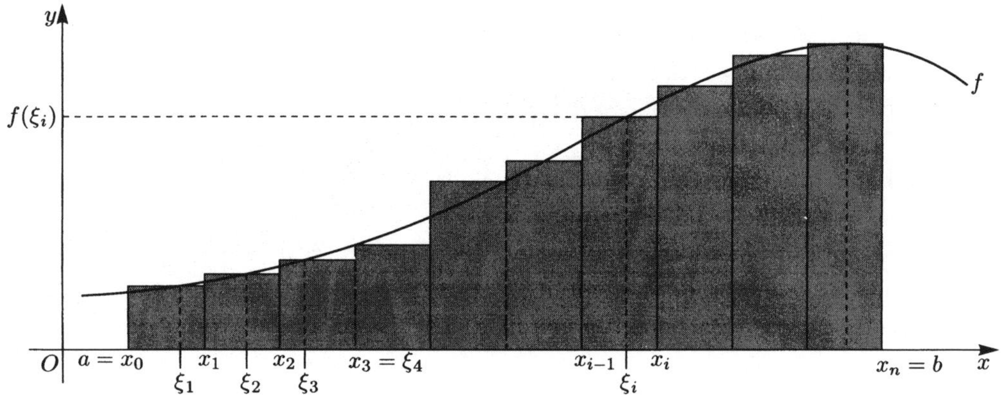

Figura 8.1

As Figs. 8.2 e 8.3 mostram esses retângulos nos casos $n = 20$ e $n = 30$, respectivamente. A soma das áreas dos retângulos, representada pelo número S_n, dado por

$$S_n = f(\xi_1)\Delta x + f(\xi_2)\Delta x + \ldots + f(\xi_n)\Delta x,$$

pode ser escrita, abreviadamente, com a notação do somatório:

$$S_n = \sum_{i=1}^{n} f(\xi_i)\Delta x.$$

Vamos imaginar uma seqüência infinita dessas somas, correspondentes a diferentes partições:

$$S_1,\ S_2,\ S_3, \ldots,\ S_n, \ldots$$

A própria Fig. 8.3 sugere que esses valores S_n se aproximam de um valor limite, à medida que n cresce acima de qualquer número dado. E a mesma figura

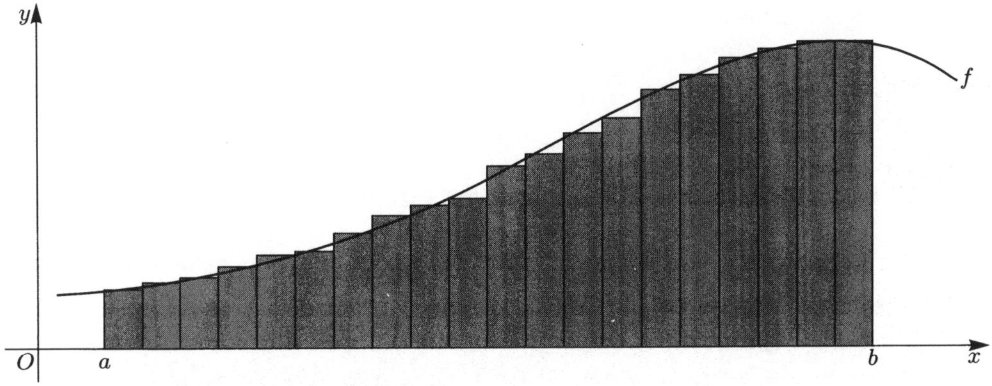

Figura 8.2

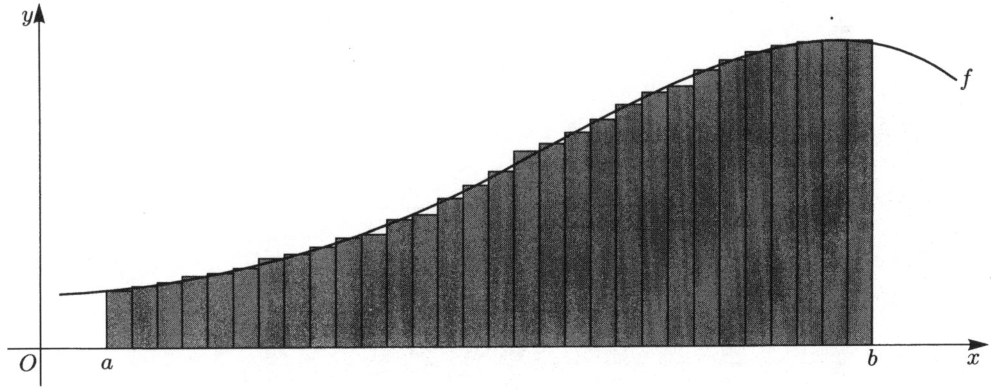

Figura 8.3

sugere que esse valor limite é o que devemos tomar como sendo a área da figura delimitada pelo gráfico de f, pelo eixo dos x e pelas retas $x = a$ e $x = b$. O limite assim obtido é chamado de *integral de f no intervalo* $[a, b]$, a qual é indicada com o símbolo

$$\int_a^b f(x)dx.$$

Portanto, por definição,

$$\int_a^b f(x)dx = \lim_{n\to\infty} \sum_{i=1}^{n} f(\xi_i)\Delta x. \tag{8.1}$$

Observe que, para definir a integral, o limite que aí aparece deve existir e ter o mesmo valor, independentemente da escolha dos pontos $\xi_1,\ \xi_2, \ldots,\ \xi_n$ nos subintervalos de divisão de $[a, b]$.

As somas S_n da definição anterior são chamadas *somas de Riemann*, e a integral, como a definimos, é chamada *integral de Riemann*. Isso porque foi o matemático alemão Bernard Riemann quem primeiro construiu, em meados do século XIX, uma teoria adequada da integral ao longo das linhas aqui esboçadas. (Veja a nota histórica sobre Riemann no final do capítulo.)

8.1. Observação. Na definição (8.1) de integral, a função f pode assumir valores positivos, negativos ou nulos. E nem é preciso que os subintervalos da partição de $[a, b]$ sejam todos iguais; basta que o maior dos comprimentos desses subintervalos tenda a zero. Esse comprimento máximo é chamado *norma da partição* $P = \{x_0 = a, x_1, \ldots, x_n = b\}$, sendo $x_0 = a < x_1 < x_2 < \ldots < x_n = b$. Tomamos arbitrariamente os pontos ξ_1 em $[x_0, x_1]$, ξ_2 em $[x_1, x_2], \ldots, \xi_n$ em $[x_{n-1}, x_n]$ (Fig. 8.4). Denotando por

$$\Delta x_1 = x_1 - x_0,\ \Delta x_2 = x_2 - x_1, \ldots,\ \Delta x_n = x_n - x_{n-1},$$

os comprimentos dos subintervalos, formamos a soma

$$S_n = f(\xi_1)\Delta x_1 + f(\xi_2)\Delta x_2 + \ldots + f(\xi_n)\Delta x_n = \sum_{i=1}^{n} f(\xi_i)\Delta x_i.$$

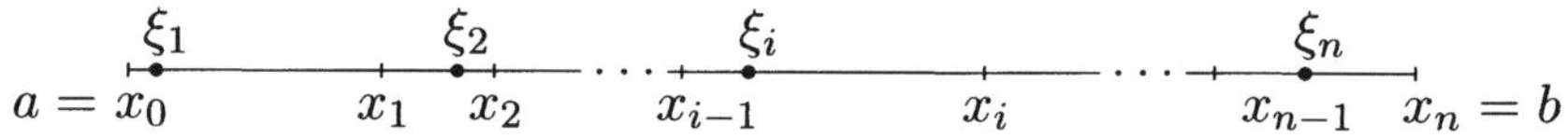

Figura 8.4

Por definição, a integral de f no intervalo $[a, b]$ é o limite da soma S_n, com $n \to \infty$, sob o pressuposto de que a norma da partição correspondente a S_n tenda a zero; e que o limite de S_n realmente exista. Escrevemos, então,

$$\int_a^b f(x)dx = \lim_{n\to\infty} \sum_{i=1}^{n} f(\xi_i)\Delta x_i. \tag{8.2}$$

8.2. Observação. O leitor deve notar que esta definição de integral é puramente numérica, não depende da noção de área, a qual aparece aí apenas como elemento motivador. De posse da integral, invertemos as coisas e definimos a área da figura delimitada pelo gráfico de $f \geq 0$, pelo eixo dos x e pelas retas $x = a$ e $x = b$ como a integral dessa função no intervalo $[a, b]$. No caso em que f seja negativa numa parte do intervalo $[a, b]$, a área correspondente aparece com o sinal negativo (Fig. 8.5).

8.3. Observação. A definição (8.2) põe, de imediato, o problema de saber se existe mesmo o limite das somas S_n, qualquer que seja a escolha dos pontos $\xi_1, \xi_2, \ldots, \xi_n$; e se esse limite é o mesmo para diferentes seqüências de somas de Riemann, em cujo caso dizemos que a função f é *integrável*. Veremos, logo adiante, que toda função contínua num intervalo fechado é integrável nesse intervalo.

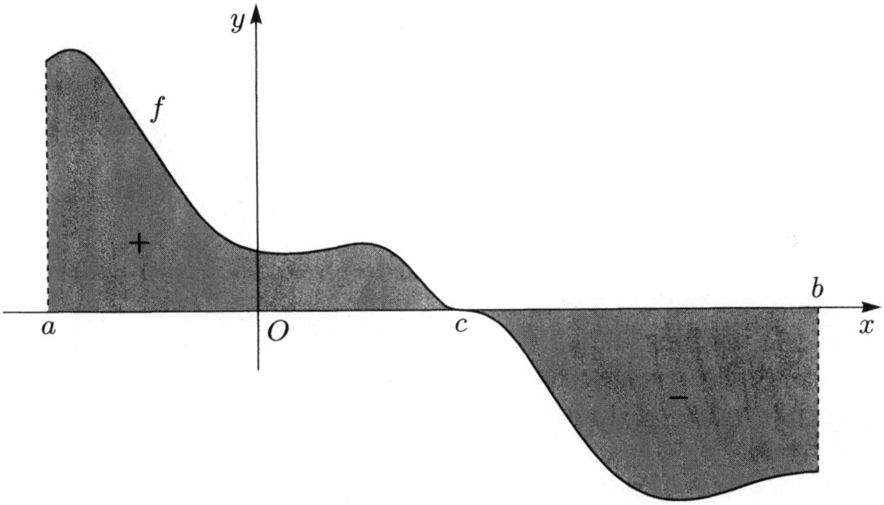

Figura 8.5

Continuidade uniforme

Na seção seguinte provaremos que as funções contínuas em intervalos limitados e fechados são integráveis, e para isso necessitamos de um resultado fundamental sobre continuidade uniforme, que é um teorema devido ao matemático alemão Heinrich Heine. Esse teorema se refere ao conceito de "continuidade uniforme", que é um conceito mais restrito que o de continuidade.

Comecemos lembrando que uma função f é contínua em seu domínio D se, quaisquer que sejam $\varepsilon > 0$ e $a \in D$, existe $\delta > 0$ tal que

$$x \in D \text{ e } |x - a| < \delta \Rightarrow |f(x) - f(a)| < \varepsilon. \tag{8.3}$$

Mas repare: o δ que aparece nesta definição, em geral, depende do ponto a onde se considera a continuidade. Isso acontece, por exemplo, no caso da função $f(x) = 1/x$, que provamos ser contí nua no Exercício 6 da p. 148. Para um mesmo $\varepsilon > 0$, quanto mais próximo estiver o ponto a de zero, tanto menor devemos tomar o δ, como é visível num simples exame do gráfico da função (que o leitor deve esboçar), não sendo possível determinar um mesmo δ válido para todos os pontos $a \neq 0$. De fato, se tal δ existisse, deveríamos ter, com $a = 1/n$,

$$\left| f\left(\frac{1}{n}\right) - f\left(\frac{1}{n} + \delta\right) \right| < \varepsilon.$$

Mas isso é impossível, pois o primeiro membro dessa desigualdade é igual a $\delta n^2/(1 + n\delta)$, que tende a infinito com $n \to \infty$.

No entanto, se restringirmos o domínio da função a um semi-eixo $x \geq c$, com $c > 0$, aí sim, poderemos determinar, em correspondência a um dado ε, um mesmo δ para todos os valores a. Para vermos isso, notamos que

$$|f(x) - f(a)| = \frac{|x - a|}{ax} \leq \frac{|x - a|}{c^2} < \frac{\delta}{c^2}$$

e isso será menor do que ε se $\delta < \varepsilon c^2$. Como se vê, agora o δ pode ser determinado apenas em termos de ε, independentemente do ponto a que se queira considerar. Na verdade, estamos determinando o δ referente ao ponto $a = c$, onde é maior a exigência sobre ele, e o δ assim determinado satisfará a exigência sobre esse parâmetro em todos os demais pontos $a > c$, como pode-se ver no gráfico da função.

A continuidade uniforme significa precisamente isso: que, em correspondência a qualquer $\varepsilon > 0$, é possível determinar um $\delta > 0$, válido para todo ponto $x = a$ onde se considere a continuidade. É esse o conteúdo da definição seguinte, onde, por assim dizer, y toma o lugar do valor a da Definição (8.3).

8.4. Definição. *Diz-se que uma função contínua f num domínio D é uniformemente contínua se, dado qualquer $\varepsilon > 0$, é possível determinar $\delta > 0$ tal que*

$$x \in D,\ y \in D,\ |x - y| < \delta \Rightarrow |f(x) - f(y)| < \varepsilon.$$

8.5. Exemplo. É fácil verificar que *toda função que tenha derivada limitada em todo um intervalo I é uniformemente contínua nesse intervalo.* De fato, se $|f'(x)| \leq K$ em I, então, pelo Teorema do Valor Médio (p. 184), dados x, $y \in I$, existe c entre x e y tal que

$$|f(x) - f(y)| = |f'(c)(x - y)| \leq K|x - y|,$$

e isso pode ser feito menor do que ε, desde que $|x - y| < \varepsilon/K$.

O exemplo já discutido, da função $f(x) = 1/x$, pode dar a impressão de que a não uniformidade da continuidade em $x > 0$ se deve ao fato de que sua derivada tende a infinito com $x \to 0$, e o exemplo anterior até parece reforçar essa impressão. Entretanto, como veremos no exemplo seguinte, não é sempre verdade que uma função deixa de ser uniformemente contínua se sua derivada não for limitada.

8.6. Exemplo. Vamos mostrar que a função $f(x) = \sqrt{x}$ é uniformemente contínua em $x > 0$, não obstante sua derivada tender a infinito com $x \to 0$.

Vimos, no Exercício 7 da p. 148, que essa função é contínua. Aliás, a prova disso, feita na p. 149, envolve um δ que depende, não só de ε, mas também de a; isso faz parecer que a função não seja uniformemente contínua. Entretanto, a análise seguinte, mais precisa, revela o contrário.

Dado qualquer $\varepsilon > 0$, procuremos determinar $\delta > 0$ satisfazendo (8.3) para todo $a \geq 0$ e todo $x \geq 0$ tal que $|x - a| < \delta$. Observe que se $a < \delta$, então $x < a + \delta < 2\delta$ e

$$|f(x) - f(a)| = |\sqrt{x} - \sqrt{a}| \leq \sqrt{x} + \sqrt{a} < \sqrt{2\delta} + \sqrt{\delta} < 3\sqrt{\delta};$$

e se $a \geq \delta$, então

$$|f(x) - f(a)| = |\sqrt{x} - \sqrt{a}| = \frac{|x - a|}{\sqrt{x} + \sqrt{a}} \leq \frac{|x - a|}{\sqrt{a}} \leq \frac{\delta}{\sqrt{\delta}} = \sqrt{\delta}.$$

Assim, em qualquer caso,

$$|x - a| < \delta \Rightarrow |f(x) - f(a)| < 3\sqrt{\delta},$$

de forma que basta tomar $3\sqrt{\delta} < \varepsilon$, ou seja, $\delta < \varepsilon^2/9$ para que fiquem satisfeitas as condições da Definição 8.4.

Vamos provar agora um resultado de importância fundamental sobre continuidade uniforme.

8.7. Teorema (de Heine). *Toda função contínua num intervalo limitado e fechado $I = [a, b]$ é uniformemente contínua.*

Demonstração. Se o teorema não fosse verdadeiro, existiria um certo $\varepsilon > 0$ tal que, em correspondência a qualquer $\delta > 0$ — em particular, $\delta = 1/n$ —, seria possível encontrar números $x_n \in I$ e $y_n \in I$, tais que

$$|x_n - y_n| < \frac{1}{n} \quad \text{e} \quad |f(x_n) - f(y_n)| \geq \varepsilon.$$

Como (x_n) é uma seqüência limitada, pelo Teorema de Bolzano-Weierstrass (p. 96) ela possui uma subseqüência convergente; e como I é fechado, essa subseqüência converge para um certo $a \in I$. Sem perda de generalidade, continuamos a designar essa subseqüência com o mesmo símbolo (x_n). Tendo em conta que $x_n - y_n \to 0$ e $x_n \to a$, vemos que y_n também tende a a.Mas f é contínua; logo, $f(x_n) \to f(a)$ e $f(y_n) \to f(a)$, de sorte que $f(x_n) - f(y_n) \to 0$, o que contradiz a desigualdade $|f(x_n) - f(y_n)| \geq \varepsilon$. Concluímos, pois, que o teorema é verdadeiro, como queríamos provar.

Convém observar que é fácil exibir funções uniformemente contínuas em intervalos não fechados. Para isso basta restringir uma função contínua num intervalo fechado a qualquer subintervalo aberto do intervalo original. Mas também não é difícil exibir funções uniformemente contínuas em domínios ilimitados. É este o caso da função $f(x) = (1 + x^2)^{-1}$ (Exercício 1 adiante). É fácil ver também que uma função contínua num intervalo (a, b), que tenha limites laterais em a e b, é uniformemente contínua, pois então a função poderá ser estendida de maneira contínua a todo o intervalo. A recíproca desta proposição também é verdadeira (Exercício 3 adiante).

Exercícios

1. Prove que a função $f(x) = (1 + x^2)^{-1}$ é uniformemente contínua em toda a reta.

2. Prove que a função $y = x^2$ não é uniformemente contínua em $x > 0$. Determine δ, em correspondência a um dado ε, para que ela seja uniformemente contínua num dado intervalo $0 < x < c$.

3. Prove que se f é uniformemente contínua em (a, b), então $f(a+)$ e $f(b-)$ existem e são finitos.

4. Generalize o exercício anterior, provando que se f é uniformemente contínua num domínio D, e a é ponto de acumulação de D, então existe o limite de $f(x)$ com $x \to a$.

5. Prove que uma condição necessária e suficiente para que uma função f com domínio D seja uniformemente contínua é que, para todo par de seqüências x_n, $y_n \in D$, com $x_n - y_n \to 0$, se tenha $f(x_n) - f(y_n) \to 0$.

6. Mostre que a função $f(x) = \text{sen}(1/x)$ não é uniformemente contínua em qualquer intervalo do tipo $(0, a]$.

7. Mostre que $f(x) = \cos x$ é uniformemente contínua em toda a reta. Faça o gráfico de $y = \cos x^2$ e mostre que essa função, definida para todo x real, ou todo $x > 0$, não é uniformemente contínua.

8. Prove que se f é uma função contínua num semi-eixo $x \geq a$, com limite L finito para $x \to +\infty$, então f é uniformemente contínua. Propriedade análoga vale também para o caso $x \leq a$ e limite finito com $x \to -\infty$.

9. Mostre que $f(x) = \text{sen}(1/x)$ é uniformemente contínua em qualquer domínio $x \geq a > 0$, mas não em $x > 0$.

10. Diz-se que uma função f satisfaz a *condição de Lipschitz* num intervalo I se existe uma constante K tal que $|f(x) - f(y)| < K|x - y|$ para todo x, $y \in I$. Mostre que toda função que satisfaz a condição de Lipschitz é uniformemente contínua, mas não reciprocamente.

Sugestões e soluções

1. Mostre que a derivada é limitada.

3. Mostre que toda seqüência $x_n \in (a, b)$ que converge para a é tal que $f(x_n)$ converge. Seja L esse limite. Mostre que se $y_n \in (a, b)$ é qualquer outra seqüência que converge para a, então $f(y_n)$ converge para o mesmo limite L. Termine a demonstração.

5. A demonstração da necessidade da condição é simples. Para demonstrar que ela é suficiente, suponha, por absurdo, que f não seja uniformemente contínua, ou seja, negue a definição de continuidade uniforme. Isto significa dizer que existe um $\varepsilon > 0$ tal que, para qualquer $\delta > 0$ — em particular, $\delta = 1/n$ — existem pontos x_n, $y_n \in D$ tais que $|x_n - y_n| < 1/n$ e $|f(x_n) - f(y_n)| > \varepsilon$; e isto significa que $f(x_n) - f(y_n)$ não tende a zero, contrariando a hipótese da condição ser suficiente, donde o absurdo.

8. Dado qualquer $\varepsilon > 0$, seja $X > a$ tal que $x, x' > X \Rightarrow |f(x) - L| < \varepsilon/2$ e $|f(x') - L| < \varepsilon/2$, donde $x, x' > X \Rightarrow |f(x) - f(x')| < \varepsilon$. Fixado $X' > X$, f é uniformemente contínua no intervalo $[a, X']$, de sorte que existe $\delta > 0$ tal que, nesse intervalo, $|x - x'| < \delta \Rightarrow |f(x) - f(x')| < \varepsilon$. Se necessário, diminua δ de forma que tenhamos $\delta < X' - X$. Nessas condições, sempre que tivermos $x, x' \geq a$ e $|x - x'| < \delta$, certamente x e x' cairão ambos no intervalo $[a, X']$ ou em $[X, +\infty)$, implicando então $|f(x) - f(x')| < \varepsilon$.

10. Como vimos, $f(x) = \sqrt{x}$ é uniformemente contínua em $x > 0$, mas não satisfaz a condição de Lipschitz, como o leitor deve verificar.

8.3 Integrabilidade das funções contínuas

8.8. Teorema. *Toda função f, contínua num intervalo limitado e fechado $[a, b]$, é integrável.*

Demonstração. O ingrediente principal da demonstração é a continuidade uniforme da função f no intervalo $[a, b]$ (Teorema de Heine), segundo a qual, dado $\varepsilon > 0$ existe $\delta > 0$ tal que

$$x,\, y \in I,\ |x-y| < \delta \Rightarrow |f(x) - f(y)| < \varepsilon.$$

Seja S_n a soma de Riemann que aparece em (8.2), isto é,

$$S_n = f(\xi_1)\Delta x_1 + f(\xi_2)\Delta x_2 + \ldots + f(\xi_n)\Delta x_n = \sum_{i=1}^{n} f(\xi_i)\Delta x_i.$$

Devemos provar que o limite dessa soma existe, desde que a norma da partição correspondente tenda a zero com $n \to \infty$. Devemos provar ainda que esse limite independe da escolha dos pontos x_i das partições e dos pontos ξ_i nos subintervalos.

Preliminarmente, vamos comparar as somas de Riemann S_n e S_M correspondentes a duas partições P_n e P_M, respectivamente, a primeira com norma inferior a δ e a segunda sendo um refinamento da primeira, vale dizer, todos os pontos de P_n estão em P_M. Para maior clareza, vamos denotar os pontos da partição P_M por y_j, j variando de 1 a M; e por η_j os pontos escolhidos nos subintervalos $[y_{j-1}, y_j]$. Cada x_i de P_n é um y_j de P_M (Fig. 8.6), esta última contendo mais pontos ainda. Podemos escrever

$$S_M = f(\eta_1)\Delta y_1 + f(\eta_2)\Delta y_2 + \ldots + f(\eta_M)\Delta y_M = \sum_{j=1}^{M} f(\eta_j)\Delta y_j.$$

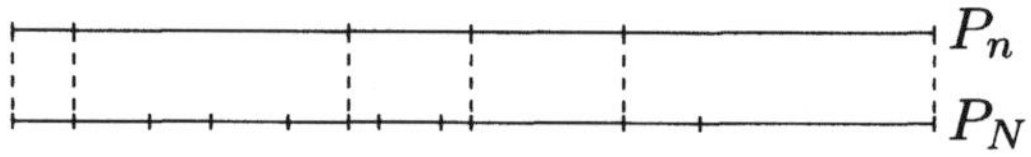

Figura 8.6

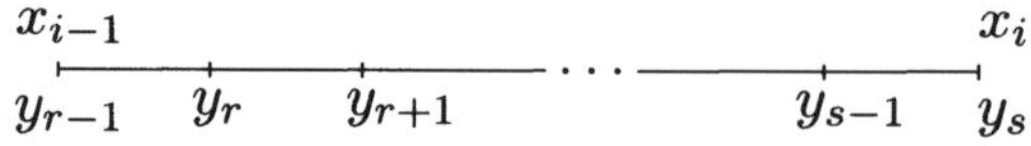

Figura 8.7

Como os pontos de P_n estão em P_M, x_{i-1} é um ponto y_{r-1} e x_i é um ponto y_s, de forma que o subintervalo $[x_{i-1}, x_i]$ é a união dos subintervalos $[y_{r-1}, y_r]$,

$[y_r, y_{r+1}], \ldots [y_{s-1}, y_s]$ (Fig. 8.7). Então, a diferença $S_n - S_M$ conterá termos do tipo

$$f(\xi_i)\Delta x_i - \sum_{j=r}^{s} f(\eta_j)\Delta y_j = \sum_{j=r}^{s}[f(\xi_i) - f(\eta_j)]\Delta y_j,$$

e como $|f(\xi_i) - f(\eta_j)| \leq \varepsilon$ (pois $|\xi_i - \eta_j| \leq \Delta x_i < \delta$), temos que

$$|f(\xi_i)\Delta x_i - \sum_{j=r}^{s} f(\eta_j)\Delta y_j| < \varepsilon \sum_{j=r}^{s} \Delta y_j = \varepsilon \Delta x_i.$$

Portanto, somando em i todas as diferenças desse tipo, obtemos

$$|S_n - S_M| < \varepsilon \sum_{i=1}^{n} \Delta x_i = \varepsilon(b-a).$$

Sejam agora S_n e S_m as somas de Riemann correspondentes às partições P_n e P_m, respectivamente, e seja P_M um refinamento das duas partições anteriores e correspondendo à soma de Riemann S_M. Teremos

$$|S_n - S_m| - |(S_n - S_M) - (S_m - S_M)| \leq |S_n - S_M| + |S_m - S_M| < 2\varepsilon(b-a).$$

Daqui e do critério de convergência de Cauchy (p. 97) segue-se que S_n é uma seqüência convergente.

Falta provar que diferentes seqüências de somas de Riemann convergem para o mesmo limite. Sejam S_n e T_n duas tais seqüências com normas tendendo a zero. Considere a seqüência

$$S_1,\ T_1,\ S_2,\ T_2,\ S_3,\ T_3, \ldots, S_n,\ T_n, \ldots$$

que é também uma seqüência de somas de Riemann; portanto, é convergente. Como S_n e T_n são subseqüências desta última, elas convergem para o mesmo limite. Isto completa a demonstração.

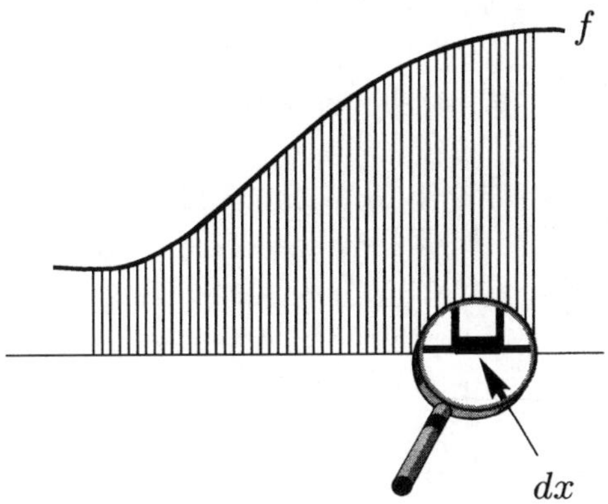

Figura 8.8

8.9. Observação. O teorema que acabamos de demonstrar, sobre a integrabilidade das funções contínuas, justifica a notação $\int_a^b f(x)dx$, tendo em vista o seguinte: o símbolo $\int$ é a letra "s" na forma como era usada no tempo de Leibniz, que foi quem o utilizou pela primeira vez em 1675 para denotar a integral; e expressa a idéia de que a integral era a soma das áreas $f(x)dx$ de uma infinidade de retângulos infinitesimais de altura $f(x)$ e base "infinitamente pequena" dx, como procura ilustrar a Fig. 8.8. É notável que isso tenha sido concebido cerca de dois séculos antes do trabalho de Riemann sobre a integral.

Uma aplicação interessante e muito útil dessa maneira intuitiva de conceber a integral como soma de infinitos elementos infinitesimais é o Princípio de Cavalieri, que o leitor muito provavelmente tenha visto em seus estudos de Cálculo e que repetimos aqui no caso de volumes.

Princípio de Cavalieri para volumes. *Se dois sólidos são tais que, relativamente a um mesmo eixo Ox, suas seções transversais correspondentes à mesma abscissa x têm áreas iguais $A(x)$, então eles têm volumes iguais.*

Com efeito, neste caso os volumes elementares são $A(x)dx$, os quais, somados, resultam na integral da função $A(x)$ entre os limites a e b que delimitam o volume total de cada sólido (Fig. 8.9). Vamos aplicar esse princípio no cálculo do volume da esfera, exatamente como se deve fazer no ensino médio.

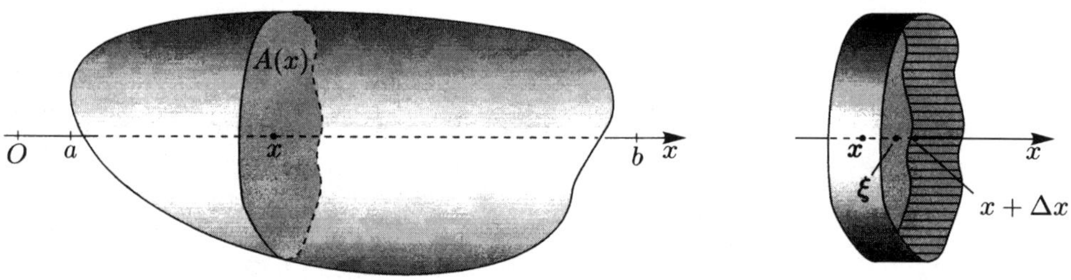

Figura 8.9

Volume da esfera. Aqui o volume da esfera é comparando com os volumes de um cone e um cilindro. Para fixar as idéias, consideremos uma esfera de raio R centrada em O, e seja Ox um eixo de abscissas. Com referência à parte central da Fig. 8.10, é fácil ver que o plano perpendicular a Ox, pelo ponto de abscissa x, intersecciona a esfera num círculo de área

$$\pi \times AB^2 = \pi(R^2 - x^2) = \pi R^2 - \pi x^2.$$

Observe que esta expressão é a diferença das áreas de dois círculos, um de raio R e outro de raio x. Isto sugere que desenhemos, ao lado do hemisfério superior da esfera, um cilindro circular e um cone circular reto, ambos com raios das bases e alturas iguais a R, obedecendo mais ao seguinte: a base do cilindro e o vértice do cone situam-se no mesmo plano passando pela origem O e perpendicular a Ox; o eixo do cone é perpendicular a esse plano e sua base fica acima do vértice, como ilustra a Fig. 8.10. Agora fica fácil ver que o mesmo plano perpendicular a Ox pelo ponto de abscissa x intersecciona os três sólidos, na ordem em que aparecem na figura, em círculos de áreas πR^2, $\pi(R^2 - x^2)$ e πx^2, respectivamente. Como a primeira dessas áreas é a soma das outras duas, concluímos, pelo Princípio de Cavalieri, que o volume do cilindro é igual ao volume de metade da esfera somado ao volume do cone. Denotando com V o volume da esfera, isso significa que

$$\pi R^3 = \frac{V}{2} + \frac{\pi R^3}{3},$$

donde, finalmente, obtemos $V = \dfrac{4\pi R^3}{3}$.

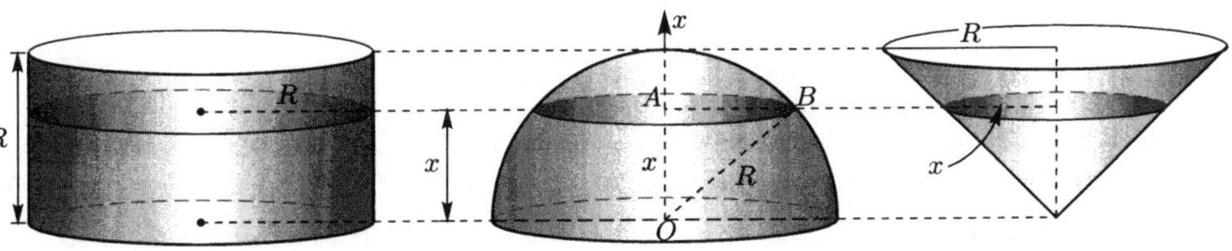

Figura 8.10

Propriedades da integral

Há várias propriedades da integral, que o leitor deve ter visto em seus estudos anteriores de Cálculo. Vamos relembrar algumas delas aqui, com as respectivas demonstrações.

8.10 Teorema. *Seja f uma função contínua num intervalo limitado e fechado $[a, b]$, e seja c um ponto interno desse intervalo. Então,*

$$\int_a^b f(x)dx = \int_a^c f(x)dx + \int_c^b f(x)dx. \tag{8.4}$$

Demonstração. Vimos que a integral é o limite de qualquer seqüência de somas de Riemann, cuja normas das respectivas partições tende a zero. O que devemos fazer então é considerar apenas somas de Riemann associadas a partições do intervalo $[a, b]$ que incluam o ponto c. Uma tal soma, digamos S_n^{ab} pode se expressar como soma de duas outras, digamos, S_r^{ac} e S_s^{cb}, referentes aos intervalos parciais $[a, c]$ e $[c, b]$. Fazendo $n \to \infty$, o mesmo acontece com r e s, o que prova o resultado desejado.

Introduzindo as definições

$$\int_a^a f = 0 \quad \text{e} \quad \int_b^a f = -\int_a^b f,$$

vê-se que a propriedade (8.4) permanece válida, qualquer que seja a ordem dos pontos a, b e c, podendo mesmo haver coincidência entre dois deles, desde que f seja contínua no máximo intervalo fechado tendo como extremos dois dos pontos a, b e c. É fácil também provar que a igualdade (8.4) se estende a um número qualquer de pontos $x_1, \ldots, x_n$ de $[a, b]$, isto é,

$$\int_a^b f = \int_a^{x_1} f + \int_{x_1}^{x_2} f + \ldots + \int_{x_n}^b f.$$

Outras propriedades da integral serão consideradas nos exercícios.

Teorema Fundamental do Cálculo

O cálculo de integrais através de somas de Riemann é bem complicado, mesmo em casos de funções muito simples como $y = x$ e $y = x^2$. É por isso que nos cursos de Cálculo calculam-se integrais em termos de primitivas, um procedimento que é conseqüência do Teorema 8.12 (considerado adiante) através da fórmula (8.9). Para chegar a ele necessitamos de dois resultados preliminares, já em si bastante importantes.

8.11. Teorema da Média. *Sejam f uma função contínua num intervalo limitado e fechado $I = [a, b]$, e m e M o mínimo e o máximo de f, respectivamente. Então, existe um número $c \in I$ tal que*

$$\int_a^b f(x)dx = f(c)(b-a). \tag{8.5}$$

Demonstração. Como os valores de f estão compreendidos entre m e M, é claro que, qualquer que seja a soma de Riemann que se considere, valem as seguintes desigualdades:

$$m(b-a) \le \sum_{i=1}^{n} f(\xi_i)\Delta x_i \le M(b-a),$$

as quais, por passagem ao limite com $n \to \infty$, nos dão

$$m(b-a) \le \int_a^b f(x)dx \le M(b-a). \tag{8.6}$$

Pelo Teorema do Valor Intermediário f assume todos os valores do intervalo $[m, M]$, de sorte que existe um número $c \in I$ tal que

$$f(c) = \frac{1}{b-a} \int_a^b f(x)dx,$$

e daqui segue o resultado desejado.

Observe que a igualdade (8.5) permanece válida mesmo que b seja menor do que a, pois isso implica mudança de sinais nos dois membros da igualdade.

Em se tratando de uma função $f \geq 0$, (8.5) e (8.6) têm interpretações geométricas simples e interessantes: como a integral representa a área sob o gráfico de f, as desigualdades (8.6) significam que essa área está compreendida entre as áreas de dois retângulos, $ABCD$ e $ABEF$, de mesma base $b-a$ e alturas m e M, respectivamente (Fig. 8.11a). E (8.5) significa que a referida área é igual à de um retângulo $ABHG$, de base $b-a$ e altura $f(c)$ (Fig. 8.11b).

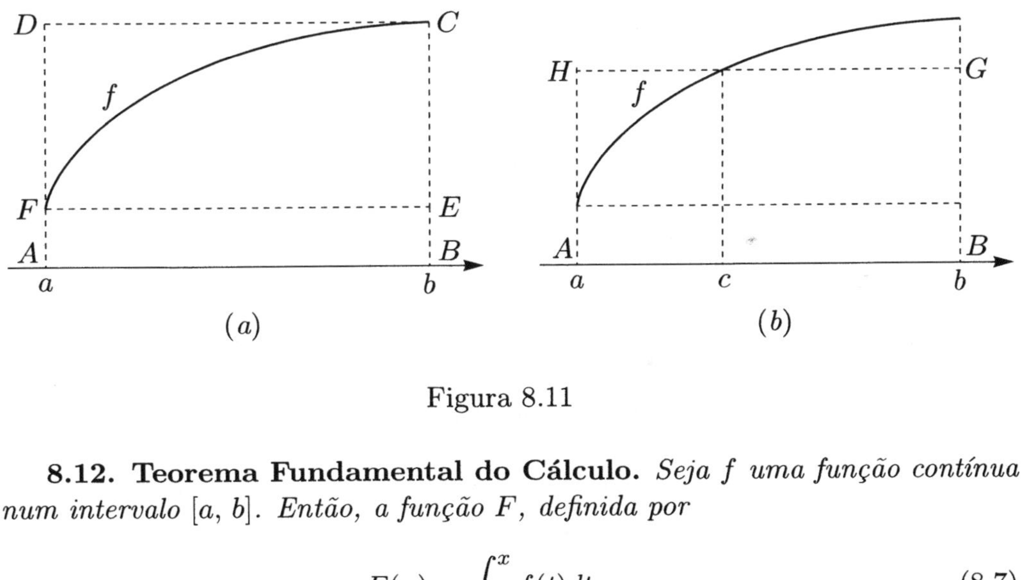

Figura 8.11

8.12. Teorema Fundamental do Cálculo. *Seja f uma função contínua num intervalo $[a, b]$. Então, a função F, definida por*

$$F(x) = \int_a^x f(t)dt. \tag{8.7}$$

é derivável nesse intervalo e $F'(x) = f(x)$.

Demonstração. Supondo primeiro que x seja ponto interno ao intervalo $[a, b]$, comecemos com a identidade

$$F(x+h) - F(x) = \int_a^{x+h} f(t)dt - \int_a^x f(t)dt = \int_x^{x+h} f(t)dt. \tag{8.8}$$

Pelo Teorema da Média, esta última integral é igual a $hf(\xi)$, onde ξ é um ponto do intervalo $[x, x+h]$. Assim,

$$\frac{F(x+h)-F(x)}{h} = f(\xi).$$

Finalmente, fazendo h tender a zero nesta última igualdade, ξ tende a x; e, como f é contínua, $f(\xi)$ tende a $f(x)$, o que completa a demonstração de que $F'(x) = f(x)$.

Os casos em que x coincide com a ou com b não oferecem maior dificuldade e ficam a cargo do leitor; é claro que $F'(a)$ e $F'(b)$ serão derivadas à direita e à esquerda, respectivamente.

Observe que o resultado do teorema — $F'(x) = f(x)$ — permanece válido mesmo que $x < a$ em (8.7). De fato, a fórmula (8.8) continua válida; conseqüentemente, também o raciocínio que dela decorre. Assim, vemos também que

$$\frac{d}{dx}\int_a^x f(t)dt = f(x) \quad \text{e} \quad \frac{d}{dx}\int_x^a f(t)dt = -f(x),$$

desde que f seja contínua no intervalo indicado.

Primitivas de funções contínuas

Lembremos do Cálculo que uma função F é *primitiva* de outra função f se $F' = f$ em seu domínio comum, que supomos seja um intervalo. O Teorema Fundamental nos assegura que toda função contínua num intervalo $[a, b]$ possui primitiva, dada por (8.7). Por outro lado, do Teorema do Valor Médio segue que *se a derivada de uma função é zero em todo um intervalo, então essa função é uma constante.* Em conseqüência, *se duas funções F e G têm a mesma derivada em todo um intervalo, então elas diferem por uma constante C nesse intervalo,* isto é,

$$G'(x) = F'(x) \Rightarrow G(x) = F(x) + C,$$

Vemos assim que basta conhecer uma primitiva F de f para que todas as primitivas sejam conhecidas, já que a primitiva mais geral é da forma $G(x) = F(x) + C$. Sendo f contínua, uma de suas primitivas particulares é dada por (8.7), e sua primitiva geral é

$$G(x) = \int_a^x f(t)dt + C, \tag{8.9}$$

onde C é uma constante arbitrária. Desta expressão obtemos a importante fórmula,

$$G(b) - G(a) = \int_a^b f(t)dt, \tag{8.10}$$

segundo a qual, para calcularmos a integral de uma função contínua f no intervalo $[a, b]$ basta achar uma sua primitiva qualquer G e calcular a diferença $G(b) - G(a)$.

A integral que aparece em (8.10) é chamada *integral definida* de f no intervalo $[a, b]$. A designação é apropriada, pois o resultado da integração é efetivamente um número bem definido. Já a expressão *integral indefinida* é reservada para a integral em (8.9), devido ao fato de que ela é uma quantidade variável, função da variável x. Além disso, ela fornece todas as primitivas de f, devido à constante arbitrária C. Por causa desta constante, o limite inferior de integração em (8.9) pode ser qualquer valor no domínio da função f, que a derivada de F será sempre f. Ora, a arbitrariedade desse limite inferior de integração costuma ser interpretada como a arbitrariedade da constante C. Por causa disso, (8.9) costuma também ser escrita na forma

$$G(x) = \int^x f(t)dt,$$

sem indicação do limite inferior de integração, cuja arbitrariedade significa, como já dissemos, a presença da constante arbitrária C em (8.9). A notação mais simplificada ainda, $G(x) = \int f(x)dx$, também é freqüentemente usada para indicar a primitiva genérica de f.

É interessante notar que (8.10) não é apenas conseqüência do Teorema Fundamental, mas equivalente a ele. De fato, basta substituir b por x em (8.10) e derivar, para obtermos o Teorema Fundamental na forma $F'(x) = f(x)$ (F dada por (8.7)).

O Teorema Fundamental na forma (8.10) é muito útil, pois permite calcular a integral conhecendo uma primitiva G de f, sem necessidade de construir essa integral como limite de somas de Riemann. Mas as coisas não são tão fáceis quando a integral considerada não pode ser calculada em termos das funções já conhecidas. É o que veremos a seguir.

Funções definidas por integrais

Num primeiro curso de Cálculo, o estudante aprende a calcular certas integrais de funções dadas em termos de funções bem conhecidas. Exemplos:

$$\int_0^x (4t^3 - 2t + 1dt = x^4 - x^2 + x; \qquad \int_1^x \frac{1}{t^2}dt = 1 - \frac{1}{x}; \qquad \int_0^x \frac{dt}{\sqrt{t}} = 2\sqrt{x}.$$

Mas são muito poucas as funções que podem ser efetivamente integradas. As integrais da grande maioria das funções ficam apenas indicadas, visto não poderem ser efetuadas em termos de funções conhecidas. Exemplos:

$$\int_0^x \frac{\sqrt{t}}{t^3+1}dt; \qquad \int_{-1}^x \frac{e^t}{t^2+3e^t+5}dt; \qquad \int_1^x \frac{\sqrt{t}}{t^5+t+1}dt.$$

Cada uma destas integrais define uma nova função. A função chamada *logaritmo natural*, por exemplo, costuma ser definida assim:

$$\log x = \int_1^x \frac{1}{t} dt \quad \text{para todo } x > 0.$$

Uma outra função, de importância fundamental em estudos de Probabilidade e Estatística, chamada *distribuição normal*, é definida por uma integral, assim:

$$\Phi(x) = \frac{1}{\sqrt{2\pi}} \int_{-\infty}^{x} e^{-t^2} dt$$

O fato de todas essas integrais não poderem ser calculadas em termos de funções já conhecidas faz com que suas propriedades sejam extensamente estudadas e seus valores numéricos calculados e tabelados; e isto vem acontecendo há muito tempo, com uma série de funções importantes nas aplicações, muito antes mesmo de contarmos com os poderosos recursos modernos dos computadores.

Exercícios

1. Calcule a área da superfície esférica a partir do conhecimento do volume da esfera.

2. A partir da definição de integral como limite de somas de Riemann, prove que

$$\left|\int_a^b f(x)dx\right| \leq \int_a^b |f(x)|dx,$$

supondo, evidentemente, que $a < b$. E se $a > b$, como fica essa desigualdade?

3. Sejam f e g funções contínuas num intervalo limitado e fechado $[a, b]$, e k uma constante arbitrária. Prove que

$$\int_a^b kf(x)dx = k\int_a^b f(x)dx,$$

e que

$$\int_a^b [f(x) + f(x)]dx = \int_a^b f(x)dx + \int_a^b g(x)dx.$$

4. Prove o Teorema 8.12 nos casos em que $x = a$ e $x = b$.

5. Se $f \geq 0$ e contínua num intervalo limitado e fechado $[a, b]$, então $\int_a^b f(x)dx \geq 0$. Prove que se f não for identicamente nula, então $\int_a^b f(x)dx > 0$.

6. Seja $f \geq 0$ uma função contínua num intervalo limitado e fechado $[a, b]$, e M seu valor máximo. Prove que

$$\lim_{p \to \infty} \left(\int_a^b f(x)^p dx \right)^{1/p} = M.$$

Sugestões

1. Considere a esfera dividida numa quantidade sempre crescente de cones iguais (aproximadamente, pirâmides) com base na superfície esférica e vértice no centro da esfera.

6. Se o máximo de f ocorre num ponto $c \in (a, b)$, dado qualquer ε, existe $\delta > 0$ tal que $x \in V_\delta(c) \Rightarrow M - \varepsilon \leq f(x) \leq M$. Observe que

$$2\delta(M - \varepsilon)^p \leq \int_{c-\delta}^{c+\delta} f^p \leq \int_a^b f^p \leq (b - a)M^p.$$

Termine a demonstração, depois faça a demonstração nos casos em que $c = a$ e $c = b$.

8.4 Notas históricas e complementares

O que é quadratura

Já tivemos oportunidade de observar (p. 20) que a Matemática grega, após a crise dos incomensuráveis, pendia excessivamente para o lado geométrico, em detrimento dos números. Isso tinha reflexos em tudo que se fazia. Calcular áreas de figuras, por exemplo, significava, não a obtenção de uma fórmula, como fazemos hoje, mas a comparação com a área de um quadrado conhecido. Era necessário saber construir, utilizando apenas régua e compasso, o quadrado de área equivalente à área da figura dada; era o chamado problema da "quadratura". Assim, para calcular a área de um retângulo de lados conhecidos a e b, podemos proceder assim: primeiro construímos um círculo de diâmetro igual ao comprimento $AC = AB + BC = a + b$, e pelo ponto B levantamos a perpendicular BD (Fig. 8.12). Este segmento BD é o lado do quadrado de área igual à área do retângulo original. Com efeito, o leitor deve lembrar-se de seus estudos no ensino básico que realmente $BD^2 = AB \cdot BC$.

A área de um paralelogramo reduzia-se à área de um retângulo de mesma base e mesma altura, e a área de um triângulo reduzia-se à área de um retângulo em que um dos lados é metade da base do triângulo e o outro é a altura do triângulo correspondente a essa base. Um polígono qualquer era decomposto em triângulos, o que permitia que sua área pudesse, em última análise, reduzir-se à soma das áreas de vários quadrados. Mas como reduzir as áreas destes vários quadrados à área de um único quadrado? Muito simples, basta aplicar o Teorema de Pitágoras repetidamente, reduzindo, em cada aplicação, a área de dois quadrados à de um só.

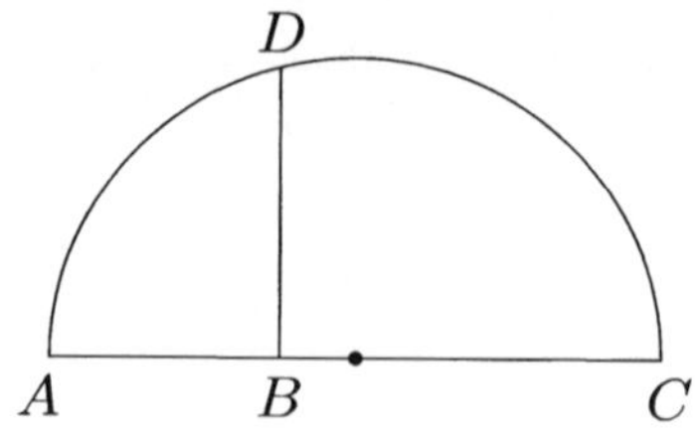

Figura 8.12

Arquimedes e a área do círculo

Resolvida a quadratura de polígonos, restava saber como atacar o mesmo problema para figuras com fronteiras curvas, como o círculo, partes do círculo, segmentos de parábolas, etc. Os primeiros sucessos nesse sentido são devidos a Hipócrates de Quio, que calculou as áreas de certas figuras chamadas lunas. (Veja o cap. 5 de [3].) Mas o problema principal, que seria a quadratura do círculo nunca foi resolvido. E nem seria, pois no século XIX seria demonstrada a impossibilidade de construir, apenas com régua e compasso, um quadrado de área igual à de um círculo dado. Para que algum avanço pudesse ser feito, seria preciso abrir mão da exigência de construção com régua e compasso.

Arquimedes, da escola de Alexandria, o mais eminente dos matemáticos da Antigüidade, ocupou-se intensamente com o cálculo de áreas e volumes de diversas figuras geométricas, inclusive o círculo e a esfera. Em suas descobertas, ele valia-se muito de argumentos intuitivos e pouco rigorosos, mas depois de obter seus resultados, os demonstrava com impecável rigor. A seguir daremos uma idéia de como isso é feito no caso do círculo.

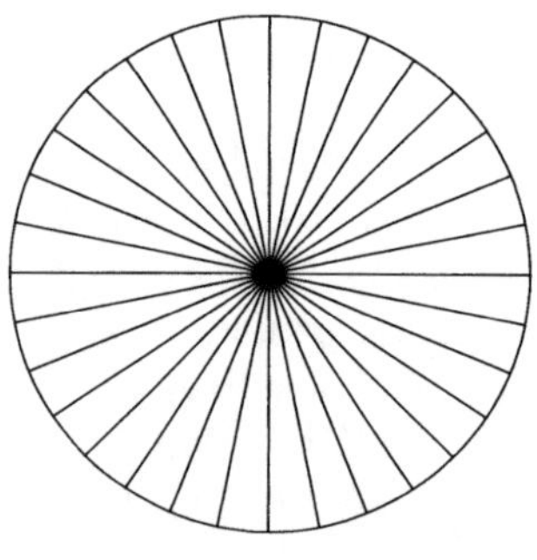

Figura 8.13

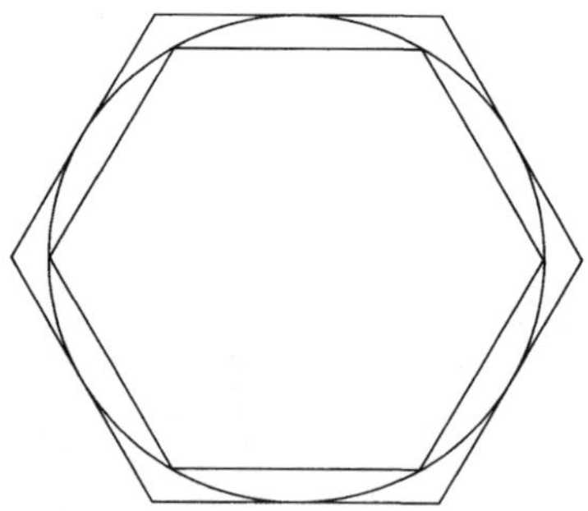

Figura 8.14

Um raciocínio apenas intuitivo, baseado na visualização geométrica, permite ver que a área do círculo é igual à área de um triângulo de base igual à circunferência do círculo e altura igual ao raio r. Para isso, dividimos o círculo em n setores iguais por meio da divisão da circunferência em n partes iguais (Fig. 8.13). Esses setores são mais e mais parecidos com triângulos, quanto maior for n. E como eles têm a mesma altura r, a soma de suas áreas é o produto da soma dos comprimentos das bases pelo raio dividido por 2. Mas a soma dos comprimentos das bases é exatamente o comprimento da circunferência, que é $2\pi r$, de sorte que a área do círculo é a área do referido triângulo, com base $2\pi r$ e altura r, ou seja,

$$\text{Área do círculo} = \frac{2\pi r \cdot r}{2} = \pi r^2.$$

Esse raciocínio, descontada a maneira de expressar os fatos em notação moderna (inclusive a notação π, que data do século XVIII), deve-se essencialmente a Arquimedes. Mas ele foi muito além, demonstrando rigorosamente o resultado obtido inicialmente de maneira apenas intuitiva. Em sua demonstração, ele usou o chamado *método de exaustão*, que se aplicava em situações gerais, e que consistia, essencialmente, em "exaurir" a figura dada por meio de outras áreas ou volumes conhecidos. Esse método, atribuído a Eudoxo, foi desenvolvido e aperfeiçoado por Arquimedes.

No caso do círculo, Arquimedes foi inscrevendo polígonos regulares no círculo, a começar com o hexágono, e dobrando o número de lados a cada passo; e de maneira análoga com polígonos circunscritos. Assim a área do círculo estava sempre compreendida entre as áreas de um polígono inscrito e um polígono circunscrito de n lados (Fig. 8.14); e essas áreas vão-se tornando cada vez mais próximas, quanto maior for n. Arquimedes então prova que a área do círculo é exatamente πr^2, provando que não pode ser nem menor nem maior que esse valor. Para efeitos práticos, começando com $n = 6$ e dobrando a cada passo até chegar a $n = 96$, Arquimedes prova que a razão da circunferência para o diâmetro está compreendida entre $3 + 10/71$ e $3 + 10/70$. Para nós hoje isso significa que

$$3\frac{10}{71} < \pi < 3\frac{10}{70}, \quad \text{donde} \quad \pi \approx 3,14.$$

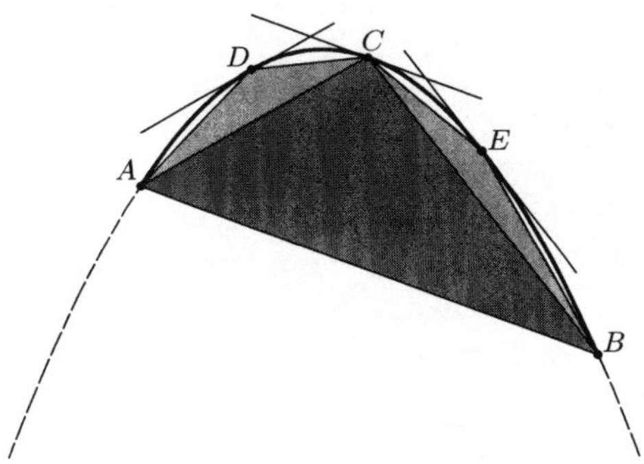

Figura 8.15

Arquimedes e a área do segmento de parábola

No caso de um segmento de parábola ACB (Fig. 8.15), Arquimedes usou, como primeira aproximação, o triângulo ABC, onde C é escolhido de maneira que a tangente à parábola por esse ponto seja paralela à reta AB. De modo análogo, são escolhidos os pontos D

e E e construídos os triângulos ACD e BCE e assim por diante, indefinidamente. Esses triângulos vão exaurindo a área do segmento de parábola, de forma que essa área pode ser obtida, com a aproximação desejada, somando as áreas de um número suficientemente grande de triângulos. Desse modo, Arquimedes logrou provar que a área do segmento de parábola é $4/3$ da área do triângulo ABC nele inscrito.

Como vemos, pelos exemplos do círculo e da parábola, cada novo problema exigia um tipo particular de aproximação. Esse foi, sem dúvida, um dos motivos por que o cálculo integral não alcançou completa sistematização com Arquimedes, embora esse sábio já possuísse as idéias fundamentais da nova ciência. Em contraste, a noção de integral permite exprimir a área sob o gráfico de uma função f, usando sempre o mesmo tipo de aproximação por retângulos. É verdade que esta simplificação é, antes, conceitual; a Eq. (8.1) (p. 195) não é um meio prático para o cálculo efetivo de integrais, a não ser no desenvolvimento de métodos de aproximação numérica. No entanto, o Teorema Fundamental do Cálculo é o instrumento que permite exprimir a integral de uma função em termos de uma primitiva. Foi devido a esse notável resultado, descoberto por Newton e Leibniz no século XVII, que o Cálculo pode, finalmente, atingir sua completa maturação.

Bernhard Riemann

Até o início do século XIX, a integral era interpretada como área, sem qualquer conceituação precisa do que isso significava. Por volta de 1820, o matemático francês Augustin-Louis Cauchy definiu a integral em termos das somas que, mais tarde, seriam chamadas de somas de Riemann. Mas os estudos de Cauchy, nesse particular, foram muito incompletos. A partir dessa época, intensificavam-se as investigações sobre os fundamentos do Cálculo, levando ao desenvolvimento da Análise Matemática e da Teoria das Funções. É interessante notar que foram problemas de Física Matemática, ligados sobretudo aos fenômenos de condução do calor e propagação ondulatória, que estimularam esses estudos. Por volta de 1854, o eminente matemático alemão Bernhard Riemann realizou um estudo aprofundado da integral, como nunca fora empreendido antes. Devido a isso, as somas usadas na definição da integral são chamadas de "somas de Riemann", e a própria integral é chamada de "integral de Riemann". Este nome serve para distinguir essa integral de outras que vieram a ser estudadas mais tarde.

Riemann morreu tuberculoso antes de completar 40 anos, deixando uma obra matemática da maior importância, em que revela idéias brilhantes e profundas. Suas concepções em Geometria foram sobremaneira originais e avançadas para sua época. Com o trabalho de Albert Einstein sobre Relatividade Geral, no século XX, a chamada Geometria Riemanniana tornava-se instrumento natural na descrição de fenômenos do mundo físico. Isso não é apenas uma coincidência feliz, já que Riemann era um dedicado estudioso da Física Matemática. Ele trabalhou intensamente para criar uma teoria que unificasse os fenômenos ópticos, elétricos e magnéticos. Entretanto, seus esforços nessa direção não foram bem-sucedidos, embora suas concepções originais apontassem na direção certa. De fato, na mesma época, o grande físico matemático escocês James Clerk Maxwell descobria as equações do Eletromagnetismo, com a unificação que Riemann imaginara.

Capítulo 9

Seqüências e séries de funções

Neste capítulo final fazemos uma breve apresentação das seqüências e séries de funções. Ao lado da integral, elas são um outro processo infinito muito importante para a definição e o estudo das propriedades de funções, principalmente as séries de potências. Por exemplo, o leitor já viu, em seu estudo do Cálculo, que funções como $\operatorname{sen} x$ e $\cos x$, possuem as seguintes séries de Taylor:

$$\operatorname{sen} x = x - \frac{x^3}{3!} + \frac{x^5}{5!} - \ldots = \sum_{n=0}^{\infty} \frac{(-1)^n x^{2n+1}}{(2n+1)!};$$

$$\cos x = 1 - \frac{x^2}{2!} + \frac{x^4}{4!} - \ldots = \sum_{n=0}^{\infty} \frac{(-1)^n x^{2n}}{(2n)!}.$$

Estas séries podem ser usadas como ponto de partida para a definição de $\operatorname{sen} x$ e $\cos x$ de maneira puramente analítica, sem a necessidade de recorrer à motivação geométrica, como se costuma fazer em Trigonometria.

Para o estudo deste capítulo o leitor poderá sentir necessidade de recordar, de seus estudos anteriores de Cálculo, o chamado "polinômio de Taylor", e as aproximações de funções por esse tipo de polinômio.

9.1 Seqüências de funções

Vamos iniciar nosso estudo com as seqüências de funções f_n, todas com o mesmo domínio D. Assim, para cada valor de x em D, temos uma seqüência numérica $f_n(x)$, à qual se aplicam todos os conceitos e resultados das séries numéricas, em particular o conceito de limite. Aqui, entretanto, esse limite, em geral, depende do valor x considerado — é *função* de x; daí designarmos o limite de uma seqüência de funções $f_n(x)$ por $f(x)$, justamente para evidenciar que esse limite é função de x.

Convergência simples e convergência uniforme

Quando lidamos com seqüências de funções, há que se distinguir dois tipos de convergência, um dos quais é o de *convergência simples* ou *convergência pontual.* Diz-se que uma seqüência de funções f_n, com o mesmo domínio D, converge *simplesmente* ou *pontualmente* para uma função f se, dado qualquer $\varepsilon > 0$, para cada $x \in D$ existe N tal que

$$n > N \Rightarrow |f_n(x) - f(x)| < \varepsilon.$$

Observe, entretanto, que o N que é determinado nessa definição pode não ser o mesmo para diferentes valores de x.

9.1 Exemplo. Um exemplo simples e bastante esclarecedor do conceito de convergência uniforme é o da seqüência $f_n(x) = x/n$, o domínio de x sendo toda a reta. É claro que $f_n(x) \to 0$, pois, dado qualquer $\varepsilon > 0$,

$$|x/n| < \varepsilon \Leftrightarrow n > N = \frac{|x|}{\varepsilon}.$$

Vemos assim que, para cada x fixado, encontramos um N; mas esse N varia com o variar de x; e quanto maior for $|x|$, tanto maior será o N, o qual tende a infinito com $|x| \to \infty$. Em conseqüência disso, a convergência de x/n para zero não se dá de maneira "uniforme"para diferentes valores de x. A Fig. 9.1 ilustra muito bem o que se passa: o gráfico das funções $y = x/n$ são retas, que se tornam tanto mais próximas do eixo dos x quanto maior for o índice n. Mas, não importa quão grande seja esse índice, há sempre valores de x para os quais $|f_n(x)|$ supera qualquer número positivo, digamos, $|f_n(x)| > 1$. Dito de outra maneira, os gráficos não aproximam o eixo dos x de maneira "uniforme em x".

Porém, como a própria figura sugere, restringindo o domínio das funções f_n a um intervalo do tipo $|x| \leq c$, onde c é qualquer número positivo, conseguimos determinar um índice N, válido para todos os valores x desse intervalo. Com efeito, neste caso, $|x/n| \leq c/n$, de forma que basta fazer $c/n < \varepsilon$ para termos também $|x/n| < \varepsilon$; ora, fazer $c/n < \varepsilon$ é o mesmo que fazer $n > c/\varepsilon$. Assim,

$$n > N = \frac{c}{\varepsilon} \Rightarrow |f_n(x)| = \frac{|x|}{n} < \varepsilon.$$

Dizemos então que a convergência é "uniforme em x", visto que conseguimos encontrar um N $(= c/\varepsilon)$ válido para todo $x \in [-c, c]$. É interessante observar também que, se aumentarmos o c, teremos de aumentar o N, embora a convergência continue uniforme em qualquer intervalo $|x| \leq c$. Mas observe: ela não é uniforme na união desses intervalos, que é todo o eixo real!

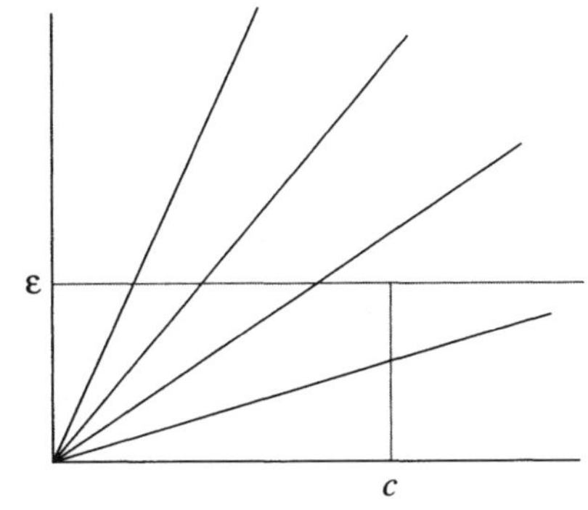

Figura 9.1

9.2. Definição. *Diz-se que uma seqüência de funções f_n converge uniformemente para uma função f num domínio D se, dado qualquer $\varepsilon > 0$, existe N tal que, para todo $x \in D$,*

$$n > N \Rightarrow |f_n(x) - f(x)| < \varepsilon.$$

É costume referir-se à convergência de uma seqüência de funções f_n para uma função f, sem qualquer qualificativo; neste caso deve-se entender que se trata de convergência simples ou pontual. É claro que este tipo de convergência é conseqüência da convergência uniforme, mas a convergência pontual não implica a convergência uniforme.

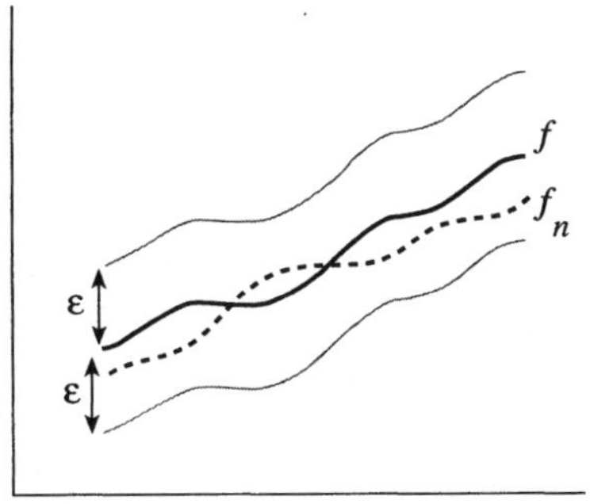

Figura 9.2

A convergência uniforme admite uma interpretação geométrica simples e sugestiva: ela significa que, qualquer que seja $\varepsilon > 0$, existe um índice N a partir do qual os gráficos de todas as funções f_n ficam na faixa delimitada pelos gráficos das funções $f(x) + \varepsilon$ e $f(x) - \varepsilon$ (Fig. 9.2). Ao contrário, a convergência não sendo uniforme, existe um $\varepsilon > 0$ tal que, para uma infinidade de valores

n, o gráfico de f acaba saindo da faixa $(-\varepsilon,\ \varepsilon)$, centrada no gráfico de f. É esse o caso da seqüência $f_n(x) = x/n$, que converge para $f(x) = 0$ (x real), mas não uniformemente. Então, qualquer que seja $\varepsilon > 0$, o gráfico de qualquer f_n acaba saindo da faixa $(-\varepsilon,\ \varepsilon)$, centrada no eixo dos x, como se vê na Fig. 9.1.

Para negar a convergência uniforme, não é preciso que a desigualdade $|f_n(x) - f(x)| < \varepsilon$ seja violada *qualquer* que seja ε e para todo n, como aconteceu no exemplo anterior. Basta que essa violação ocorra para algum $\varepsilon > 0$ e para uma infinidade de índices n, como ilustra o exemplo a seguir.

9.3. Exemplo. Consideremos a função $f(x) = e^{-x^2}$, cujo gráfico é simétrico em relação ao eixo Oy e que tende a zero com $x \to \pm\infty$. Seja f_n a seqüência dada por $f_n(x) = f(x - n)$. Como se vê, o gráfico de f_n é o de f transladado n unidades para a direita (Fig. 9.3). É fácil ver, então, que $f_n(x) \to 0$ pontualmente. Mas essa convergência não é uniforme, pois $f_n(n) = 1$, de sorte que a condição $|f_n(x) - f(x)| < \varepsilon$ estará violada em $x = n$ com qualquer $\varepsilon < 1$. Entretanto, se nos restringirmos a qualquer semi-eixo $x \leq c$, teremos uniformidade da convergência, visto que, a partir de $n \geq c$, $f_n(x) \leq f_n(c) \leq \exp[-(c-n)^2]$; ora, esta última expressão pode ser feita menor do que qualquer $\varepsilon > 0$ a partir de um certo índice N, independentemente de x, desde que $x \leq c$.

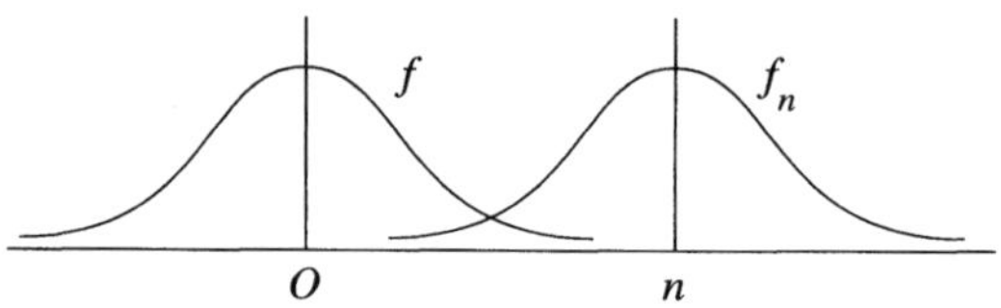

Figura 9.3

9.4. Teorema (Critério de convergência de Cauchy). *Uma condição necessária e suficiente para que uma seqüência de funções f_n convirja uniformemente para uma função f num domínio D é que, dado qualquer $\varepsilon > 0$, exista N tal que, qualquer que seja $x \in D$, se tenha:*

$$n > N \text{ e } m > N \Rightarrow |f_n(x) - f_m(x)| < \varepsilon. \tag{9.1}$$

Demonstração. Para provar que a condição é suficiente, observamos que (9.1) e o critério de Cauchy para seqüências numéricas garantem que, para cada x fixado, a seqüência numérica $f_n(x)$ converge para um certo número $f(x)$, de sorte que $f_n(x) - f_m(x)$ tende a $f_n(x) - f(x)$ com $m \to \infty$; portanto, passando ao limite em (9.1) com $m \to \infty$, obtemos

$$n > N \Rightarrow |f_n(x) - f(x)| \leq \varepsilon,$$

qualquer que seja $x \in D$, e isso prova a convergência uniforme de f_n para f. (O fato de havermos perdido a desigualdade estrita não importa; se quiséssemos terminar com $|f_n(x) - f(x)| < \varepsilon$, bastaria começar com $\varepsilon/2$ em (9.1), o que nos levaria a $|f_n(x) - f(x)| \leq \varepsilon/2 < \varepsilon$.)

Deixamos ao leitor a tarefa de provar que a condição é necessária.

Exercícios

1. Prove que, qualquer que seja x, $\cos nx$ não tende a zero.

2. Mostre que $f_n(x) = 1/nx \to 0$ pontualmente em $x \neq 0$, mas não uniformemente. Prove que a convergência é uniforme em qualquer domínio do tipo $|x| \geq c > 0$. Faça os gráficos das $f_n(x)$ para entender o que acontece.

3. Prove que $f_n(x) = 1/(1 + nx)$ tende a zero em $x \neq 0$, mas não uniformemente.

4. Mostre que as seqüências

$$f_n(x) = \frac{\cos nx}{\log n} \quad \text{e} \quad f_n(x) = \frac{\operatorname{sen}(nx + \cos nx)}{x^2 + n + 1}$$

tendem a zero uniformemente em x, para todo x real.

5. Mostre que a seqüência $f_n(x) = x^n$ tende a zero pontualmente no intervalo $[0,\ 1)$, mas não uniformemente. Prove que a convergência é uniforme em qualquer intervalo $[0,\ c]$, com $c < 1$. Faça o mesmo no caso dos intervalos $(-1,\ 1)$ e $[-c,\ c]$. Interprete sua análise geometricamente nos gráficos das funções f_n.

6. Faça os gráficos das funções da seqüência

$$f_n(x) = \begin{cases} (1-n)x + 1 & \text{se} \quad 0 \leq x \leq 1/n \\ 1/n^2 x & \text{se} \quad x \geq 1/n \end{cases}$$

Mostre que essa seqüência tende a zero pontualmente em $x > 0$, mas não uniformemente. Prove que a convergência é uniforme em qualquer semi-eixo $x \geq c > 0$.

7. Prove que $f_n(x) = x^2/(1 + nx^2)$ tende a zero uniformemente em toda a reta.

8. Prove que a seqüência $f_n(x) = x/(1 + nx)$ tende a zero uniformemente em $x \geq 0$. Analise o comportamento dessa seqüência em $x < 0$.

9. Estude a seqüência $f_n(x) = nx/(1+nx)$ quanto à convergência simples e uniforme.

10. Determine o limite da seqüência $f_n(x) = nx^2/(1 + nx)$ e prove que a convergência é uniforme em $x \geq 0$. Analise a situação em $x < 0$.

11. Mostre que a seqüência $f_n(x) = e^{x/n}$ tende a 1 pontualmente para todo x real, mas não uniformemente. Prove que a convergência é uniforme em qualquer intervalo $[-c,\ c]$.

12. Mostre que a seqüência $f_n(x) = nxe^{-nx}$, considerada em $x \geq 0$, tende a zero pontualmente, mas não uniformemente. Prove que a convergência é uniforme em qualquer semi-eixo $x \geq c > 0$.

13. Faça o mesmo que no exercício anterior para a seqüência $f_n(x) = n^2xe^{-nx}$.

14. Estude a seqüência $f_n(x) = x/(1 + nx^2)$ quanto à convergência simples e uniforme em toda a reta.

15. Considere a seqüência $f_n(x) = x^n(1 - x^n)$ no intervalo $[0,\ 1]$. Faça o gráfico de f_n, determinando, inclusive, seu valor máximo e o ponto x_n onde ele é assumido. Mostre que $f_n(x)$ tende a zero pontualmente, mas não uniformemente. Prove que a convergência é uniforme em qualquer intervalo $[0,\ c]$, $c < 1$.

16. Faça o gráfico de $f_n(x) = x^n/(1 + x^n)$ para todo $x \geq 0$ e mostre que essa seqüência converge para a função

$$f(x) = \begin{cases} 0 & \text{se} \quad 0 \leq x < 1 \\ 1/2 & \text{se} \quad x = 1 \\ 1 & se \quad x > 1 \end{cases}$$

mas não uniformemente. Prove que a convergência é uniforme em qualquer domínio do tipo $R_+ - V_\delta(1)$, com $\delta > 0$. (Aqui, como de costume, R_+ denota o conjunto dos números reais positivos.

17. Mostre que $f_n(x) = nx/(1+n^2x^2) \to 0$ qualquer que seja x real, mas não uniformemente. Prove que a convergência é uniforme em qualquer domínio $|x| \geq c > 0$.

18. Prove que a seqüência

$$f_n(x) = \frac{nx}{1 + n^2x^2 \log n}$$

tende a zero uniformemente, para todo x real.

Sugestões e soluções

1. Se $\cos nx$ tendesse a zero, o mesmo seria verdade de $\cos 2nx$. Como

$$\cos 2nx = \cos^2 nx - \operatorname{sen}^2 nx,$$

$\operatorname{sen} nx$ também tenderia a zero, o que é absurdo, pois $\operatorname{sen}^2 nx + \cos^2 nx = 1$.

2. Observe que $f_n(1/n) = 1/2$.

5. Observe que

$$x^n < \varepsilon \Leftrightarrow n \log x < \log \varepsilon \Leftrightarrow n > N = \frac{\log \varepsilon}{\log x}.$$

Vemos assim que para cada x fixado encontramos um N, mas esse N varia com o variar de x, tendendo a infinito com $x \to 1$ (estamos supondo $0 < \varepsilon < 1$); logo, a convergência é pontual, mas não uniforme. Com a restrição $0 < x \le c < 1$,

$$\frac{\log \varepsilon}{\log x} \le \frac{\log \varepsilon}{\log c},$$

de forma que basta tomar $N = \log \varepsilon / \log c$, para que tenhamos

$$n > N \Rightarrow x^n < \varepsilon.$$

7. Observe que $f_n(x) < 1/n$.

8. O caso $x \ge 0$ é análogo ao exercício anterior. No caso $x < 0$ não podemos permitir $x = -1/n$ em $f_n(x)$. Mas, qualquer que seja $c > 0$, com $n > 2/c$ e $x \le -c$, teremos:

$$|1 + nx| = n|x| - 1 > n|x| - n|x|/2 = n|x|/2 > nc/2,$$

donde segue a convergência uniforme.

9. A convergência é uniforme em qualquer domínio do tipo $|x| \ge c > 0$, como se vê analisando a diferença $1 - f_n(x)$. Observe que $f_n(1/n) = 1/2$, donde se vê que a convergência não pode ser uniforme em toda a reta.

10. $f_n(x) = \dfrac{x^2}{x + 1/n} \to x$; $|f_n(x) - x| = |\dfrac{x}{1+nx}| < \dfrac{1}{n}$ se $x \ge 0$, o que prova que a convergência é uniforme nesse domínio. Se $x < 0$, como x não pode ser igual $a - 1/n$, pelo menos a partir de um certo n, podemos nos restringir a $x \le c < 0$, onde, novamente, a convergência é uniforme, como o leitor deve provar.

14. f_n, que é função ímpar, assume valor máximo $1/2\sqrt{n}$ em $x_n = 1/\sqrt{n}$. Faça o gráfico de f_n para diferentes valores de n.

15. f_n assume seu valor máximo $1/4$ em $x_n = 1/\sqrt[n]{2}$, que tende a 1 crescentemente. Compare os gráficos das diferentes funções f_n para valores crescentes de n.

16. Calcule as derivadas primeira e segunda de $f_n(x)$; verifique que a derivada primeira é sempre positiva e a derivada segunda se anula em $x_n = [(n-1)/(n+1)]^{1/n}$, que tende a 1 crescentemente. Compare os gráficos das diferentes funções f_n, para valores crescentes de n.

17. Observe que $f_n(\pm 1/n) = \pm 1/2$. Se $|x| \ge c > 0$, $|f_n(x)| \le 1/n|x| \le 1/nc$.

18. Observe que f_n é funcão ímpar e ache seu valor máximo.

9.2 Conseqüências da convergência uniforme

A convergência uniforme, como se vê, é mais restritiva que a convergência simples, por isso mesmo tem várias conseqüências importantes, como veremos a seguir.

9.5. Teorema. *Se f_n é uma seqüência de funções contínuas num mesmo domínio D, que converge uniformemente para uma função f, então f é contínua em D.*

Demonstração. Sejam $x,\ x' \in D$. A desigualdade do triângulo permite escrever:

$$\begin{aligned} |f(x) - f(x')| &= |(f(x) - f_n(x)) + (f_n(x) - f_n(x')) + (f_n(x') - f(x'))| \\ &\leq |f(x) - f_n(x)| + |f_n(x) - f_n(x')| + |f_n(x') - f(x')| \end{aligned}$$

Dado qualquer $\varepsilon > 0$, a convergência uniforme permite determinar N tal que, para $n > N$, o primeiro e o último termo desta última expressão sejam cada um menor do que $\varepsilon/3$, quaisquer que sejam $x,\ x' \in D$. Feito isso, fixamos o índice n e usamos a continuidade de f_n para determinar $\delta > 0$ tal que $x,\ x' \in D,\ |x - x'| < \delta \Rightarrow |f_n(x) - f_n(x')| < \varepsilon/3$. Assim, obtemos

$$x,\ x' \in D,\ |x - x'| < \delta \Rightarrow |f(x) - f(x')| < \varepsilon,$$

e isso completa a demonstração.

De acordo com o teorema que acabamos de demonstrar, se o limite de uma seqüência de funções contínuas num domínio D não é uma função contínua nesse domínio, então a convergência certamente não é uniforme. É esse o caso da seqüência $x^n/(1 + x^n)$ que, como vimos no Exercício 16 atrás, converge para a função

$$f(x) = \begin{cases} 0 & \text{se} \quad 0 \leq x < 1 \\ 1/2 & \text{se} \quad x = 1 \\ 1 & \text{se} \quad x > 1 \end{cases}$$

que é descontínua; logo, a convergência não pode ser uniforme em qualquer intervalo que inclua o ponto $x = 1$. Do mesmo modo, a seqüência x^n não converge uniformemente no intervalo $[0,\ 1]$, pois a função limite é 1 em $x = 1$ e zero em $x < 1$.

Deve-se notar também que uma seqüência de funções contínuas pode convergir para uma função contínua, sem que a convergência seja uniforme, como nos Exercícios 3, 5 e 6 atrás, dentre outros.

9.6. Teorema. *Nas mesmas hipóteses do teorema anterior, sendo D um intervalo $[a,\ b]$, temos:*

$$\lim \int_a^b f_n(x)dx = \int_a^b [\lim f_n(x)]dx = \int_a^b f(x)dx.$$

Demonstração. Da convergência uniforme segue-se que, qualquer que seja $\varepsilon > 0$, existe N tal que $n > N \Rightarrow |f(x) - f_n(x)| < \varepsilon$; logo, $n > N$ implica

$$\left| \int_a^b f_n(x)dx - \int_a^b f(x)dx \right| = \left| \int_a^b [f_n(x) - f(x)]dx \right|,$$

donde

$$\left| \int_a^b f_n(x)dx - \int_a^b f(x)dx \right| \le \int_a^b |f_n(x) - f(x)|dx < \varepsilon(b-a).$$

Isto prova o resultado desejado.

O teorema que acabamos de provar nos diz que podemos trocar a ordem das operações de integração e de tomar o limite com $n \to \infty$, desde que a convergência seja uniforme. Ele foi demonstrado no pressuposto de que as funções f_n fossem todas contínuas no intervalo $[a,\ b]$. Mas tal hipótese nem é necessária; basta, além da convergência uniforme, que as funções f_n sejam integráveis em $[a,\ b]$, mas não vemos tratar este caso aqui.

9.7. Teorema. *Seja f_n uma seqüência de funções com derivadas contínuas num intervalo $[a,\ b]$, tal que f_n' converge uniformemente para uma função g. Suponhamos ainda que num ponto $c \in [a,\ b]$ a seqüência numérica $f_n(c)$ converge. Então, f_n converge uniformemente para uma função f, que é derivável, com $f' = g$.* Esta última relação também se escreve

$$\frac{d}{dx} \lim f_n(x) = \lim \frac{d}{dx} f_n(x).$$

Demonstração. O teorema fundamental do Cálculo permite escrever

$$f_n(x) = f_n(c) + \int_c^x f_n'(t)dt; \tag{9.2}$$

e como a convergência $f_n' \to g$ é uniforme, podemos passar ao limite sob o sinal de integração, o que prova que $f_n(x)$ tem por limite uma função $f(x)$, dada por

$$f(x) = f(c) + \int_c^x g(t)dt. \tag{9.3}$$

Daqui segue que $f' = g$.

Falta apenas provar que $f_n \to f$ uniformemente. De (9.2) e (9.3),

$$|f_n(x) - f(x)| \leq |f_n(c) - f(c)| + \left| \int_c^x [f_n'(t) - g(t)]dt \right|. \quad (9.4)$$

Dado qualquer $\varepsilon > 0$, existe N tal que, para todo $t \in [a, b]$,

$$n > N \Rightarrow |f_n(c) - f(c)| < \varepsilon \quad \text{e} \quad |f_n'(t) - g(t)| < \varepsilon.$$

Daqui e de (9.4) obtemos: $n > N \Rightarrow |f_n(x) - f(x)| < \varepsilon[1 + (b - a)]$, o que completa a demonstração.

O leitor deve notar que a hipótese de convergência uniforme, não da seqüência original f_n, mas da seqüência de derivadas f_n', foi decisiva na demonstração deste último teorema; e sem ela não podemos chegar à mesma conclusão. Por exemplo, a seqüência $f_n(x) = \operatorname{sen} nx/n$ converge uniformemente para zero, mas $f_n'(x) = \cos nx$ nem sequer converge, como vimos no Exercício 1 atrás.

Séries de funções

Os conceitos de convergência simples e uniforme de seqüências transferem-se naturalmente para séries, interpretadas estas como seqüências de *reduzidas* ou *somas parciais*. Assim, a *convergência uniforme* de uma série de funções,

$$\sum_{n=1}^{\infty} f_n(x) = f_1(x) + f_2(x) + \ldots,$$

significa a convergência uniforme da seqüência de somas parciais ou reduzidas de ordem n,

$$S_n(x) = f_1(x) + \ldots + f_n(x).$$

Portanto, diz-se que uma série de funções, $\sum f_n(x)$, converge uniformemente num domínio D para uma soma $f(x)$ se, dado qualquer $\varepsilon > 0$, existe N tal que, qualquer que seja $x \in D$,

$$n > N \Rightarrow |f(x) - \sum_{j=1}^{n} f_j(x)| = |\sum_{j=n+1}^{\infty} f_j(x)| < \varepsilon.$$

Os Teoremas 9.4 a 9.7, com suas respectivas demonstrações, podem ser facilmente adaptados a séries de funções, resultando nos teoremas 9.8 a 9.10 enunciados a seguir, e cujas demonstrações ficam a cargo do leitor.

9.8. Teorema (Critério de Cauchy). *Uma condição necessária e suficiente para que uma série* $\sum f_n(x)$, *onde os termos* f_n *são funções com o mesmo domínio* D, *convirja uniformemente é que, dado qualquer* $\varepsilon > 0$, *exista* N *tal que*

$$n > N \Rightarrow |f_{n+1}(x) + f_{n+2}(x) + \ldots + f_{n+p}(x)| < \varepsilon,$$

qualquer que sejam p *inteiro positivo e* $x \in D$.

9.9. Teorema. *Uma série de funções contínuas, que converge uniformemente num intervalo, tem por soma uma função contínua; e pode ser integrada termo a termo.*

9.10. Teorema. *Se uma dada série de funções* $\sum f_n(x)$ *é tal que a série de derivadas* $\sum f'_n(x)$ *converge uniformemente num intervalo, e se a série original converge num ponto desse intervalo, então sua soma* f *é derivável nesse intervalo e a derivação de* f *pode ser feita derivando termo a termo a série dada.*

O teorema seguinte, conhecido como *teste M de Weierstrass*, é um critério muito útil para verificar se uma dada série de funções converge uniformemente.

9.11. Teorema (teste M de Weierstrass). *Seja* f_n *uma seqüência de funções com o mesmo domínio* D, *satisfazendo a condição* $|f_n(x)| \le M_n$ *para todo* $x \in D$, *onde* $\sum M_n$ *é uma série numérica convergente. Então a série* $\sum f_n(x)$ *converge absoluta e uniformemente em* D.

Demonstração. É claro que a série de funções converge para uma certa função $f(x)$, e converge absolutamente, devido à dominação $|f_n(x)| \le M_n$ e do fato de ser convergente a série $\sum M_n$. A convergência desta série garante que, dado qualquer $\varepsilon > 0$, existe N tal que

$$n > N \Rightarrow \sum_{j=n+1}^{\infty} M_j < \varepsilon.$$

Então, para todo x em D,

$$n > N \Rightarrow |f(x) - \sum_{j=1}^{n} f_j(x)| = |\sum_{j=n+1}^{\infty} f_j(x)| \le \sum_{j=n+1}^{\infty} M_j < \varepsilon,$$

e isto prova a uniformidade da convergência e conclui a demonstração do teorema.

Outra demonstração pode ser feita com base no critério de Cauchy: dado qualquer $\varepsilon > 0$, existe N tal que, para todo $x \in D$,

$$n > N \Rightarrow |f_{n+1}(x) + \ldots + f_{n+p}(x)| \leq M_{n+1} + \ldots + M_{n+p} < \varepsilon.$$

Na aplicação do teste de Weierstrass, basta, evidentemente, que a série dada seja dominada pela série numérica a partir de um certo índice N, não necessariamente $N = 1$.

9.12. Exemplo. A série $\sum \dfrac{\operatorname{sen} nx}{(n+1)n!}$ converge uniformemente em toda a reta, pois é dominada pela série numérica convergente $\sum 1/n!$ Portanto, ela define uma função contínua f. Além disso, a série de derivadas também converge uniformemente, como é fácil ver, donde concluímos que f é derivável e

$$f'(x) = \sum_{n=1}^{\infty} \frac{\cos nx}{(n+1)(n-1)!}.$$

Como se vê, temos aqui um exemplo de função definida por uma série. Muitas funções importantes nas aplicações são assim definidas, por meio de séries de funções. Isso acontece tipicamente na solução de equações diferenciais por meio de séries.

Exercícios

1. Prove que a seqüência $f_n(x) = nxe^{-nx^2}$ não converge uniformemente em [0, 1], verificando que

$$\lim \int_0^1 f_n(x)dx \neq \int_0^1 [\lim f_n(x)]dx.$$

Nos Exercícios 2 a 5, prove que a série dada converge absoluta e uniformemente no domínio indicado.

2. $\displaystyle\sum_{n=1}^{\infty} \frac{1}{n^2 + x^2}$ em **R**.

3. $\displaystyle\sum_{n=0}^{\infty} \frac{\operatorname{sen} nx}{n^2 + \cos nx}$ em **R**.

4. $\displaystyle\sum_{n=1}^{\infty} \frac{\operatorname{sen} nx}{\sqrt{n^3(2 - \cos x)}}$ em **R**.

5. $\displaystyle\sum_{n=0}^{\infty} x^n e^{-nx}$ em $x \geq 0$.

6. Prove que a série $\sum x^n/(1 + x^n)$ converge absoluta e uniformemente em qualquer intervalo $|x| \leq c < 1$, mas não em $(-1,\ 1)$. Prove que ela define uma função contínua em todo o intervalo $(-1,\ 1)$.

7. Prove que a função $f(x) = \sum x^n/(1+x^n)$, definida no intervalo $(-1, 1)$, tende a ∞ com $x \to 1$ e a $-\infty$ com $x \to -1$.

8. Prove que $\sum 1/(1+n^2x)$ define uma função contínua em R, excetuados $x=0$ e os pontos da forma $-1/n^2$, com n inteiro. Prove também que essa função é derivável, com derivada dada pela série obtida por derivação termo a termo da série original.

9. Faça o mesmo que no exercício anterior no caso da série $\sum 1/(n^2 - x^2)$, os pontos omitidos neste caso sendo os inteiros.

10. Estude a função definida pela série

$$\sum_{n=1}^{\infty}\left(1 - \cos\frac{x}{n}\right)$$

quanto à continuidade e derivabilidade termo a termo.

11. Faça o mesmo que no exercício anterior no caso da série

$$\sum_{n=1}^{\infty}\left(\frac{x}{n} - \operatorname{sen}\frac{x}{n}\right).$$

12. Seja $\sum f_n(x)$ uma série de funções positivas, contínuas e não decrescentes num intervalo $[a, b]$, tal que $\sum f_n(b)$ converge. Prove que a série dada converge uniformemente e que sua soma é integrável, logo,

$$\int_a^b \sum_{n=0}^{\infty} f_n(x)dx = \sum_{n=0}^{\infty}\int_a^b f_n(x)dx.$$

13. Prove que $\sum e^{-nx}/n$ converge uniformemente em qualquer semi-eixo do tipo $x \geq c > 0$, logo, é uma função contínua em $x > 0$. Prove que essa função tende a infinito com $x \to 0$.

Sugestões e soluções

5. Aplique o teste M de Weierstrass, notando que $x^n e^{-nx} = e^{-n(x-\log x)} \leq e^{-n}$, pois $x - \log x$ atinge seu mínimo em $x = 1$.

6. Observe que $|x^n/(1+x^n)| \leq c^n/(1-c)$ e aplique o teste M de Weierstrass. Se a convergência fosse uniforme em $|x| < 1$, pelo critério de Cauchy, dado qualquer $\varepsilon > 0$, existiria N tal que $n > N$ implicaria

$$\left|\frac{x^n}{1+x^n}\right| = |S_n - S_{n-1}| < \varepsilon$$

para todo $x \in (-1,\ 1)$. Ora, com n par, suficientemente grande, existe x nesse intervalo, muito próximo de 1 ou de -1 ($x = x_n = 1/\sqrt[n]{2}$), fazendo o primeiro membro da expressão acima igual a $1/3$. Que a série define uma função contínua em $|x| < 1$ é evidente, pois qualquer elemento desse intervalo está em algum $[-c,\ c]$, com $c < 1$.

7. Fixado $x \in (0,\ 1)$, $f_n(x) = x^n/(1+x^n)$ é uma seqüência numérica decrescente; logo, $S_N(x) = \sum_{n=1}^{N} x^n/(1+x^n) > Nx^N/(1+x^N)$. Isso permite mostrar que existe uma vizinhança de $x = 1$, onde $S_N(x) > N/3$. Para provar que $\lim_{x\to -1} f(x) = -\infty$, considere $-S_{2N}(x)$, em $x = -y$, com $y \to 1$:

$$-S_{2N}(-y) = \sum_{n=1}^{N}\left(\frac{y^{2n-1}}{1-y^{2n-1}} - \frac{y^{2n}}{1+y^{2n}}\right) > Ny^{4N-1}.$$

Isto pode ser feito maior do que $N/2$ com y numa vizinhança de 1.

8. Considere primeiro x positivo. Em qualquer semi-eixo $x \geq c > 0$,

$$\frac{1}{1+n^2x} < \frac{1/c}{n^2} \quad \text{e} \quad D\left(\frac{1}{1+n^2x}\right) = \frac{-n^2}{(1+n^2x)^2} > \frac{-1/c^2}{n^2},$$

donde se prova, com o teste M de Weierstrass, a convergência uniforme da série original e da série de derivadas. Qualquer $x > 0$ está em algum semi-eixo $x \geq c > 0$, o que prova a continuidade da soma da série e sua derivabilidade termo a termo. Se $x \leq -c < 0$, tomamos n grande o suficiente para que $1 < n^2c/2$, donde

$$\left|\frac{1}{1+n^2x}\right| = \frac{1}{n^2|x|-1} \leq \frac{1}{n^2c-1} < \frac{2/c}{n^2}.$$

9. Considere x restrito a um intervalo $[a,\ b]$ que não contenha número inteiro e prove que aí a convergência é uniforme, tanto da série original como da série de derivadas.

10. Observe que

$$\frac{1-\cos x}{x^2} = \frac{\text{sen}^2 x}{x^2(1+\cos x)} \to \frac{1}{2} \quad \text{com} \quad x \to 0.$$

Então, sendo $|x| \leq M$ e n suficientemente grande, a série dada é dominada pela série $\sum M^2/n^2$. A série de derivadas, $\sum (1/n)\text{sen}(x/n)$ também converge absoluta e uniformemente no mesmo intervalo $|x| \leq M$, pois, a partir de um certo índice N, a correspondente série de módulos é dominada por $\sum 2M/n^2$.

11. Como no exercício anterior, estude $\lim_{x\to 0} \dfrac{x - \text{sen}\, x}{x^3}$.

9.3 Séries de potências

Dentre as séries de funções, desempenham papel especial as chamadas *séries de potências* ou *séries de Taylor* , que são séries do tipo $\sum a_n(x-x_0)^n$, onde x_0 e os coeficientes a_n são constantes. Como se vê, elas são séries de potências de $x - x_0$. Dizemos que elas são centradas em x_0, têm centro em x_0, ou que são séries de potências com referência a x_0.

Sem nenhuma perda de generalidade, no estudo dessas séries podemos fazer $x_0 = 0$, considerando então séries do tipo $\sum a_n x^n$. Evidentemente, todos os resultados estabelecidos para estas séries podem ser facilmente traduzidos para aquelas com a substituição de x por $x - x_0$.

9.13. Lema. *Se a série de potências $\sum a_n x^n$ converge num certo ponto $x = x_0 \neq 0$, ela converge absolutamente em todo ponto x do intervalo $|x| < |x_0|$; e se a série diverge em $x = x_0$, ela diverge em todo x fora desse intervalo, isto é, em $|x| > |x_0|$.*

Demonstração. Se a série converge em x_0, seu termo geral, $a_n x_0^n$, tende a zero; portanto, é limitado por uma constante M. Em conseqüência,

$$|a_n x^n| = |a_n x_0^n|\,|\frac{x}{x_0}|^n \leq M|\frac{x}{x_0}|^n.$$

Isso mostra que a série $(1/M)\sum |a_n x^n|$ é dominada pela série geométrica de termo geral $|x/x_0|^n$, que é convergente se $|x| < |x_0|$; logo, $\sum |a_n x^n|$ converge no intervalo $|x| < |x_0|$.

Se a série $\sum a_n x^n$ diverge em $x = x_0$, ela não pode convergir quando $|x| > |x_0|$, senão, pelo que acabamos de provar, teria de convergir em $x = x_0$, o que completa a demonstração.

Uma série de potências $\sum a_n x^n$ pode convergir somente em $x = 0$, como é o caso da série $\sum n!x^n$; ou pode convergir em qualquer valor x, como se dá com a série $\sum x^n/n!$ Excluídos esses dois casos extremos, é fácil provar, como faremos no teorema seguinte, que existe um número positivo r tal que a série converge se $|x| < r$ e diverge se $|x| > r$.

9.14. Teorema. *A toda série de potências $\sum a_n x^n$, que converge em algum valor $x' \neq 0$ e diverge em algum outro valor x'', corresponde um número positivo r tal que a série converge absolutamente se $|x| < r$ e diverge se $|x| > r$.*

Demonstração. Seja r o supremo dos números $|x|$, x variando entre os valores onde a série converge. É claro que r é um número positivo, com $|x'| < r$; e $r < |x''|$ (pois, se $|x''| < r$, haveria x entre $|x''|$ e r, onde a série convergiria; e, pelo lema anterior, ela teria de convergir também em x'', o que é absurdo). Se x é tal que $|x| < r$, existe x_0 onde a série converge, com $|x| < |x_0| \leq r$. Então, pelo lema anterior, a série converge absolutamente em x. A série diverge em x com $|x| > r$, senão, pelo mesmo lema, teria de convergir em todo y com $|x| > |y| > r$ e r não seria o supremo anunciado.

Raio de convergência

O número r introduzido no teorema anterior é chamado o raio de convergência da série. Essa denominação se justifica porque o domínio natural de estudo das séries de potências é o plano complexo, e quando x varia no plano complexo, o conjunto $|x| < r$ é um círculo de centro na origem e raio r. Demonstra-se então que a série converge no interior do círculo e diverge em seu exterior. Todavia, em nosso estudo só vamos considerar x real; mas, mesmo assim, pelas razões expostas, chamaremos r de "raio de convergência".

O Teorema 9.14 garante a convergência absoluta no intervalo aberto $|x| < r$, nada afirmando sobre os extremos $-r$ e $+r$. É fácil dar exemplos ilustrativos de todas as possibilidades. Assim, as séries

$$\sum \frac{x^n}{n^2}, \ \sum \frac{x^n}{n} \ \text{e} \ \sum x^n$$

têm todas o mesmo raio de convergência, $r = 1$, como se constata facilmente, verificando que elas convergem quando $|x| < 1$ e divergem quando $|x| > 1$. A primeira converge em -1 e $+1$, a segunda converge em -1 e diverge em $+1$, e a terceira diverge nos dois extremos $x = \pm 1$.

A definição de "raio de convergência" como supremo dos números $|x|$, x variando entre os valores onde a série converge, se estende a todas as séries, podendo ser zero ou infinito, como é o caso das séries $\sum n!x^n$ e $\sum x^n/n!$ respectivamente. É fácil ver, nestes dois casos, que as afirmações do Teorema 9.14 permanecem válidas, com as devidas adaptações: se $r = 0$, a série diverge para todo $x \neq 0$; e se $r = \infty$, a série converge para todo x.

O raio de convergência pode ser facilmente calculado quando existe o limite de $|a_{n+1}/a_n|$. De fato, neste caso, pelo critério da razão, a série $\sum a_n x^n$ é absolutamente convergente se

$$\lim \left| \frac{a_{n+1}}{a_n} x \right|$$

for menor do que 1; e divergente se esse limite for maior do que 1. Resulta daí que o raio de convergência da série considerada é

$$r = \lim \left| \frac{a_n}{a_{n+1}} \right|,$$

(mesmo que esse limite seja zero ou infinito), pois a série converge se $|x| < r$ e diverge se $|x| > r$.

Propriedades das séries de potências

9.15. Teorema. *Toda série de potências* $\sum a_n x^n$, *com raio de convergência* $r > 0$ *(*r *podendo ser infinito), converge uniformemente em todo intervalo* $[-c,\ c]$, *onde* $0 < c < r$.

Demonstração. Fixado $c < r$, seja x_0 um número compreendido entre c e r. Como a série converge absolutamente em x_0, existe M tal que $|a_n x_0^n|$ é limitado por uma constante M; logo, sendo $|x| \le c$,

$$|a_n x^n| = |a_n x_0^n| \, |\frac{x}{x_0}|^n \le M|\frac{c}{x_0}|^n.$$

Isso mostra que a série $\sum |a_n x^n|$ é dominada pela série numérica convergente $\sum M|c/x_0|^n$. Então, pelo teste de Weierstrass, $\sum |a_n x^n|$ converge uniformemente em $|x| \le c$, como queríamos provar.

Observe que o teorema anterior garante a convergência uniforme em qualquer intervalo $|x| \le c$ contido no intervalo $|x| < r$, mas não neste último, que é a união daqueles. Como exemplo, considere a série geométrica

$$\sum_{n=0}^{\infty} x^n = 1 + x + x^2 + \ldots = \frac{1}{1-x},$$

cujo raio de convergência é $r = 1$. Mas a convergência não é uniforme em todo o intervalo $|x| < 1$. Com efeito, pondo

$$S_n(x) = 1 + x + x^2 + \ldots + x^n = \frac{1 - x^{n+1}}{1 - x},$$

temos:

$$\left| S_n(x) - \frac{1}{1-x} \right| = \frac{|x|^{n+1}}{1-x}.$$

É claro que, dado $\varepsilon > 0$, não existe N tal que para $n > N$ esta última expressão seja menor que ε para todo x em $(-1,\ 1)$; basta pensar numa seqüência x_n tendendo a 1, com $|x_n|^{n+1}$ mantendo-se maior ou igual a um número c tal que $0 < c < 1$. Por exemplo, $x_n = c^{1/(n+1)}$.

9.16. Teorema da unicidade de séries de potências. *Se uma função f admite desenvolvimento em série de potências num ponto x_0, esse desenvolvimento é único.*

Demonstração. Suponhamos que f tenha dois desenvolvimentos numa vizinhança da origem, $|x| < r$:

$$f(x) = \sum a_n x^n = \sum b_n x^n.$$

Essas séries podem ser derivadas repetidamente, termo a termo, na referida vizinhança, em particular, em $x = 0$, donde segue que $a_n = b_n$ para todo n, o que prova o teorema.

Se uma função tem série de potências relativamente a um centro x_0, não importa que método empreguemos para obter essa série, já que ela é única pelo teorema que acabamos de demonstrar. Muitas séries são obtidas a partir de seus polinômios de Taylor, como no exemplo a seguir. Outro modo eficaz de obter séries de potências consiste em integrar séries já conhecidas; assim podem ser obtidas as séries em potências de x de $\log(1+x)$, $\operatorname{arctg} x$ e $\operatorname{arcsen} x$, considerados nos exercícios propostos adiante.

9.17. Exemplo. Os desenvolvimentos de várias funções em séries de potências são freqüentemente obtidos de seus desenvolvimentos de Taylor, bastando para isso verificar que o resto $R_n(x)$ tende a zero com $n \to \infty$. Por exemplo, sabemos do Cálculo que a função e^x tem desenvolvimento de Taylor dado por:

$$e^x = 1 + x + \frac{x^2}{2!} + \frac{x^3}{3!} + \ldots \frac{x^n}{n!} + R_n(x),$$

onde $R_n(x) = \dfrac{e^{c+1}x^{n+1}}{(n+1)!}$ e c é um número compreendido entre zero e x. Então,

$$|R_n(x)| \le \frac{e^{x+1}|x|^{n+1}}{(n+1)!}.$$

Esta estimativa de $R_n(x)$ nos mostra que tal resto tende a zero com $n \to \infty$, qualquer que seja x, donde podermos concluir que

$$e^x = 1 + x + \frac{x^2}{2!} + \frac{x^3}{3!} + \ldots + \frac{x^n}{n!} + \ldots = \sum_{n=0}^{\infty} \frac{x^n}{n!},$$

desenvolvimento este que é válido para todo x real. Portanto, de acordo com o Teorema 9.15, a convergência dessa série é uniforme em todo intervalo $[-c, c]$.

De modo inteiramente análogo obtemos os desenvolvimentos de seno e cosseno, propostos como Exercícios 8 e 9 adiante.

Exercícios

Calcule o raio de convergência de cada uma das séries dadas nos Exercícios 1 a 6.

1. $\sum_{n=0}^{\infty}(2n+1)x^n.$ **2.** $\sum_{n=1}^{\infty}\frac{(x-3)^n}{n}.$ **3.** $\sum_{n=0}^{\infty}(\sqrt{3})^{2n}(x+2)^n.$

4. $\sum_{n=1}^{\infty}\sqrt[n]{n}\,x^n.$ **5.** $\sum_{n=1}^{\infty}(3^n/n^3)x^n.$ **6.** $\sum_{n=1}^{\infty}\frac{n!(x+1)^n}{1\cdot 3\ldots(2n-1)}.$

7. A chamada *série hipergeométrica*, dada por $F(a,\, b,\, c;\, x) = \sum_{n=1}^{\infty}\frac{(a)_n(b)_n}{n!(c)_n}x^n$, onde o símbolo $(r)_n$ significa $r(r+1)(r+2)\ldots(r+n-1)$, engloba várias funções importantes da Física Matemática. Supondo que nenhum dos números a, b, c seja um inteiro negativo, prove que o raio de convergência dessa série é 1.

Obtenha os desenvolvimentos dados nos Exercícios 8 a 15, indicando, em cada caso, o domínio de convergência da série.

8. $\operatorname{sen} x = x - \frac{x^3}{3!} + \frac{x^5}{5!} - \ldots = \sum_{n=0}^{\infty}\frac{(-1)^n x^{2n+1}}{(2n+1)!}.$

9. $\cos x = 1 - \frac{x^2}{2!} + \frac{x^4}{4!} - \ldots = \sum_{n=0}^{\infty}\frac{(-1)^n x^{2n}}{(2n)!}.$

10. $\operatorname{senh} x = x + \frac{x^3}{3!} + \frac{x^5}{5!} + \ldots = \sum_{n=0}^{\infty}\frac{x^{2n+1}}{(2n+1)!}.$

11. $\cosh x = 1 + \frac{x^2}{2!} + \frac{x^4}{4!} + \ldots = \sum_{n=0}^{\infty}\frac{x^{2n}}{(2n)!}.$

12. $\log(1+x) = x - \dfrac{x^2}{2} + \dfrac{x^3}{3} - \ldots = \displaystyle\sum_{n=1}^{\infty} \frac{(-1)^{n+1}x^n}{n}$.

13. Série binomial: $(1+x)^r = 1+rx+\dfrac{r(r-1)}{2!}x^2+\dfrac{r(r-1)(r-2)}{3!}x^3+\ldots = \displaystyle\sum_{n=0}^{\infty}\binom{r}{n}x^n$.

14. $\operatorname{arctg} x = x - \dfrac{x^3}{3} + \dfrac{x^5}{5} - \ldots = \displaystyle\sum_{n=0}^{\infty} \frac{(-1)^n}{2n+1}x^{2n+1}$. Faça $x = 1$ e obtenha o seguinte resultado, conhecido como *série de Leibniz*: $\dfrac{\pi}{4} = 1 - \dfrac{1}{3} + \dfrac{1}{5} - \dfrac{1}{7} + \ldots$.

15. $\operatorname{arcsen} x = x + \dfrac{1}{2\cdot 3}x^3 + \dfrac{1\cdot 3}{2!2^2\cdot 5}x^5 + \ldots = \displaystyle\sum_{n=0}^{\infty} \frac{1\cdot 3\cdot 5\ldots(2n-1)}{n!2^n(2n+1)}x^{2n+1}$.

Sugestões

4. $\dfrac{a_n}{a_{n+1}} = \dfrac{\sqrt[n]{n}}{\sqrt[n+1]{n+1}} = \left(\dfrac{n}{n+1}\right)^{1/n} \dfrac{\sqrt[n]{n+1}}{\sqrt[n+1]{n+1}} \to \dfrac{1}{e}$.

5. $\dfrac{a_n}{a_{n+1}} = \dfrac{1}{3}\left(\dfrac{n+1}{n}\right)^3 \to \dfrac{1}{3}$.

9.4 As funções trigonométricas

As funções trigonométricas costumam ser definidas, tanto no ensino médio como nas disciplinas de Cálculo, a partir de fatos geométricos elementares. O mesmo acontece com o estudo das propriedades dessas funções, em particular o cálculo de suas derivadas, tudo feito com bastante apêlo à intuição geometrica.

Veremos agora como isso pode ser feito de maneira puramente analítica, de forma que a fundamentação de toda a Trigonometria fique sendo puramente numérica, sem depender da Geometria. Para isso é suficiente tratar das funções seno e cosseno, já que estas duas fundamentam todas as demais funções trigonométricas.

Começamos observando que para obter as séries de potências dos Exercícios 8 e 9 atrás basta supor que existam duas funções $s(x)$ e $c(x)$ de classe C^1 em toda a reta, e tais que

$$s'(x) = c(x), \quad c'(x) = -s(x), \quad s(0) = 0, \quad c(0) = 1. \tag{9.5}$$

De fato, se existirem duas tais funções, elas serão de classe C^∞ em toda a reta; além disso, é fácil provar que $s^2(x) + c^2(x) = 1$ (Exercício 1 adiante), donde

$|s(x)| \le 1$ e $|c(x)| \le 1$. Em conseqüência, essas funções têm desenvolvimentos de Taylor, com restos que tendem a zero com $n \to \infty$, qualquer que seja x. Fazendo $n \to \infty$ nesses desenvolvimentos, obtemos as séries já mencionadas e aqui repetidas:

$$s(x) = \sum_{n=0}^{\infty} \frac{(-1)^n x^{2n+1}}{(2n+1)!} \quad \text{e} \quad c(x) = \sum_{n=0}^{\infty} \frac{(-1)^n x^{2n}}{(2n)!}. \tag{9.6}$$

É facil verificar que essas séries convergem qualquer que seja x; portanto, realmente definem funções $s(x)$ e $c(x)$ de classe C^∞ em toda a reta, podem ser derivadas termo a termo e satisfazem as propriedades (9.5). E elas são o único par de funções satisfazendo (9.5) (Exercício 2 adiante). Em vista disso, tais funções serão usadas a partir de agora como definição de seno e cosseno, isto é, passaremos a escrever $\operatorname{sen} x$ em lugar de $s(x)$ e $\cos x$ em lugar de $c(s)$. Repare ainda, de acordo com o Teorema 9.15, que as séries em (9.6) convergem uniformemente em qualquer intervalo $[-c, c]$.

Das fórmulas (9.6) segue imediatamente que $\cos x$ é uma função par e sen x é ímpar. Provam-se também as seguintes "fórmulas de adição de arcos":

$$\operatorname{sen}(a+b) = \operatorname{sen} a \cos b + \cos a \operatorname{sen} b, \tag{9.7}$$

$$\cos(a+b) = \cos a \cos b - \operatorname{sen} a \operatorname{sen} b \tag{9.8}$$

Todos as fórmulas e resultados da trigonometria seguem das identidades fundamentais obtidas acima.

Vamos provar que existe um número $c > 0$ tal que, à medida que x cresce de zero a c, sen x cresce de zero a 1 e $\cos x$ decresce de 1 a zero. Definiremos o número π como sendo igual a $2c$, donde $c = \pi/2$.

Começamos observando que $\cos x > 0$ em toda uma vizinhança da origem, pois é função contínua e positiva em $x = 0$; e como $(\operatorname{sen} x)' = \cos x$, vemos que sen x é crescente logo à direita da origem, portanto, positiva, já que $\operatorname{sen} 0 = 0$. E como $(\cos x)' = -\operatorname{sen} x$, $\cos x$ é decrescente logo à direita da origem.

Vamos provar que $\cos x$ se anula em algum ponto à direita da origem. Supondo o contrário, pelo teorema do valor intermediário, $\cos x > 0$ para $x \ge 0$; portanto, sen x é estritamente crescente e $\cos x$ estritamente decrescente em $x > 0$. Fixado qualquer $a > 0$, teríamos:

$$0 < \cos 2a = \cos^2 a - \operatorname{sen}^2 a < \cos^2 a;$$

e, por indução, $\cos 2^n a < (\cos a)^{2^n}$ para todo n inteiro positivo. Concluímos que $\cos 2^n a \to 0$, já que $\cos a < 1$. Em conseqüência, existe $b > 0$ tal que

$\cos^2 b < 1/2$ e $\text{sen}^2 b > 1/2$; logo,

$$\cos 2b = \cos^2 b - \text{sen}^2 b < 0,$$

que contradiz a suposição inicial de que $\cos x$ não se anula em $x > 0$.

Existem, pois, raízes de $\cos x = 0$ em $x > 0$. Seja c o ínfimo dessas raízes. É claro que $c > 0$; e $\cos c = 0$ pela continuidade de $\cos x$. Como esta função é positiva em $0 \leq x < c$, $\text{sen}\, x$ é crescente nesse intervalo, portanto, $\text{sen}\, c = 1$. Pomos agora $\pi = 2c$. Em resumo, quando x varia de zero a $\pi/2$, $\text{sen}\, x$ cresce de zero a 1 e $\cos x$ decresce de 1 a zero.

Uma vez definidas as funções seno e cosseno, as demais funções trigonométricas, bem como todas as inversas, são definidas e estudadas de maneira óbvia, como o leitor deve reconhecer sem dificuldades. Algumas dessas questões são propostas nos exercícios.

Exercícios

1. Prove que se $s(x)$ e $c(x)$ são duas funções de classe C^1 satisfazendo (9.5), então $s^2(x) + c^2(x) = 1$.

2. Prove que (9.6) é o único par de funções $s(x)$ e $c(x)$ de classe C^1 satisfazendo (9.5).

3. Prove as fórmulas (9.7) e (9.8).

4. Prove que $\text{sen}\, \pi = 0$, $\cos \pi = -1$, $\text{sen}\, 3\pi/2 = -1$, $\cos 3\pi/2 = 0$, $\text{sen}\, 2\pi = 0$, $\cos 2\pi = 1$, $\text{sen}(x - \pi/2) = \cos x$ e $\cos(x - \pi/2) = \text{sen}\, x$.

5. Prove que $\text{sen}\, x$ e $\cos x$ são funções periódicas de período 2π. Prove também que 2π é o menor período positivo dessas funções. Faça os gráficos dessas funções.

6. Prove que $\lim\limits_{x \to 0} \dfrac{\text{sen}\, x}{x} = 1$.

7. Mostre que a função $\text{sen}\, x$, restrita ao intervalo $|x| < \pi/2$, é invertível; e que sua inversa tem derivada $(1 - x^2)^{-1/2}$. Repita o exercício restringindo a função $\text{sen}\, x$ ao intervalo$[\pi/2,\ 3\pi/2]$; agora a derivada deverá ser $-(1 - x^2)^{-1/2}$.

8. Mostre que a função $\cos x$, restrita ao intervalo $0 < x < \pi$, é invertível; e que sua inversa tem derivada $-(1 - x^2)^{-1/2}$. Como no exercício anterior, repita a questão, começando com a função $\cos x$ restrita ao intervalo $[\pi,\ 2\pi]$.

9. Defina $\text{tg}\, x = \text{sen}\, x / \cos x$ e faça o gráfico dessa função. Prove que, restrita ao intervalo $|x| < \pi$, ela é invertível; e que sua inversa, $\text{arctg}\, x$, tem derivada $(1+x^2)^{-1}$. O número π pode ser calculado por integração numérica dessa derivada entre $x = 0$ e $x = +\infty$.

Sugestões

1. Derive $f(x) = s^2(x) + c^2(x)$ e note que $f(0) = 1$.

2. Suponha que existisse outro par de funções. S e C, nas mesmas condições de s e c, respectivamente. Mostre que $sC - Sc = a$ e $sS + cC = b$ são constantes; $a = 0$, $b = 1$. Tendo em conta que $s^2 + c^2 = 1$, obtenha $as + bc = C$ e $bs - ac = S$. Daqui segue, com $x = 0$, que $S(x) = s(x)$ e $C(x) = c(x)$.

3. Ponha

$$f(x) = \operatorname{sen}(x+b) - \operatorname{sen} x \cos b - \cos x \operatorname{sen} b,$$

$$g(x) = \cos(x+b) - \cos x \cos b + \operatorname{sen} x \operatorname{sen} b;$$

e verifique que $f' = g$ e $g' = -f$, e que $f^2 + g^2 = 0$. Conclua, pela continuidade, que $f \equiv g \equiv 0$.

5. Se p e p' são períodos, também o são $-p$ e $p + p'$. Mostre que se p é um período entre zero e 2π, então existe um período menor do que π e outro menor do que $\pi/2$.

9.5 Notas históricas e complementares

As séries de potências

As séries de potências começaram a surgir logo no início do Cálculo, no século XVII. Assim, Newton obteve a série geométrica

$$\frac{1}{1-x} = 1 + x + x^2 + x^3 + \ldots$$

por divisão direta do numerador 1 pelo denominador $1-x$. E obteve a série do logaritmo,

$$\log(1+x) = x - \frac{x^2}{x} + \frac{x^3}{3} - \ldots = \sum_{n=1}^{\infty} \frac{(-1)^{n+1}x^n}{n},$$

integrando termo a termo a série anterior. Isso aconteceu por volta de 1665, no contexto de calcular áreas sob a hipérbole, mas tais resultados só foram publicados posteriormente. Nicolaus Mercator, apoiando-se nos resultados de Gregorius Saint Vincent, obteve a mesma série do logaritmo em 1668, daí essa série ser às vezes chamada "série de Newton-Mercator".

Newton obteve muitas outras séries de potências por esse mesmo método de expandir certas funções simples e integrar termo a termo. Por exemplo, aplicando esse procedimento à série

$$\frac{1}{1+x^2} = 1 - x^2 + x^4 - x^6 + \ldots,$$

obtemos a série de $\operatorname{arctg} x$:

$$\operatorname{arctg} x = x - \frac{x^3}{3} + \frac{x^5}{5} - \ldots = \sum_{n=0}^{\infty} \frac{(-1)^n}{2n+1} x^{2n+1}.$$

Nesse domínio das séries, o mais importante dos resultados de Newton foi sua descoberta da série binomial (Exercício 13 da p. 234).[1]

A descoberta das séries de potências das funções elementares deu grande impulso ao desenvolvimento do Cálculo. Bastava agora saber derivar e integrar potências de x para ser possível derivar e integrar uma função qualquer. Foi até providencial que as séries de potências fossem descobertas antes que outros tipos de séries de funções, já que elas definem funções muito bem comportadas — as chamadas *funções analíticas*. Por causa disso elas podem ser derivadas e integradas termo a termo, operações essas que eram executadas desde o início do Cálculo, sem maiores preocupações com questões de convergência. Mas isso não é sempre possível com outras séries de funções, como as séries trigonométricas. É interessante notar também que o surgimento dessas outras séries nas aplicações, sobretudo as séries de Fourier no final do século XVIII, foi um fator decisivo no desenvolvimento da teoria da convergência.

Lagrange e as funções analíticas

Joseph-Louis Lagrange nasceu em Torino, onde tornou-se professor de Matemática na Escola Real de Artilharia aos 19 anos. E aos 25 anos já era reconhecido como um dos maiores matemáticos do século. Em 1776 Lagrange aceitou o convite para substituir Euler em Berlim, já que este transferia-se de volta para São Petersburgo. Ele satisfazia assim o expresso desejo de Frederico II, segundo o qual "era preciso que o maior geômetra da Europa vivesse junto ao maior dos reis". Com a morte de Frederico em 1787, Lagrange transferiu-se para Paris, onde permaneceu pelo resto de sua vida.

Lagrange produziu uma série de trabalhos da maior importância, nos mais variados domínios da Matemática e da ciência aplicada. Sua obra mais famosa é a *Mécanique Analytique*, concebida em sua juventude, mas só publicada em 1788, e com a qual a Mecânica ficava definitivamente estabelecida como um ramo da Análise Matemática.

Em 1797 Lagrange publicou um livro intitulado *Théorie des fonctions analytiques*, no qual ele procura resolver o problema da fundamentação do Cálculo em bases puramente algébricas, sem a necessidade de considerar grandezas infinitesimais. Para isso ele serve-se da série de Taylor, num processo inverso: partindo da série de Taylor de uma dada função, ele introduz as sucessivas derivadas da função em termos dos coeficientes de sua série. Essa construção se assentava na premissa de que toda função possui desenvolvimento em série de Taylor, mas isto é falso. Embora falho em seu intento principal, o livro de Lagrange traz importantes contribuições ao Cálculo, além de representar o esforço mais significativo do século XVIII para a fundamentação dessa disciplina, bem como o prenúncio do rigor definitivo que iria logo se desenvolver no século seguinte.

A convergência uniforme

As questões de convergência, derivabilidade e integrabilidade de séries de funções só puderam ser equacionadas e resolvidas depois que o trabalho de Fourier, devidamente apreciado, deixou bem evidentes as peculiaridades das séries trigonométricas.

[1]É bom que se diga que o chamado "binômio de Newton" é apenas um caso particular da série binomial. E o crédito devido a Newton é por esta série, não pelo binômio, que é um resultado mais elementar e que já era conhecido antes de Newton.

Em seu *Cours d'Analyse* de 1821 Cauchy dá um tratamento bastante completo e satisfatório à convergência das séries. Mas não está totalmente livre das idéias antigas de infinitésimos e do hábito de conceber variáveis como abscissas de pontos móveis ao longo de eixos. Sua própria definição de continuidade revela esse aspecto dinâmico em seu modo de conceber limites. Por causa disso e por não perceber que a convergência das séries de funções tem aspectos que não estão presentes na convergência das séries numéricas, cometeu erros em afirmações que exigiam o conceito de "convergência uniforme" ou de "continuidade uniforme". Assim é que ele prova o (falso) teorema, segundo o qual "a soma de uma série de funções contínuas é uma função contínua". E também ao provar a integrabilidade de qualquer função contínua, a interveniência da continuidade uniforme passa despercebida a Cauchy.

Um outro matemático brilhante dessa época foi o norueguês Niels Henrik Abel. Ele era filho de um pastor pobre e teve um professor à altura de seu gênio, Bernt Holmboe. Quando Abel tinha 17 anos, Holmboe predisse que ele seria o maior matemático do mundo, e procurou encaminhá-lo adequadamente. Com uma bolsa de estudos, Abel viajou para Paris, onde encontrou os maiores matemáticos da época, inclusive Cauchy. Mas não foi devidamente reconhecido. Viajou para Berlim, onde teve o apoio de Crelle, mas também aí a sorte não esteve a seu lado. Logo ficou tuberculoso e morreu muito cedo. O destino, portanto, não permitiu que se cumprisse a previsão de Holmboe.

Num trabalho de 1826 sobre séries, particularmente sobre a série binomial, Abel usou a série trigonométrica $\sum(-1)^{n+1} \operatorname{sen} nx/n$ (já considerada na p. 135) para mostrar a falsidade da afirmação de Cauchy. De fato, a soma dessa série é a função periódica de período 2π, que é igual a $x/2$ no intervalo $(-\pi, \pi)$, ilustrada na Fig. 6.2. Como se vê, trata-se de uma função com saltos em todos os pontos da forma $(2k+1)\pi$. Sabemos que a condição que faltava a Cauchy para que seu teorema fosse verdadeiro é a da "convergência uniforme". Mas Abel também não identificou essa condição; e em seu trabalho ele incorre nos mesmos erros que embaraçaram Cauchy: sua concepção dinâmica de continuidade é a mesma de Cauchy, e o trato com infinitésimos também segue o mesmo estilo de Cauchy.

O primeiro matemático a identificar o conceito de convergência uniforme parece ter sido Christof Gudermann num trabalho de 1838. E Weierstrass, que preparou sua tese (sobre funções elípticas) para a obtenção do diploma de "professor de ensino médio" com Gudermann, assimilou bem o novo conceito, dele tirando todas as implicações importantes na teoria das séries de funções. Em suas preleções em Berlim ele sempre enfatizou a importância da convergência uniforme, particularmente para a integração termo a termo de uma série convergente de funções contínuas.

A aritmetização da Análise

Logo no início do desenvolvimento racional da Matemática, há cerca de 25 séculos, surgiu a crença, atribuída a Pitágoras, de que o número é a chave da explicação dos fenômenos. Mas não tardaria muito para que essa crença fosse seriamente abalada com a primeira grande crise de fundamentos da Matemática, de que já falamos no Capítulo 3 (p. 53). Essa crise foi contornada por Eudoxo, ligado à escola de Platão, com sua "teoria das proporções", descrita no Livro V dos Elementos de Euclides. Isso deslocou o eixo dos fundamentos, da Aritmética para a Geometria. E Platão exprime muito bem essa nova convicção quando ensina que "Deus geometriza sempre"e manda escrever, no pórtico da Academia, "quem não for geômetra não entre". Desde então, e por muitos séculos, a Matemática identifica-se com a Geometria, tanto assim que, como já dissemos no final do Capítulo 1 (p. 20), até o início do século XX os matemáticos eram conhecidos como "geômetras".

Por isso mesmo, os matemáticos do século XVII, que tanto inovaram e deram origem à nova disciplina do Cálculo, foram, todavia, buscar inspiração em Euclides e Arquimedes, cujas obras eram então estudadas e admiradas como modelo mais acabado de rigor. E essa crença numa possibilidade de fundamentação geométrica do Cálculo perdurou até o início do século XIX. Os conceitos de derivada e integral, que tiveram origem nos conceitos de reta tangente, velocidade instantânea e área, preservaram, por muito tempo, suas feições geométricas. Por uma curiosa coincidência, foi no momento mesmo em que a Geometria começou a revelar suas falhas de fundamentos, nas primeiras décadas do século, foi então que também tiveram início esforços bem sucedidos para fundamentar o Cálculo fora da Geometria. Todos os conceitos básicos de função, limite, derivada, integral e convergência seriam agora definidos em termos dos números. Mas percebe-se então que os próprios números reais carecem de uma adequada fundamentação, a qual, entretanto, não tarda em ser encontrada. Até aquela definição de limite de Cauchy — correta, porém, ainda eivada da noção espúria de movimento — é agora substituída pela definição puramente numérica de Weierstrass: *$f(x)$ tem limite L com x tendendo a x_0 significa: dado qualquer $\varepsilon > 0$ existe $\delta > 0$ tal que*

$$0 < |x - x_0| < \delta \Rightarrow |f(x) - L| < \varepsilon.$$

Completava-se assim um movimento que veio a ser chamado de *Aritmetização da Análise* por Felix Klein. Agora a própria Geometria teria de buscar na Aritmética elementos mais seguros para sua fundamentação. Era, de certo modo, uma volta a Pitágoras.

Referências bibliográficas

[1] ÁVILA, Geraldo, *Cálculo das funções de uma variável*, Volume 1, 7ª Edição, LTC Editora S. A., Rio de Janeiro, 2003.

[2] ÁVILA, Geraldo, *Cálculo das funções de uma variável*, Volume 2, 7ª Edição, LTC Editora S. A., Rio de Janeiro, 2004.

[3] BOYER, Carl B., *História da Matemtica*, Editora Edgard Blücher Ltda.

[4] EDWARDS, C. H., *The Historical Development of the Calculus*, Springer-Verlag, New York.

[5] GUIDORIZZI, H. L., *Um Curso de Cálculo*, LTC Editora S. A., Rio de Janeiro, 5a. edição, 2001.

[6] HEATH, Thomas L., *The Thirteen Books of The Elements*, Dover Publications Inc.

[7] LEBESGUE, Henri, *L'Intégration*, Chelsea Publishing Co.

[8] RUDIN, Walter, *Princípios de Análise Matemática*, Ao Livro Técnico S. A., Rio de Janeiro, 1971. Este livro encontra-se esgotado, pode ser encontrado em bibliotecas de várias instituições. É um texto primoroso.

[9] SPIVAK, Michael, *Calculus*, Versão em espanhol da Editora Reverté de Barcelona. O original em inglês é da Editora W. A. Benjamin Inc. Embora seja um livro de Cálculo, ele avança bastante nos tópicos de Análise. É um texto muito bem escrito.

Índice Remissivo